普通高等教育“十三五”规划教材

简明工程弹性力学与有限元分析

周 喻 王 莉 编

北 京
冶 金 工 业 出 版 社
2019

内容提要

本书结合采矿工程专业的特点，较为全面地介绍了弹性力学和有限元的基本概念、理论及其在采矿工程问题求解中的基本应用等相关知识。全书内容分为两个部分，第一部分是弹性力学，第二部分是 ANSYS 有限元分析。书中配有大量插图，便于读者学习理解；每章后均附有习题，便于读者巩固所学知识。

本书除可作为采矿工程专业教材外，还可供隧道工程、土木工程、水利工程、交通工程等专业的师生以及有关科技工作者参考使用。

图书在版编目(CIP)数据

简明工程弹性力学与有限元分析/周喻，王莉编. —北京：冶金工业出版社，2019. 1

普通高等教育“十三五”规划教材

ISBN 978-7-5024-8021-9

Ⅰ. ①简… Ⅱ. ①周… ②王… Ⅲ. ①工程力学—弹性力学—高等学校—教材 ②有限元分析—高等学校—教材 Ⅳ. ①TB125 ②O241. 82

中国版本图书馆 CIP 数据核字（2019）第 018242 号

出 版 人 谭学余

地　　址 北京市东城区嵩祝院北巷 39 号 邮编 100009 电话 (010)64027926

网　　址 www. cnmip. com. cn 电子信箱 yjcbs@ cnmip. com. cn

责任编辑 高 娜 美术编辑 吕欣童 版式设计 禹 蕊

责任校对 王永欣 责任印制 李玉山

ISBN 978-7-5024-8021-9

冶金工业出版社出版发行；各地新华书店经销；三河市双峰印刷装订有限公司印刷

2019 年 1 月第 1 版，2019 年 1 月第 1 次印刷

787mm×1092mm 1/16；12 印张；289 千字；181 页

30. 00 元

冶金工业出版社 投稿电话 (010) 64027932 投稿信箱 tougao@ cnmip. com. cn

冶金工业出版社营销中心 电话 (010) 64044283 传真 (010) 64027893

冶金工业出版社天猫旗舰店 yjgycbs. tmall. com

（本书如有印装质量问题，本社营销中心负责退换）

前言

本书是针对高等学校采矿工程专业“弹性力学与数值模拟”课程编写的。“弹性力学与数值模拟”课程是众多工科专业的核心课程之一，是工程类学科的重要构成基础。现阶段的弹性力学与数值模拟教材有很多，但没有专门针对采矿工程而编写的。数值模拟的方法有很多种，其中有限元法是工程分析领域应用较为广泛的一种计算方法。鉴于此，本书在考虑采矿工程专业特点的基础上，将三者进行有机结合，较为全面地介绍了弹性力学和有限元的基本概念、理论及其在采矿工程问题求解中的基本应用等相关知识。

本书主体内容分为两个部分：第一部分是弹性力学内容，主要包括弹性力学概述、平面问题基本理论、平面问题的直角坐标与极坐标解答、应用弹性力学理论求解巷道围岩应力及衬砌应力等；第二部分是 ANSYS 有限元分析内容，主要包括有限元法简介、ANSYS 软件结构、ANSYS 分析悬臂支架受力、ANSYS 模拟矿山巷道开挖等。本书内容简练而又自成体系，着重向读者介绍弹性力学的基本理论及巷道应力计算的弹性力学解析方法。同时，为了帮助读者迅速了解并掌握 ANSYS 软件的操作及其应用，书中提供的两个实例都是用 GUI 方式一步一步讲解如何操作，让读者轻松学会。当读者掌握以上知识之后，即可为解决采矿工程实际问题打下良好的基础。

由于充分考虑高校学生的学习与研究需要，同时又注重体现采矿工程应用背景，所以本书在编写中，力求突出简明扼要、便于自学和工程实用的特点，使读者集中精力学好采矿工程所需的弹性力学和有限元 ANSYS 软件的基本知识。书中强调了弹性力学基本理论（基本概念、基本公式、基本解法）的阐述和有限元 ANSYS 软件的初步应用；在内容安排上，突出重点，分化和讲解难点，并配有大量插图，便于读者学习理解；此外，每章后还安排了一定量的课后习题，供读者巩固所学知识。编者希望，本科生和以自学为主的函授生及自学人员，应用本书能学懂、学好工程弹性力学的基本知识，能够应用弹性力学知识解决采矿工程基本问题。

鉴于编者水平有限，书中难免存在疏漏和不足之处，敬请读者批评指正，以使本书得以不断修正和完善。

北京科技大学 周喻

2018 年 9 月 15 日

弹性力学主要符号说明

坐标：直角坐标系 x，y，z；极坐标 ρ，φ

体力分量：f_x，f_y，f_z（直角坐标系）；f_ρ，f_φ（极坐标系）

面力分量：$\overline{f}_x$，$\overline{f}_y$，$\overline{f}_z$（直角坐标系）；$\overline{f}_\rho$，$\overline{f}_\varphi$（极坐标系）

位移分量：u，v，w（直角坐标系）；u_ρ，u_φ（极坐标系）

边界约束分量：$\overline{u}$，$\overline{v}$，$\overline{w}$（直角坐标系）

方向余弦：l，m，n（直角坐标系）

应力分量：

　　正应力　σ

　　切应力　τ

　　全应力　p

　　斜面应力分量　p_x，p_y，p_z（直角坐标系）

　　斜面法向应力与剪切　σ_n，τ_n

　　体积应力　Θ

应变分量：线应变 ε，切应变 γ，体应变 θ

艾里应力函数：Φ

弹性模量：E

切变模量：G

体积模量：K

泊松比：μ

目　录

1 绪 论

1.1 弹性力学的内容

弹性力学，又称弹性体力学，主要研究弹性体由于受外力、边界约束或温度改变等作用而发生的应力、应变和位移，是固体力学的一个重要分支。

弹性力学和材料力学、结构力学等有很多相似之处，例如，三者均是研究和分析构件在弹性阶段的应力和位移，均多用于计算强度、刚度和稳定性等。但另一方面，弹性力学又占据着其他力学无法取代的重要位置，主要体现在其研究对象和研究方法上。

在研究对象上，材料力学主要研究杆体，即长度远大于其宽度和高度的构件，如梁、柱、轴等；结构力学在材料力学研究的基础上进一步拓展，主要研究杆系结构，如桁架、钢架等。而弹性力学的研究对象除了杆体、杆系结构外，还包括诸如平面体、空间体、板和壳体等其他弹性体构件。因此，弹性力学的研究范围更加广泛，可以应用于土木、水利、机械等工程中各种构件的分析。

在研究方法上，材料力学中，为了简化问题的求解，常引用近似的计算假设（如平面截面假设），并近似地处理平衡条件和边界条件等，因此其研究方法是近似的，得出的是近似的解答。材料力学的解答对于杆状构件具有较好的精度，可供工程设计使用，但对于非杆状构件则往往有较大的误差。而弹性力学减少了简化条件的假设，在严格要求边界条件的前提下，综合运用静力学、几何学、物理学等方面的知识，对问题进行求解，从而得出更加精确的解答。

弹性力学的研究思路可表述成：已知物体的几何形状和材料参数，结合所受外力及约束情况，求解物体的应力、应变和位移。具体的求解过程则需结合以下规则：

(1) 在物体区域内部，根据已知条件建立三大基本方程。

1）根据任一点微分体的平衡条件，建立静力平衡方程；

2）根据任一点微分线段上应变和位移的几何条件，建立几何方程；

3）根据应力和应变的物理条件，建立物理方程。

(2) 在物体的边界面上，分为给定面力分布和位移约束两种情况，分别对应着弹性力学中研究的两大类问题。

1）若在边界面上给定了面力分布情况，相应地建立应力边界条件；

2）若在边界面上给定了约束条件，相应地建立位移边界条件。

弹性力学是固体力学的一个分支，其考虑的平衡条件、几何条件、物理条件及边界条件等具有较高的精度，且这些方程也是其他固体力学分支所必须考虑的内容，故弹性力学中的许多解答，也广泛地应用于其他固体力学分支。某种程度而言，弹性力学是其他各门固体力学分支的基础。

由于弹性力学的研究对象十分广泛，其研究方法较为严格精确，因此弹性力学在工程结构分析中得到了广泛的应用。在土木、水利、机械、采矿等工程中，有许多非杆件形状的结构需要进行分析，特别是近代大型、复杂的工程结构大量涌现，其投资巨大，安全级别又特别高，因而其经济与安全的矛盾突出，此时必须以精确严格的分析方法方能最大程度降低经济标准而又保证工程安全，采用弹性力学的分析再合适不过。特别是近年来，结合工程需要，弹性力学又较快速地发展了几种数值计算方法，如变分法、差分法和有限单元法，尤其是有限单元法，将连续弹性体划分为有限大小的单元构件，然后对单元构件进行一一求解，基本可以解决任何复杂的工程结构，具有极大的适应性和通用性。某种程度而言，弹性力学已经成为工程结构分析的最重要和有效的手段。

1.2　弹性力学的基本假定

如1.1节所述，在研究弹性力学的相关问题时，均要在弹性体区域内部考虑静力学、几何学和物理学等三方面条件，分别建立三大基本方程，即静力平衡方程、几何方程和物理方程，同时在弹性体的边界上还要建立边界条件方程。在进行具体计算时，如果考虑各方面的因素，计算和推导过程会异常复杂，甚至得不到计算结果。因此，在实际的弹性力学计算中，首先需要对问题进行分析和简化，略去影响很小的次要因素，抓住主要因素，并作出部分基本假定，从而建立物理模型，然后才能作进一步的研究。

在弹性力学中，通过对研究对象的分析，分别作出包括连续性、完全弹性、均匀性、各向同性及小变形等五个基本假定，作为对研究对象材料性质和变形形态主要特征的概括。其中前四个是关于材料性质的假定，凡符合以上四个假定的物体，均可称为理想弹性体。第五个是关于物体变形状态的假定。五个基本假定的具体含义如下：

（1）连续性。假定研究物体为连续的，即在物体内部均被连续介质填充，不存在空隙，亦即从宏观角度上认为物体是连续的。其实现实生活中，没有任何东西是完全连续的，所有物体均由微粒组成，但微粒的尺寸及互相之间的距离和物体的宏观尺寸相比，太过于渺小，所以可以近似假定物体是连续的，这样对其计算也不会引起较大的误差，同时所有的物理量还可用连续函数表示。

（2）完全弹性。假定研究的物体是完全弹性的。该假定包含两层含义：1）当外力取消时，物体可完全恢复原状，不留任何残余变形；2）物体所受的应力与相应的应变成正比，即“线性弹性”。根据完全弹性假定，物体中的应力与应变之间的物理关系可以用胡克定律来表示，两者一一对应，且其弹性常数不随应力或变形的变化而变化。

（3）均匀性。物体是由同种材料组成，物体内任何部位的材料性质均相同。此种假设也是相对的，任何物体内部也不可能完全均匀，但只要颗粒尺寸远小于该物体的宏观尺寸，且该种颗粒或多种颗粒是均匀分布于物体内部，则可以假定该物体为均匀的，如混凝土构件等。此假设可使物体的弹性常数等不随位置坐标而变化。

（4）各向同性。物体内任一点各方向的材料性质均相同，即对物体进行各个方向的同种实验均得出相同的结果，弹性常数等不随方向的变化而变化。如竹材、复合板等属于均匀分布，但却是各向异性的材料。

（5）小变形假定。假定物体的位移和应变均是微小的，即物体在受力后，其位移和转角值均远远小于物体的宏观尺寸，应变远小于1。小变形假定在导出弹性力学的基本方程中，主要发挥两点作用：1）简化几何方程。由于应变远小于1，因此可以在几何方程中略去高阶项，只保留应变的一次幂，从而使几何方程成为线性方程。2）简化平衡方程。在物体发生变形后再考虑平衡条件时，计算过程会过于复杂。若假设位移和变形均是微小的，则可用变形前的微元体尺寸代替变形后的尺寸，从而很大程度简化了静力平衡方程的推导过程。

以上五个基本假定，明确了弹性力学的研究范畴，即理想弹性体的小变形状态。

1.3 弹性力学中的基本概念

弹性力学中经常用到的基本概念有外力、应力、形变和位移。这些概念，虽然在材料力学和结构力学里都已经用到过，但在这里仍有再加以详细说明的必要。

外力是其他物体作用于研究对象的力。外力分为体积力和表面力，分别简称为体力和面力。

体力是作用于物体体积内的外力，例如重力和惯性力。体力是以单位体积内作用的力来量度的。物体内各点受体力的情况，一般是不相同的。为了表明该物体在某一点 P 所受体力的大小和方向，可取一包含 P 点的微元体，它的体积为 ΔV，设作用于 ΔV 的体力为 $\Delta \boldsymbol{F}$，则体力的平均集度为 $\Delta \boldsymbol{F}/\Delta V$。令 ΔV 无限缩小而趋于 P 点时，则 $\Delta \boldsymbol{F}/\Delta V$ 将趋于一定的极限 $\boldsymbol{f}$，即

$$\boldsymbol{f}=\lim_{\Delta V\to 0}\frac{\Delta \boldsymbol{F}}{\Delta V} \tag{1-1}$$

体力 $\boldsymbol{f}$ 是矢量，方向与 $\Delta \boldsymbol{F}$ 的极限方向相同，常用其在坐标方向的投影（标量）来表示，即 $\boldsymbol{f}=(f_x, f_y, f_z)^{\mathrm{T}}$。按国际单位制，体力分量的量纲是 $\mathrm{L^{-2}MT^{-2}}$，体力分量均以沿坐标轴正向为正。

面力是作用于物体表面上的外力，例如液体压力、风力和接触力等。面力是以单位表面积上的作用力来量度的。物体在其表面上各点受面力的情况，一般也是不相同的。为了表明该物体在某一点 P 所受面力的大小和方向，在 P 点的邻域内取一包含 P 点的微元面积为 ΔS，设作用于 ΔS 的面力为 $\Delta \boldsymbol{F}$，则面力的平均集度为 $\Delta \boldsymbol{F}/\Delta S$。令 ΔS 无限缩小而趋于 P 点时，则在内力连续分布的条件下 $\Delta \boldsymbol{F}/\Delta S$ 将趋于一定的极限 $\bar{\boldsymbol{f}}$，即

$$\bar{\boldsymbol{f}}=\lim_{\Delta S\to 0}\frac{\Delta \boldsymbol{F}}{\Delta S} \tag{1-2}$$

面力 $\bar{\boldsymbol{f}}$ 也是矢量，方向与 $\Delta \boldsymbol{F}$ 的极限方向相同，常用其在坐标方向的投影（标量）来表示，即 $\bar{\boldsymbol{f}}=(\bar{f}_x, \bar{f}_y, \bar{f}_z)^{\mathrm{T}}$。按照国际单位制，面力分量的量纲是 $\mathrm{L^{-1}MT^{-2}}$，面力分量也均以沿坐标轴正向为正。

物体受外力以后，其内部将发生内力，即物体本身不同部分之间相互作用的力。确定内力的方法是截面法。假想将物体截开，则截面两边有互相作用的力，称为内力。如图1-1中的 $\boldsymbol{F}_1$ 和 $\boldsymbol{F}_2$，其中 $\boldsymbol{F}_1$ 是Ⅱ部分物体对Ⅰ部分物体的作用力，$\boldsymbol{F}_2$ 则是Ⅰ部分物体对Ⅱ部分物体的作用力。$\boldsymbol{F}_1$ 和 $\boldsymbol{F}_2$ 的数值相同，方向相反。内力通常指的是截面上总的合力和合力矩。

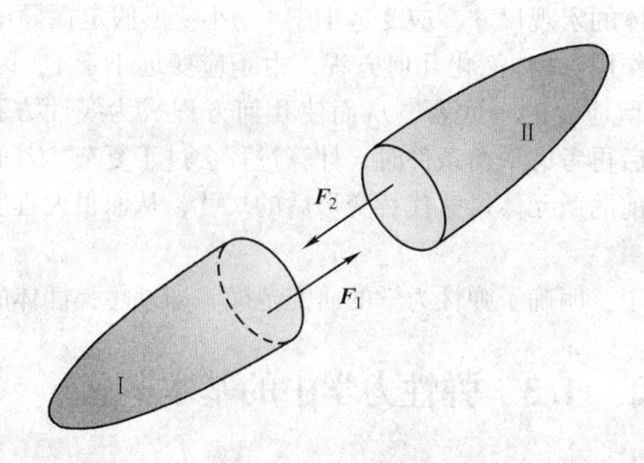

图 1-1 内力分析模型

截面单位面积上的内力称为应力。取这一截面的一小部分，它包含着 P 点而它的面积为 ΔA 。设作用于 ΔA 上的内力为 $\Delta \boldsymbol{F}$，则内力的平均集度，即平均应力为 $\dfrac{\Delta \boldsymbol{F}}{\Delta A}$。现在，命 ΔA 无限减小而趋于 P 点，假定内力连续分布，则 $\dfrac{\Delta \boldsymbol{F}}{\Delta A}$ 将趋于一定的极限 $\boldsymbol{p}$，即

$$\boldsymbol{p} = \lim_{\Delta A \to 0} \frac{\Delta \boldsymbol{F}}{\Delta A} \tag{1-3}$$

应力 $\boldsymbol{p}$ 与其作用面有关，且具有方向性。在弹性力学中，首先表示出各坐标面上的应力，并以其沿坐标方向的投影来表示。对于坐标面，凡其外法线沿坐标轴正向的，称为正面，反之称为负面。x 面上的应力分量可以表示为：

$\boldsymbol{\sigma}_x$ ——作用于 x 面上、沿 x 轴方向的正应力；

$\boldsymbol{\tau}_{xy}$ ——作用于 x 面上、沿 y 轴方向的切应力；

$\boldsymbol{\tau}_{xz}$ ——作用于 x 面上、沿 z 轴方向的切应力。

显然可见，在物体内的同一点 P，不同截面上的应力是不同的。为了分析这一点的应力状态，即各个截面上应力的大小和方向，在这一点从物体内取出一个微小的正平行六面体，它的棱边分别平行于三个坐标轴。图 1-2 表示了空间正平行六面体上各坐标面上的应力分量。弹性力学中以坐标面上的应力分量为基本未知量，对于任意斜面上的应力，可以根据坐标面上的应力分量来求出。

如图 1-2 所示，将每一个面上的应力分解为一个正应力和两个切应力，分别与三个坐标轴平行。正应力用 $\boldsymbol{\sigma}$ 表示。为了表明这个正应力的作用面和作用方向，在其右侧加上一个下标字母。例如，正应力 $\boldsymbol{\sigma}_x$ 是作用在垂直于 x 轴面上，同时也是沿着 x 轴的方向作用的。切应力用 $\boldsymbol{\tau}$ 表示，并加上两个下标字母，前一个字母表明作用面垂直于哪一个坐标轴，后一个字母表明作用方向沿着哪一个坐标轴。例如，切应力 $\boldsymbol{\tau}_{xy}$ 是作用在垂直于 x 轴面上而沿着 y 轴方向作用的。

由于内力和应力都是成对出现的，因此应力的符号规定不同于面力。在弹性力学中，正坐标面上的应力分量以沿坐标轴正向为正，负坐标面上的应力分量以沿坐标轴负向为正，即以正面正向、负面负向的应力分量为正，反之为负。图 1-2 所示的应力分量均为

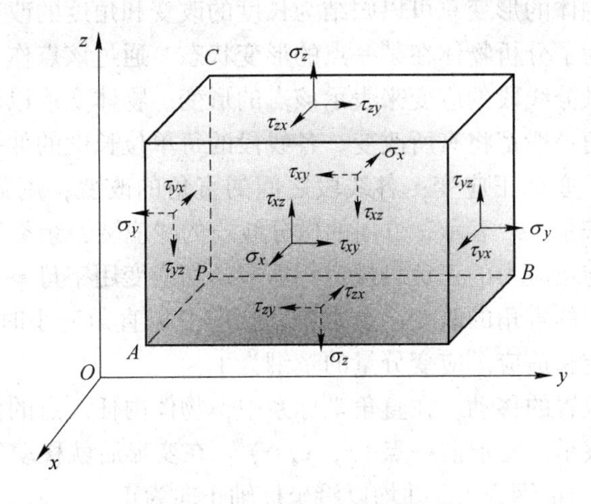

图 1-2 三维应力分析模型

正。应力分量的量纲是 $L^{-1}MT^{-2}$。

在材料力学中，正应力以拉为正，实际上与弹性力学中的正应力符号规定相同；切应力以使单元或其局部产生顺时针方向转动趋势的为正，这与弹性力学的切应力符号规定不一致，如图 1-3 所示。

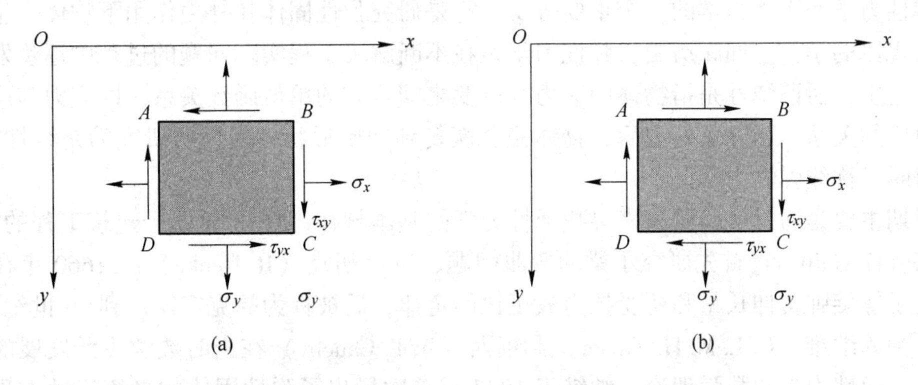

图 1-3 弹性力学与材料力学中正值应力表示方法

（a）弹性力学；（b）材料力学

弹性力学中切应力之间具有互等关系。例如，以连接六面体前后两面中心的直线 ab 为矩轴，列出力矩平衡方程，得

$$2\tau_{yz}\mathrm{d}z\mathrm{d}x\frac{\mathrm{d}y}{2}-2\tau_{zy}\mathrm{d}y\mathrm{d}x\frac{\mathrm{d}z}{2}=0 \tag{1-4}$$

同样可以列出其余两个力矩方程，简化以后得出

$$\tau_{yz}=\tau_{zy}, \quad \tau_{zx}=\tau_{xz}, \quad \tau_{xy}=\tau_{yx} \tag{1-5}$$

这就是切应力互等定理：作用于两个互相垂直面上，并且垂直于该两面交线的切应力是互等的（大小相等，正负号相同）。由于切应力的互等性，所以切应力记号中的两个下标可以对调，并且只作为一个未知量。

所谓形变，也称应变，就是物体形状的改变。物体的形状总可以用它各部分的长度和角度来表示。因此，物体的形变总可以归结为长度的改变和角度的改变。

在弹性力学中，为了分析物体在某一点的形变状态，通过该点作3条沿正坐标方向的微分线段，并以这些微分线段的应变来表示该点的形变。物体变形以后，这三条线段的长度以及它们之间的直角一般都将有所改变。各线段的每单位长度的伸缩，即单位伸缩或相对伸缩，称为线应变，亦称正应变；各线段之间的直角的改变，用弧度表示，称为切应变。线应变用字母 ε 表示：ε_x 表示 x 方向的微分线段的线应变，余类推。线应变以伸长时为正，缩短时为负，与正应力的正负号规定相适应。切应变用字母 γ 表示：γ_{yz} 表示 y 与 z 两方向的微分线段之间的直角的改变，余类推。切应变以直角变小时为正，变大时为负，与切应力的正负号规定相适应。应变分量的量纲为1。

所谓位移，就是位置的移动。在直角坐标系中，物体内任一点的位移，用它在坐标方向的投影 u、v、w 来表示。变形前一点 (x, y, z)，在变形后就移动到 $(x+u, y+v, z+w)$ 的位置。位移分量的量纲为L，并均以沿坐标轴正向为正。

弹性力学中的各物理量，如体力、面力、应力、形变和位移等，一般都随位置而变，因而都是 x、y、z 的函数。

1.4 弹性力学的发展史

弹性力学是固体力学的一个重要分支，它是研究弹性固体在外力作用下物体产生变形和内力规律的学科。回顾历史，弹性力学是在不断解决工程实际问题的过程中逐步发展起来的。这里，所谓弹性是指物体的应力与应变之间具有的单值函数关系，即应力与应变有一一对应的关系。当除去外力后，物体完全恢复到初始形状，因为所研究的是线性问题，所以有时又称线弹性力学。

早期主要是通过实验研究来寻找弹性力学的基本规律。1638年由于建筑工程的需要，伽利略（G. Galileo）首先研究了梁的弯曲问题，以后胡克（R. Hooke）于1660年在实验中发现了螺旋弹簧伸长量和所受拉力成正比的定律，后被称为胡克定律。到19世纪20年代，法国的纳维（C. L. M. H. Navier）和柯西（A. L. Cauchy）在当时数学飞跃发展的基础上建立了弹性力学的数学理论。纳维于1827年首次导出了弹性固体的平衡运动方程。柯西在一系列论文中明确地提出了应变、应变分量、应力和应力分量的概念，建立了弹性力学的几何方程、各向同性以及各向异性材料的广义胡克定律。在此以后，法国的圣维南（A. J. C. B. de Saint Venant）发表了许多理论结果和实验结果，证明了弹性力学的正确性。这一时期弹性力学广泛应用于工程实际，在理论上建立了许多重要原理和定理，同时也发展了许多有效的计算方法。1881年德国的赫兹（H. R. Hertz）求解了两弹性体局部接触时弹性体内应力分布的规律，1898年德国的基尔西（G. Kirsch）发现了应力集中现象。这些结果解释了以往无法解释的现象，在提高设计水平方面起到了重要作用，因而弹性力学受到了工程技术人员的重视。此后，弹性力学的一般理论也有了许多重要发展，包括各种能量原理的建立，以及许多近似有效方法的提出，其中苏联的穆斯赫利什维利（Muskhelishvili）将复变函数理论引入弹性力学，从而使弹性力学中的平面问题都可以借助复变函数求解。

为了满足土木、机械、航空等一系列工程需要，20世纪以来弹性理论取得了重大进展，已成为工程结构强度设计的重要理论依据。虽然弹性理论取得的重大进展已成为工程结构强度设计的重要理论依据，但由于弹性理论基本方程的复杂性，能够精确求解的工程结构问题实属少数。里兹（W. Ritz）、伽辽金（B. G. Galerkin）分别于1908年和1915年提出基于能量原理的直接解法，到20世纪50年代发展成为有限单元法、边界单元法等数值计算方法，从而使对各种工程结构进行弹性分析成为现实。中国科学家钱学森、钱伟长、徐芝伦、胡海昌等，在弹性力学的发展，特别是将弹性力学推广应用于中国科学理论研究与工程技术领域方面，同样做出了非常重要的贡献。弹性力学发展史上的杰出科学家如图1-4所示。

图1-4 弹性力学发展史上的杰出科学家

（a）柯西；（b）圣维南；（c）赫兹；（d）钱学森

1.5 弹性力学的作用和任务

在近代工业发展过程中，对于各种结构与机械零件在外力作用下的变形要进行分析，而大多数材料在小变形的情况下都可以近似地看作线弹性体，所以弹性力学的发展与工程上的需要有着密切的联系。各种工程的需要使弹性力学得到了不断的发展，结构和构件尺寸的选择和确定对弹性力学的发展也起到了重要的促进作用。

弹性力学的任务是研究弹性体在外力和温度变化、支座移动等因素作用下产生的变形和内力，从而解决各类工程结构的强度、刚度和稳定问题。它是一门理论性和实用性都很强的学科。

一些材料，如合金钢，当受力在弹性极限范围内时，为理想的完全弹性体，其应力和应变呈线性关系，为线性弹性性质；当这些合金钢材料的受力超出了弹性极限，将出现塑性变形，则为塑性性质。还有一些材料，如土体，在外荷载作用下也具有明显的塑性变形，这也是塑性性质。还有一些材料，如橡胶类材料，具有非线性的弹性性质，我们称之为非线性弹性。

弹性力学是一门技术基础学科，是近代工程技术的必要基础之一。在现代工程中，特别是土木工程、水利工程、机械工程、航天航空工程、采矿工程等大型结构的计算、分析、设计中，都广泛应用弹性力学的基本知识、基本理论和基本方法。同时，弹性力学也是一门力学基础学科，它的研究方法被广泛应用于其他学科和领域。它不仅是塑性力学、有限单元法、复合材料力学、断裂力学、结构动力分析和一些专业课程的基础，也是许多大型结构分析软件（如 ANSYS 等）的核心内容。

习 题

1-1 判断题。

1-1-1 材料力学研究杆件，不能分析板壳；弹性力学研究板壳，不能分析杆件。 （ ）

1-1-2 体力作用在物体内部的各个质点上，所以它属于内力。 （ ）

1-1-3 在弹性力学和材料力学里关于应力的正负规定是一样的。 （ ）

1-2 填空题。

1-2-1 弹性力学研究物体在外因作用下，处于________阶段的________、________和________。

1-2-2 物体的均匀性假定，是指物体内________________相同。

1-2-3 物体是各向同性的，是指物体________________相同。

1-2-4 解答弹性力学问题必须从________、________、________三个方面来考虑。

1-3 选择题。

1-3-1 弹性力学对杆件分析 （ ）

A. 无法分析　　B. 得出近似结果

C. 得出精确结果　　D. 需采用一些关于变形的近似假定

1-3-2 下列对象不属于弹性力学研究对象的是 （ ）

A. 杆件　　B. 板壳　　C. 块体　　D. 质点

1-3-3 下列外力不属于体力的是 （ ）

A. 重力　　B. 磁力　　C. 惯性力　　D. 静水压力

1-3-4　将两块不同材料的金属板焊在一起，便成为一块　　(　　)

A. 连续均匀的板　　B. 不连续也不均匀的板

C. 不连续但均匀的板　　D. 连续但不均匀的板

1-3-5　下列哪种材料可视为各向同性材料　　(　　)

A. 木材　　B. 竹材　　C. 混凝土　　D. 夹层板

1-4　分析与计算题。

1-4-1　五个基本假定在建立弹性力学基本方程时有什么用途？

1-4-2　试画出图 1-5 中的矩形薄板的正的体力、面力和应力的方向。

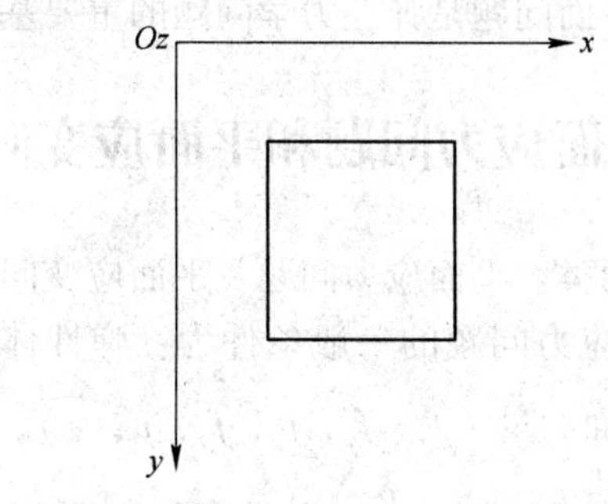

图 1-5　题 1-4-2 示意图

1-4-3　试画出图 1-6 中三角形薄板的正的面力和体力方向。

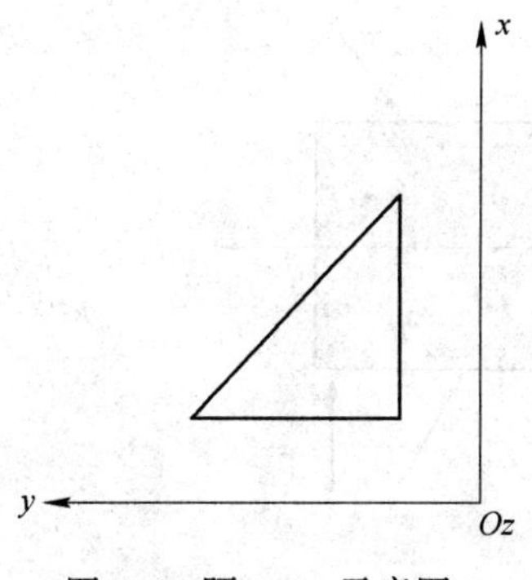

图 1-6　题 1-4-3 示意图

平面问题的基本理论

严格来说，任何一个实际的弹性力学问题都是空间问题，所受的外力都是空间力系。如果弹性体具有某种特殊的形状，并且承受的是某些特殊的外力和约束，就可以把空间问题简化为近似的平面问题。这样，分析和计算的工作量将大大减少，而所得结果仍然可以满足工程精度的需求。因此，平面问题是弹性力学问题的重要基础。

2.1 平面应力问题和平面应变问题

弹性力学平面问题可分为两类：平面应力问题及平面应变问题。

（1）平面应力问题。平面应力问题的一般条件为：弹性体是等厚度（δ）的薄板，体力、面力和约束都只有 xy 平面的量（f_x，f_y，$\bar{f}_x$，$\bar{f}_y$，$\bar{u}$，$\bar{v}$），且都不沿 z 向变化；同时面力和约束只作用于板边，在板面$\left(z=\pm\dfrac{\delta}{2}\right)$上没有任何面力和约束的作用，如图 2-1 所示。

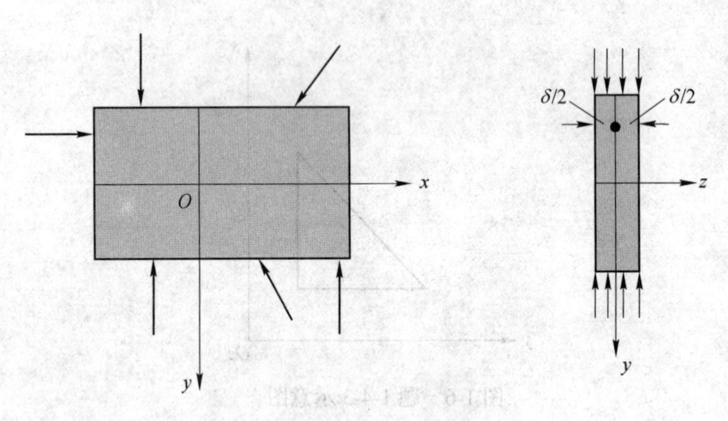

图 2-1　平面应力模型

xOy 为平面，z 轴垂直于 xy 面。因为板面上 $z=\pm\dfrac{\delta}{2}$ 不受力，所以有：$(\sigma_z)_{z=\pm\frac{\delta}{2}}=0$，$(\tau_{zx})_{z=\pm\frac{\delta}{2}}=0$，$(\tau_{zy})_{z=\pm\frac{\delta}{2}}=0$。由于板很薄，外载荷沿厚度不发生变化，应力沿着板的厚度又是连续分布的，因此，可以认为整个薄板的所有点都有：$\sigma_z=0$，$\tau_{zx}=0$，$\tau_{zy}=0$。由切应力的互等性，得 $\tau_{xz}=0$，$\tau_{yz}=0$。这样，就只剩下三个不为零的应力分量：σ_x、σ_y、τ_{xy}，它们都是 x、y 的函数，不随 z 而变化。具有上述平面应力状态的问题称为平面应力问题。

（2）平面应变问题。平面应变的一般条件为：弹性体为很长的柱体，横截面面积不沿长度变化，如图 2-2 所示，体力、面力和约束条件与平面应力问题相似，只有 xy 平面的体力 f_x、f_y，面力 $\overline{f_x}$、$\overline{f_y}$ 和约束 u、v 的作用，且都不沿 z 方向变化。

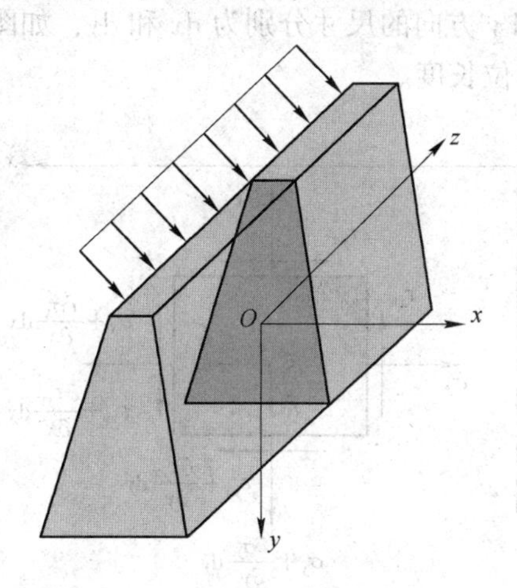

图 2-2 平面应变模型

以任一截面为 xy 面，任一纵线为 z 轴，则所有一切应力分量、形变分量和位移分量均是 x 和 y 的函数，且都不沿 z 轴变化。对于无限长柱体，任一截面都可以看作是它的对称面。所以该问题是关于 xy 平面对称的对称问题，它在对称面内所有点都只沿 x 和 y 方向移动，即只有 u 和 v，而不会有 z 方向的位移，即 $\omega = 0$。因为所有各点的位移矢量都平行于 xy 面，所以这种问题称为平面位移问题。

由对称性可知，在对称面内无切应力，即 $\tau_{zx} = 0, \tau_{zy} = 0$。根据切应力互等定理可知，$\tau_{xz} = 0, \tau_{yz} = 0$。由广义胡克定律，相应的切应变 $\gamma_{zx} = 0, \gamma_{zy} = 0$。又因为 z 方向的位移 $\omega = 0$，因此，$\varepsilon_z = 0$。这样就只剩下三个平行于 xy 面的应变分量，即 ε_x、ε_y、γ_{xy}，这种问题称为平面应变问题。由于 z 方向的变形被阻止，所以 σ_z 一般不等于零。

实际工程中的问题，如巷道、挡土墙、高压管道等，虽然不是无限长的结构体，而且两个端面上的条件也与中间截面的情况不同，并不符合无限长柱体的条件，但是经过实践证明，对于离开两端较远处，按平面应变问题进行处理，可以满足工程上的要求。

综上所述，平面应力问题和平面应变问题，具有相同的独立未知量，即 3 个应力分量（σ_x、σ_y、τ_{xy}）、3 个应变分量（ε_x、ε_y、γ_{xy}）、2 个位移分量（u、v），并且都是 x、y 的函数，不随 z 而变化。其中：

σ_x 表示作用于 x 面上、沿 x 轴方向的正应力；

τ_{xy} 表示作用于 x 面上、沿 y 轴方向的切应力；

τ_{xz} 表示作用于 x 面上、沿 z 轴方向的切应力。

2.2 平衡微分方程

物体处于平衡状态，其内部的每一点都应处在平衡状态。从平面问题的弹性体中任何一点（x，y）取出一个微元体，根据静力平衡条件来导出应力分量与体力分量之间的关系式，即平面问题的平衡微分方程。

从图 2-1 所示的薄板中（平面应力问题：在 z 方向无正应力，也无切应力），或从图 2-2 所示的柱形体中（平面应变问题：在 z 方向存在正应力，无切应力），取出一个微小的正平行六面体，它在 x 和 y 方向的尺寸分别为 $\mathrm{d}x$ 和 $\mathrm{d}y$，如图 2-3 所示。为了计算方便，它在 z 方向的尺寸取一个单位长度。

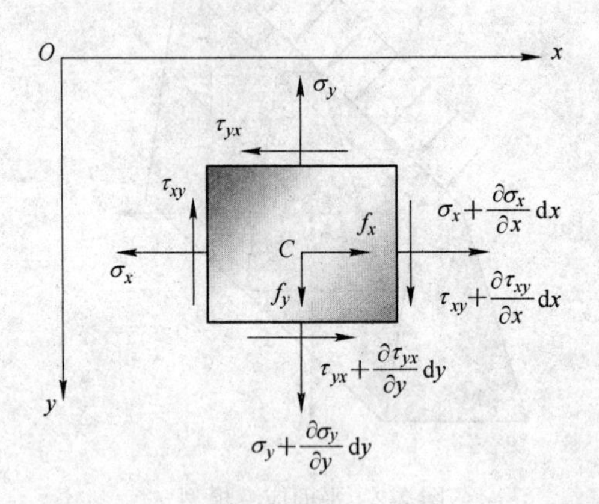

图 2-3　直角坐标系中平衡微分方程分析模型

一般而论，应力分量是位置坐标 x 和 y 的函数，因此，作用于左右两对面或上下两对面的应力分量不完全相同，有微小的差。例如，设作用于左面的正应力为 σ_x，则右面的正应力由于 x 坐标的改变而改变，可由泰勒展开得

$$\sigma_x + \frac{\partial \sigma_x}{\partial x}\mathrm{d}x + \frac{1}{2!}\frac{\partial^2 \sigma_x}{\partial x^2}\mathrm{d}x^2 + \cdots$$

在略去二阶及更高阶的微量以后简化为：$\sigma_x + \frac{\partial \sigma_x}{\partial x}\mathrm{d}x$（对于均匀应力的情况 σ_x 为常量，则 $\frac{\partial \sigma_x}{\partial x}=0$，左右两面的正应力均为 σ_x）。同理，设左面的切应力为 τ_{xy}，则右面的切应力为 $\tau_{xy} + \frac{\partial \tau_{xy}}{\partial x}\mathrm{d}x$；设上面的正应力及切应力为 σ_y 及 τ_{yx}，则下面的正应力为 $\sigma_y + \frac{\partial \sigma_y}{\partial y}\mathrm{d}y$，切应力为 $\tau_{yx} + \frac{\partial \tau_{yx}}{\partial y}\mathrm{d}y$。

因为六面体是微分体，所以，各面的应力可认为是均匀分布，作用在对应面中心。所受体力也可认为是均匀分布，作用在单元体体积中心。

平面问题可以列出三个平衡条件：$\sum M_{\mathrm{C}} = 0$，$\sum F_x = 0$，$\sum F_y = 0$。

（1）以通过中心 C 并平行于 z 轴的直线为短轴，列出力矩平衡方程 $\sum M_{\mathrm{C}} = 0$，即

$$\left(\tau_{xy} + \frac{\partial \tau_{xy}}{\partial x}\mathrm{d}x\right)\mathrm{d}y \times 1 \times \frac{\mathrm{d}x}{2} + \tau_{xy}\mathrm{d}y \times 1 \times \frac{\mathrm{d}x}{2} - \left(\tau_{yx} + \frac{\partial \tau_{yx}}{\partial y}\mathrm{d}y\right)\mathrm{d}x \times 1 \times \frac{\mathrm{d}y}{2} - \tau_{yx}\mathrm{d}x \times 1 \times \frac{\mathrm{d}y}{2} = 0$$

将上式除以 $\mathrm{d}x\mathrm{d}y$，得到

$$\tau_{xy} + \frac{1}{2}\frac{\partial \tau_{xy}}{\partial x}\mathrm{d}x = \tau_{yx} + \frac{1}{2}\frac{\partial \tau_{yx}}{\partial y}\mathrm{d}y$$

令 dx、dy 趋于零，得出

$$\tau_{xy} = \tau_{yx} \tag{2-1}$$

这里，证明了切应力互等定理。

（2）以 x 为投影轴，列出投影平衡方程 $\sum F_x = 0$，即

$$\left(\sigma_x + \frac{\partial \sigma_x}{\partial x}dx\right)dy \times 1 - \sigma_x dy \times 1 + \left(\tau_{yx} + \frac{\partial \tau_{yx}}{\partial y}dy\right)dx \times 1 - \tau_{yx}dx \times 1 + f_x dxdy \times 1 = 0$$

将上式除以 $dxdy$，得到

$$\frac{\partial \sigma_x}{\partial x} + \frac{\partial \tau_{yx}}{\partial y} + f_x = 0$$

（3）以 y 为投影轴，列出投影平衡方程 $\sum F_y = 0$，即

$$\left(\sigma_y + \frac{\partial \sigma_y}{\partial y}dy\right)dx \times 1 - \sigma_y dx \times 1 + \left(\tau_{xy} + \frac{\partial \tau_{xy}}{\partial x}dx\right)dy \times 1 - \tau_{xy}dy \times 1 + f_y dxdy \times 1 = 0$$

将上式除以 $dxdy$，得到

$$\frac{\partial \sigma_y}{\partial y} + \frac{\partial \tau_{xy}}{\partial x} + f_y = 0$$

两个微分方程给出的是平面问题中应力分量和体力分量之间的关系式，即平面问题中的平衡微分方程：

$$\left.\begin{aligned} \frac{\partial \sigma_x}{\partial x} + \frac{\partial \tau_{yx}}{\partial y} + f_x = 0 \\ \frac{\partial \sigma_y}{\partial y} + \frac{\partial \tau_{xy}}{\partial x} + f_y = 0 \end{aligned}\right\} \tag{2-2}$$

平衡微分方程应注意以下几点：

（1）平面应力问题和平面应变问题从单元体中取出的微元体受力情况略有不同，即平面应力问题没有 σ_z，平面应变问题有 σ_z，因为 σ_z 的方向与 xOy 面垂直，所以并不影响平衡微分方程的建立。因此，这两类平面问题的平衡微分方程是相同的。

（2）由于弹性体已作连续性假设，所以，平衡微分方程对弹性体内的任何一点均成立。

（3）平衡微分方程的建立与材料无关，因为方程中不含弹性常数 E、μ、G、K，对于不同的材料建立的平衡微分方程是一样的。

（4）平衡微分方程的求解还需建立几何方程和物理方程，因为两个平衡方程含有三个未知量。

（5）建立平衡微分方程有两个假设，即小变形假定和连续性假定。

2.3 平面问题中一点的应力状态

应力状态就是指一点处所有斜截面上的应力的集合。应力状态对于研究物体的强度是十分重要的。应力状态的确定，不仅可以描述物体内一点各截面的应力变化规律，还可以由此推导出弹性体相应的应力边界条件。

假定已知任意点 P 处坐标面的应力分量 σ_x 、σ_y 、$\tau_{xy}=\tau_{yx}$ ，求经过该点且平行于 z 轴的任意斜截面上的应力。

为此，在弹性体内取出一个三角形微元体，沿 z 方向取单位厚度。具体作法是：在 P 点附近取一个平面 AB，它平行于上述斜面，并与经过 P 点而垂直于 x 和 y 轴的两个平面组成一个微小的三角形微元体 PAB，如图 2-4 所示。当面 AB 无限减小而趋近于 P 点时，平面 AB 上的应力就成为上述过 P 点斜面上的应力。设作用于斜面 AB 上的全应力为 p，它可以分解为沿坐标轴方向的分量 p_x 和 p_y ，也可以分解为沿斜面的法向和切向的分量 σ_n、τ_n 。

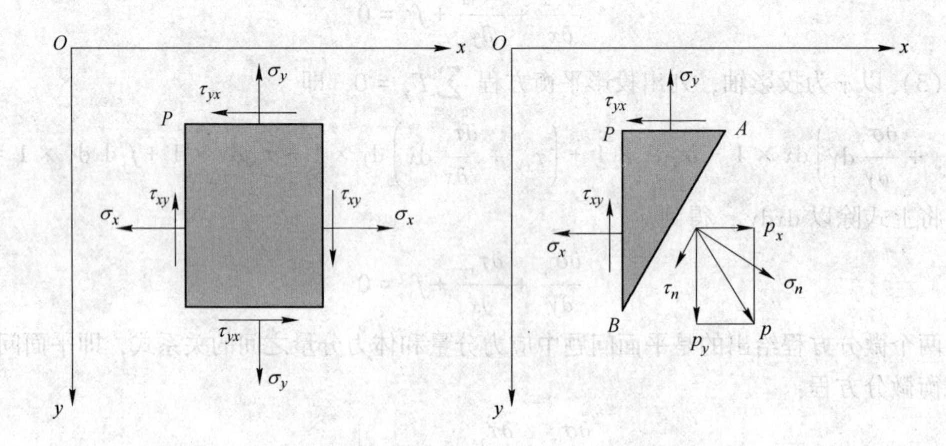

图 2-4　平面一点应力状态分析模型

用 n 代表斜面 AB 的外法线方向，其方向余弦为

$$\cos(n,\ x)=l,\ \cos(n,\ y)=m$$

2.3.1　任意斜截面上的正应力 σ_n 和切应力 τ_n

设斜面 AB 的长度为 $AB=\mathrm{d}s$，则 $PB=l\mathrm{d}s$，$PA=m\mathrm{d}s$，三角形 PAB 的面积为 $l\mathrm{d}sm\mathrm{d}s/2$。设垂直于平面的厚度为 1，由平衡条件 $\sum F_x=0$，得出

$$p_x\mathrm{d}s-\sigma_x l\mathrm{d}s-\tau_{xy}m\mathrm{d}s+f_x\frac{l\mathrm{d}sm\mathrm{d}s}{2}=0$$

式中，f_x 为 x 方向的体力分量。

将上式除以 $\mathrm{d}s$，然后命 $\mathrm{d}s$ 趋近于 0，得

$$p_x=l\sigma_x+m\tau_{yx} \tag{2-3}$$

同样由 $\sum F_y=0$，可得出

$$p_y=m\sigma_y+l\tau_{xy} \tag{2-4}$$

斜面 AB 上的正应力为 σ_n ，则由 p_x 和 p_y 的投影可得

$$\sigma_n=lp_x+mp_y,\quad \tau_n=lp_y-mp_x \tag{2-5}$$

将式（2-3）和式（2-4）关于 p_x、p_y 的表达式代入式（2-5）可以得出斜面 AB 上正应力和剪应力的表达式：

$$\sigma_n=l^2\sigma_x+m^2\sigma_y+2ml\tau_{xy},\qquad \tau_n=lm(\sigma_y-\sigma_x)+(l^2-m^2)\tau_{xy} \tag{2-6}$$

由式（2-6）可见，如果已知 P 点处的应力分量 σ_x、σ_y、τ_{xy}，就可以求得经过 P 点的任一斜面的正应力 σ_n 和切应力 τ_n。

2.3.2 主应力和应力方向

若经过 P 点的某一斜截面上的切应力等于零，则该斜面上的正应力称为在 P 点上的一个主应力，而该斜截面称为在 P 点的一个应力主面，该斜截面的法线方向（即主应力方向）称为在 P 点的一个应力主向。

2.3.2.1 主应力

在某一应力主面上的切应力全为零，则全应力等于该面上的正应力，也就等于主应力 σ，因此，该面上的全应力在坐标轴上的投影为

$$p_x = l\sigma,\ p_y = m\sigma$$

将式（2-3）和式（2-4）代入上式，即得：$\begin{cases} l\sigma_x + m\tau_{xy} = l\sigma \\ m\sigma_y + l\tau_{xy} = m\sigma \end{cases}$，由两式分别解出

$$\frac{m}{l} = \frac{\sigma - \sigma_x}{\tau_{xy}},\quad \frac{m}{l} = \frac{\tau_{xy}}{\sigma - \sigma_y} \tag{a}$$

两个式子等号右边相等，于是可以得出

$$\sigma^2 - (\sigma_x + \sigma_y)\sigma + (\sigma_x\sigma_y - \tau_{xy}^2) = 0$$

由上式可以求出两个主应力：

$$\left.\begin{matrix}\sigma_1 \\ \sigma_2\end{matrix}\right\} = \frac{\sigma_x + \sigma_y}{2} \pm \sqrt{\left(\frac{\sigma_x - \sigma_y}{2}\right)^2 + \tau_{xy}^2}$$

由于根号内数值总为正，故 σ_1 和 σ_2 都是实根，且 $\sigma_2 \leqslant \sigma_1$。同时，由上式可知：

$$\sigma_1 + \sigma_2 = \sigma_x + \sigma_y$$

2.3.2.2 应力主方向

设 σ_1 与 x 轴的夹角为 α_1，如图 2-5 所示，则 $\tan\alpha_1 = \dfrac{\sin\alpha_1}{\cos\alpha_1} = \dfrac{\cos\left(\dfrac{\pi}{2} - \alpha_1\right)}{\cos\alpha_1} = \dfrac{m_1}{l_1}$。

由式（a），取 $\sigma = \sigma_1$，即得 $\tan\alpha_1 = \dfrac{\sigma_1 - \sigma_x}{\tau_{xy}}$。

设 σ_2 与 x 轴的夹角为 α_2，则 $\tan\alpha_2 = \dfrac{\sin\alpha_2}{\cos\alpha_2} = \dfrac{\cos\left(\dfrac{\pi}{2} - \alpha_2\right)}{\cos\alpha_2} = \dfrac{m_2}{l_2}$，根据式（a），并取 $\sigma = \sigma_2$，即得 $\tan\alpha_2 = \dfrac{\tau_{xy}}{\sigma_2 - \sigma_y}$。

2.3.3 最大应力与最小应力

若已知任意一点的两个主应力 σ_1 和 σ_2，以及与之对应的应力主向，就极易求得这一点的最大、最小应力。为了计算简便，将 x 轴和 y 轴分别放在 σ_1 和 σ_2 的方向，可得

$$\tau_{xy} = 0,\quad \sigma_x = \sigma_1,\quad \sigma_y = \sigma_2 \tag{b}$$

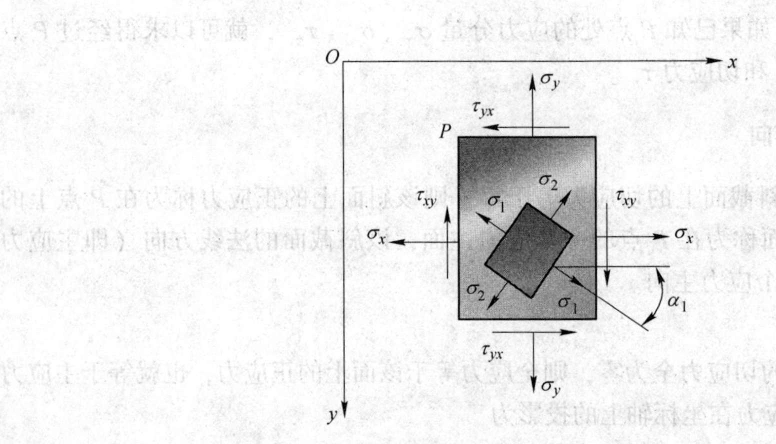

图 2-5 平面一点主应力分析模型

2.3.3.1 最大正应力与最小正应力

将式（b）代入式（2-6）$\sigma_n = l^2\sigma_x + m^2\sigma_y + 2ml\tau_{xy}$ 中，即可得到：$\sigma_n = l^2\sigma_1 + m^2\sigma_2$。用关系式 $l^2 + m^2 = 1$ 消去 m^2，得到

$$\sigma_n = l^2(\sigma_1 - \sigma_2) + \sigma_2$$

l^2 的最大值为 1，最小值为 0，所以 σ_n 的最大值为 σ_1，最小值为 σ_2。也就是说，两个主应力也就是最大正应力和最小正应力。

2.3.3.2 最大切应力与最小切应力

将式（b）代入式（2-6）$\tau_n = lm(\sigma_y - \sigma_x) + (l^2 - m^2)\tau_{xy}$ 中，即可得到：$\tau_n = lm(\sigma_2 - \sigma_1)$。用关系式 $l^2 + m^2 = 1$ 消去 m^2，得到

$$\tau_n = \pm\sqrt{\frac{1}{4} - \left(\frac{1}{2} - l^2\right)^2}\,(\sigma_1 - \sigma_2)$$

当 $\frac{1}{2} - l^2 = 0$ 时，τ_n 为最大或最小，最大值为 $\frac{\sigma_1 - \sigma_2}{2}$，最小值为 $-\frac{\sigma_1 - \sigma_2}{2}$。此时 $l = \pm\sqrt{\frac{1}{2}}$，可见最大最小切应力发生在与 x 轴及 y 轴成 45°的斜面上。

2.4 几何方程——刚体位移

设有一弹性体在外力作用下发生如图 2-6（a）所示的变形。

将变形前微元体中边 PA、PB 及变形后边 $P'A'$、$P'B'$ 投影到坐标面 xOy 上，如图 2-6（b）所示，设边长 $PA = \mathrm{d}x$，$PB = \mathrm{d}y$，在弹性体发生变形后，P 点移动到 P'，在 xOy 平面上将 P 点位移沿坐标轴分解为 u 和 v 两个分量。同理，A 和 B 点在 xOy 也有自己的位移，将它们沿坐标轴分解就是 u_A、v_A 和 u_B、v_B，由 A、B、P 三点之间的坐标关系及连续函数 u 与 v 的泰勒展开公式，可得各点位移表达式的关系，即

$$\left.\begin{aligned}u_{\mathrm{P}}&=u(x,\ y)\\v_{\mathrm{P}}&=v(x,\ y)\end{aligned}\right\}\qquad\left.\begin{aligned}u_{\mathrm{A}}&=u(x,\ y)+\frac{\partial u}{\partial x}\mathrm{d}x\\v_{\mathrm{A}}&=v(x,\ y)+\frac{\partial v}{\partial x}\mathrm{d}x\end{aligned}\right\}\qquad\left.\begin{aligned}u_{\mathrm{B}}&=u(x,\ y)+\frac{\partial u}{\partial y}\mathrm{d}y\\v_{\mathrm{B}}&=v(x,\ y)+\frac{\partial v}{\partial y}\mathrm{d}y\end{aligned}\right\}$$

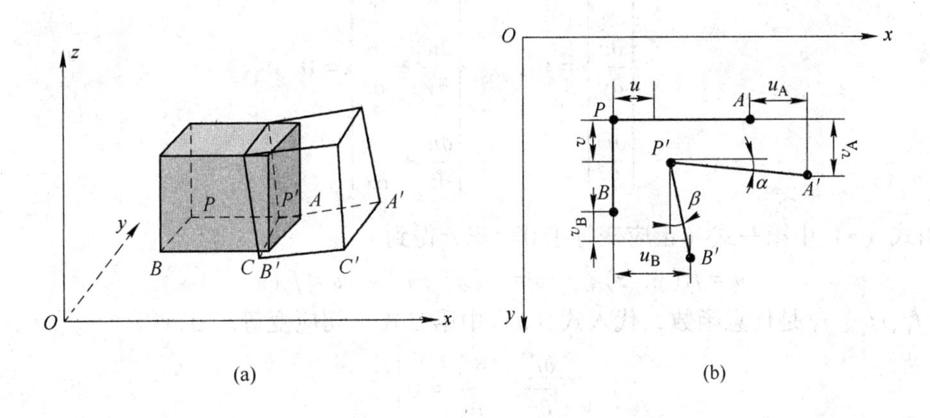

图 2-6 直角坐标系中几何方程分析模型

因此，微元体边 PA 、PB 在变形后的相对伸长及它们之间的直角的减小分别为

$$\varepsilon_x=\frac{P'A'-PA}{PA}\approx\frac{\left(u+\dfrac{\partial u}{\partial x}\mathrm{d}x\right)-u}{\mathrm{d}x}=\frac{\partial u}{\partial x}$$

$$\varepsilon_y=\frac{P'B'-PB}{PB}\approx\frac{\left(v+\dfrac{\partial v}{\partial y}\mathrm{d}y\right)-v}{\mathrm{d}y}=\frac{\partial v}{\partial y}$$

$$\gamma_{xy}=\alpha+\beta\approx\frac{\left(v+\dfrac{\partial v}{\partial x}\mathrm{d}x\right)-v}{\mathrm{d}x}+\frac{\left(u+\dfrac{\partial u}{\partial y}\mathrm{d}y\right)-u}{\mathrm{d}y}=\frac{\partial v}{\partial x}+\frac{\partial u}{\partial y}$$

以上三式即为 xOy 平面内几何关系。同理可得到 yOz 和 zOx 坐标面的几何关系为

$$\varepsilon_z=\frac{\partial w}{\partial z},\qquad\gamma_{yz}=\frac{\partial w}{\partial y}+\frac{\partial v}{\partial z},\qquad\gamma_{zx}=\frac{\partial u}{\partial z}+\frac{\partial w}{\partial x}$$

式中，w 表示 P 点在 z 轴方向的位移。几何方程写成矩阵形式为

$$\begin{Bmatrix}\varepsilon_x\\\varepsilon_y\\\varepsilon_z\end{Bmatrix}=\begin{bmatrix}\dfrac{\partial}{\partial x}&0&0\\0&\dfrac{\partial}{\partial y}&0\\0&0&\dfrac{\partial}{\partial z}\end{bmatrix}\begin{Bmatrix}u\\v\\w\end{Bmatrix},\qquad\begin{Bmatrix}\gamma_{xy}\\\gamma_{yz}\\\gamma_{zx}\end{Bmatrix}=\begin{bmatrix}\dfrac{\partial}{\partial y}&\dfrac{\partial}{\partial x}&0\\0&\dfrac{\partial}{\partial z}&\dfrac{\partial}{\partial y}\\\dfrac{\partial}{\partial z}&0&\dfrac{\partial}{\partial x}\end{bmatrix}\begin{Bmatrix}u\\v\\w\end{Bmatrix}\tag{2-7}$$

几何方程也称为柯西方程。

对于几何方程，在求解过程中可以有两种情况：一种是由位移求应变，另一种是由应变求位移。前者是将表示位移的连续函数求导，就可以得到确定的应变，即如公式（2-7）所示；而后者则须将表示应变的连续函数求积分，得到的位移表达式中尚包含待定的积分

常数，要由约束条件来确定。例如，设应变全为零，即

$$\varepsilon_x = \varepsilon_y = \varepsilon_z = \gamma_{xy} = \gamma_{yz} = \gamma_{zx} = 0$$

代入几何方程式（2-7），得到方程组

$$\begin{Bmatrix} \dfrac{\partial u}{\partial x} \\ \\ \dfrac{\partial v}{\partial y} \\ \\ \dfrac{\partial w}{\partial z} \end{Bmatrix} = 0 , \quad \begin{Bmatrix} \dfrac{\partial v}{\partial x} + \dfrac{\partial u}{\partial y} \\ \\ \dfrac{\partial w}{\partial y} + \dfrac{\partial v}{\partial z} \\ \\ \dfrac{\partial u}{\partial z} + \dfrac{\partial w}{\partial x} \end{Bmatrix} = 0 \tag{a}$$

由式（a）中第一式（正应变等于0）积分得到

$$u = f_1(y,\ z), \quad v = f_2(x,\ z), \quad w = f_3(x,\ y) \tag{b}$$

式中，f_1、f_2、f_3 是任意函数，代入式（a）中第二式（切应变等于0）得

$$\left.\begin{aligned} \frac{\partial f_2}{\partial x} + \frac{\partial f_1}{\partial y} = 0 \\ \frac{\partial f_3}{\partial y} + \frac{\partial f_2}{\partial z} = 0 \\ \frac{\partial f_1}{\partial z} + \frac{\partial f_3}{\partial x} = 0 \end{aligned}\right\} \tag{c}$$

式（c）第一式对 y 求导，第三式对 z 求导，得到

$$\frac{\partial^2 f_1}{\partial y^2} = 0 , \quad \frac{\partial^2 f_1}{\partial z^2} = 0$$

可见，$f_1(y,\ z)$ 中不包含 y、z 的二次项，可以表示为

$$f_1(y,\ z) = a + b \cdot y + c \cdot z + d \cdot yz$$

式中，a、b、c、d 都是任意常数。同理可求得

$$f_2(z,\ x) = e + f \cdot z + g \cdot x + h \cdot zx$$

$$f_3(x,\ y) = i + j \cdot x + k \cdot y + l \cdot xy$$

将以上求得的 f_1、f_2 和 f_3 代入式（c），得到

$$(g + b) + (h + d)z = 0$$

$$(k + f) + (l + h)x = 0$$

$$(c + j) + (d + l)y = 0$$

无论 x、y、z 取任意值，这些一次式都成立，必须各个系数均为零，于是得到

$$b = -g, \quad d = -h, \quad f = -k, \quad l = -h, \quad c = -j, \quad d = -l$$

可见 $l = d = h = 0$，最后求得

$$f_1 = a - gy + cz$$

$$f_2 = e - kz + gx$$

$$f_3 = i - cx + ky$$

将 a、e、i、k、c、g 分别改写为 u_0、v_0、w_0、w_x、w_y、w_z，连同 f_1、f_2、f_3 代入式（b），得到

$$\left.\begin{aligned} u &= u_0 + w_y z - w_z y \\ v &= v_0 + w_z x - w_x z \\ w &= w_0 + w_x y - w_y x \end{aligned}\right\} \tag{d}$$

式（d）表示的是形变为零的位移及刚体位移，其中 u_0、v_0、w_0 表示物体不变形情况沿 x、y、z 坐标方向的平移，w_x、w_y、w_z 分别表示绕 x、y、z 坐标轴的刚体转动。

2.5 斜方向的应变及位移

现继续分析平面问题的几何学方面，从而说明如果已知弹性体中任一点 P 处的三个形变分量 ε_x、ε_y、γ_{xy}，就可以求得经过该点的、平行于 xy 面的任何斜向微小线段 PN 的线应变，也可以求得经过该点的、平行于 xy 面的任何两个斜向微小线段 PN 与 PN' 之间的夹角改变，如图 2-7 所示。

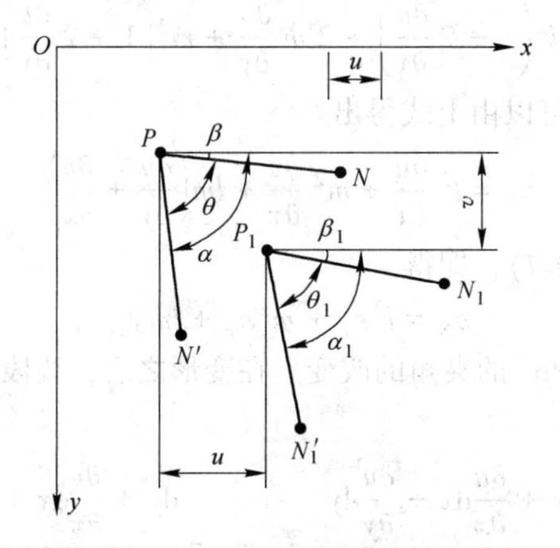

图 2-7 平面一点斜方向应变分析模型

令 P 点的坐标为 (x, y)，N 点的坐标为 $(x + \mathrm{d}x, y + \mathrm{d}y)$，$PN$ 的长度为 $\mathrm{d}r$，PN 的方向余弦为

$$\cos(PN, x) = l, \ \cos(PN, y) = m$$

于是 PN 在坐标轴上的投影为

$$\mathrm{d}x = l\mathrm{d}r, \ \mathrm{d}y = m\mathrm{d}r \tag{a}$$

设 P 点的位移分量为 u、v，则 N 点的位移分量为

$$\left.\begin{aligned} u_{\mathrm{N}} &= u + \mathrm{d}u = u + \frac{\partial u}{\partial x}\mathrm{d}x + \frac{\partial u}{\partial y}\mathrm{d}y \\ v_{\mathrm{N}} &= v + \mathrm{d}v = v + \frac{\partial v}{\partial x}\mathrm{d}x + \frac{\partial v}{\partial y}\mathrm{d}y \end{aligned}\right\} \tag{b}$$

在变形之后，线段 PN 移动到 P_1N_1，它在坐标轴上的投影成为

$$\left.\begin{aligned} dx + u_N - u &= dx + \frac{\partial u}{\partial x}dx + \frac{\partial u}{\partial y}dy \\ dy + v_N - v &= dy + \frac{\partial v}{\partial x}dx + \frac{\partial v}{\partial y}dy \end{aligned}\right\} \tag{c}$$

令线段 PN 的线应变为 ε_N，则该线段在变形之后的长度为 $dr + \varepsilon_N dr$，而这一长度的平方就等于式（c）中的两个投影的平方之和：

$$(dr + \varepsilon_N dr)^2 = \left(dx + \frac{\partial u}{\partial x}dx + \frac{\partial u}{\partial y}dy\right)^2 + \left(dy + \frac{\partial v}{\partial x}dx + \frac{\partial v}{\partial y}dy\right)^2$$

上式除以 $(dr)^2$ 并应用式（a），得

$$(1 + \varepsilon_N)^2 = \left[l\left(1 + \frac{\partial u}{\partial x}\right) + m\frac{\partial u}{\partial y}\right]^2 + \left[l\frac{\partial v}{\partial x} + m\left(1 + \frac{\partial v}{\partial y}\right)\right]^2$$

因为 ε_N 和 $\frac{\partial u}{\partial x}$、$\frac{\partial u}{\partial y}$、$\frac{\partial v}{\partial x}$、$\frac{\partial v}{\partial y}$ 都是微小的，他们的乘方或乘积都可以不计，所以上式可以化简为

$$1 + 2\varepsilon_N = l^2\left(1 + 2\frac{\partial u}{\partial x}\right) + 2lm\frac{\partial u}{\partial y} + m^2\left(1 + 2\frac{\partial v}{\partial y}\right) + 2lm\frac{\partial v}{\partial x}$$

注意到 $l^2 + m^2 = 1$，可以由上式得出

$$\varepsilon_N = l^2\frac{\partial u}{\partial x} + m^2\frac{\partial v}{\partial y} + lm\left(\frac{\partial u}{\partial y} + \frac{\partial v}{\partial x}\right) \tag{d}$$

再应用几何方程式（2-7），即得

$$\varepsilon_N = l^2\varepsilon_x + m^2\varepsilon_y + lm\gamma_{xy} \tag{2-8}$$

现在来求线段 PN 和 PN' 的夹角的改变。在变形之后，线段 PN 成为 P_1N_1，而它的方向余弦成为

$$l_1 = \frac{dx + \frac{\partial u}{\partial x}dx + \frac{\partial u}{\partial y}dy}{dr(1 + \varepsilon_N)}, \quad m_1 = \frac{dy + \frac{\partial v}{\partial x}dx + \frac{\partial v}{\partial y}dy}{dr(1 + \varepsilon_N)}$$

应用式（a），并注意 ε_N 是微量，可以取 $\frac{1}{1 + \varepsilon_N} = 1 - \varepsilon_N$，则由以上两式可得

$$\left.\begin{aligned} l_1 &= l\left(1 + \frac{\partial u}{\partial x} - \varepsilon_N\right) + m\frac{\partial u}{\partial y} \\ m_1 &= m\left(1 + \frac{\partial v}{\partial y} - \varepsilon_N\right) + l\frac{\partial v}{\partial x} \end{aligned}\right\} \tag{e}$$

同样，设线段 PN' 在变形之前的方向余弦是 l'、m'，在变形之后，线段 PN' 成为 P_1N_1'，而它的方向余弦成为

$$\left.\begin{aligned} l_1' &= l'\left(1 + \frac{\partial u}{\partial x} - \varepsilon_{N'}\right) + m'\frac{\partial u}{\partial y} \\ m_1' &= m'\left(1 + \frac{\partial v}{\partial y} - \varepsilon_{N'}\right) + l'\frac{\partial v}{\partial x} \end{aligned}\right\} \tag{f}$$

式中，$\varepsilon_{N'}$ 是线段 PN' 的线应变。

令线段 PN 和 PN' 在变形前后的夹角分别为 θ 及 θ'，则由图 2-7 可见

$$\left.\begin{aligned}\cos\theta &= \cos(\alpha-\beta) = \cos\alpha\cos\beta + \sin\alpha\sin\beta = l'l + m'm \\ \cos\theta_1 &= \cos(\alpha_1-\beta_1) = \cos\alpha_1\cos\beta_1 + \sin\alpha_1\sin\beta_1 = l_1'l_1 + m_1'm_1\end{aligned}\right\} \tag{g}$$

将式（e）和式（f）代入式（g）中的第二式，并略去高阶微量，即得

$$\cos\theta_1 = (ll' + mm')(1 - \varepsilon_N - \varepsilon_{N'}) + 2\left(ll'\frac{\partial u}{\partial x} + mm'\frac{\partial v}{\partial y}\right) + (lm' + l'm)\left(\frac{\partial u}{\partial y} + \frac{\partial v}{\partial x}\right)$$

应用几何方程式（2-7）及式（g）中的第一式，则上式成为

$$\cos\theta_1 = \cos\theta(1 - \varepsilon_N - \varepsilon_{N'}) + 2(ll'\varepsilon_x + mm'\varepsilon_y) + (lm' + l'm)\gamma_{xy} \tag{2-9}$$

由此求出 θ_1 以后，即可求得 PN 和 PN' 之间的夹角的改变 $\theta_1 - \theta$。

式（2-8）可以用来由一点的形变分量计算该点任何斜向的线应变。反之，如果已知一点任何三个斜向的线应变，也可利用式（2-8）来计算形变分量。令该三个斜向的方向余弦分别为 l_1、m_1，l_2、m_2，l_3、m_3，三个斜向的线应变分别为 ε_{N_1}、ε_{N_2} 和 ε_{N_3}，则由式（2-8）可建立下列三式：

$$\left.\begin{aligned}\varepsilon_{N_1} &= l_1^2\varepsilon_x + m_1^2\varepsilon_y + l_1m_1\gamma_{xy} \\ \varepsilon_{N_2} &= l_2^2\varepsilon_x + m_2^2\varepsilon_y + l_2m_2\gamma_{xy} \\ \varepsilon_{N_3} &= l_3^2\varepsilon_x + m_3^2\varepsilon_y + l_3m_3\gamma_{xy}\end{aligned}\right\} \tag{h}$$

由此可以求解 ε_x、ε_y 和 γ_{xy}。

在实验应力分析中，经常用量测的办法得出 x 轴方向、y 轴方向以及与该两轴成 45° 方向的线应变，这时

$$l_1 = 1,\ m_1 = 0;\quad l_2 = 0,\ m_2 = 1;\quad l_3 = m_3 = 1/\sqrt{2}$$

代入式（h），即可解得

$$\varepsilon_x = \varepsilon_{N_1},\quad \varepsilon_y = \varepsilon_{N_2},\quad \gamma_{xy} = 2\varepsilon_{N_3} - \varepsilon_{N_1} - \varepsilon_{N_2}$$

从而用物理方程求得应力分量。

为了由 P 点的位移分量 u 和 v 求得该点的沿任一斜方向的位移，只须利用简单的投影关系：仍用 l 及 m 代表 PN 的方向余弦（见图 2-7），则 P 点的沿 PN 方向的位移为

$$u_N = lu + mv$$

该点的最大位移显然就是 u 及 v 的合成，即

$$(u_N)_{\max} = \sqrt{u^2 + v^2}$$

2.6 物 理 方 程

考虑物理学方面的条件，可以导出平面问题中应变分量与应力分量之间的关系式，即平面问题中的物理方程。

在理想弹性体中，应变分量与应力分量之间的关系式可由材料力学中的广义胡克定律推导出来：

$$\left.\begin{aligned}
\varepsilon_x &= \frac{1}{E}[\sigma_x - \mu(\sigma_y + \sigma_z)] \\
\varepsilon_y &= \frac{1}{E}[\sigma_y - \mu(\sigma_z + \sigma_x)] \\
\varepsilon_z &= \frac{1}{E}[\sigma_z - \mu(\sigma_x + \sigma_y)] \\
\gamma_{yz} &= \frac{1}{G}\tau_{yz} = \frac{2(1+\mu)}{E}\tau_{yz} \\
\gamma_{zx} &= \frac{1}{G}\tau_{zx} = \frac{2(1+\mu)}{E}\tau_{zx} \\
\gamma_{xy} &= \frac{1}{G}\tau_{xy} = \frac{2(1+\mu)}{E}\tau_{xy}
\end{aligned}\right\} \tag{2-10}$$

式中，E 为拉压弹性模量，简称弹性模量；G 为切变模量，又称刚度模量；μ 为泊松系数，又称泊松比。这三个弹性常数之间的关系式为

$$G = \frac{E}{2(1+\mu)}$$

因为弹性力学假定研究的物体是完全弹性的、均匀的，而且是各向同性的，所以，弹性常数 E、G、μ 不随应力或形变的大小而变，不随位置坐标而变，也不随方向而变。

（1）平面应力问题的物理方程。在平面应力问题中，由于 $\sigma_z = 0$、$\tau_{zx} = 0$、$\tau_{zy} = 0$，所以，式（2-10）可以简化为

$$\left.\begin{aligned}
\varepsilon_x &= \frac{1}{E}(\sigma_x - \mu\sigma_y) \\
\varepsilon_y &= \frac{1}{E}(\sigma_y - \mu\sigma_x) \\
\gamma_{xy} &= \frac{2(1+\mu)}{E}\tau_{xy}
\end{aligned}\right\} \tag{2-11}$$

这就是平面应力问题的物理方程。

另外，式（2-10）中的第三式简化为

$$\varepsilon_z = -\frac{\mu}{E}(\sigma_x + \sigma_y)$$

ε_z 可以直接由 σ_x 和 σ_y 得出，因而不作为独立的未知函数，但由 ε_z 可以求得薄板厚度的变化。

（2）平面应变问题的物理方程。在平面应变问题中，由于物体的所有各点都不沿 z 方向移动，即 $w = 0$，所以 z 方向的线段都没有伸缩，即 $\varepsilon_z = 0$。于是由式（2-10）中的第三式可得

$$\sigma_z = \mu(\sigma_x + \sigma_y)$$

同样，σ_z 也不作为独立的未知函数。将上式代入式（2-10）中的第一式和第二式，并结合式（2-11）中的第三式可得

$$\left.\begin{aligned}\varepsilon_x &= \frac{1-\mu^2}{E}\left(\sigma_x - \frac{\mu}{1-\mu}\sigma_y\right)\\ \varepsilon_y &= \frac{1-\mu^2}{E}\left(\sigma_y - \frac{\mu}{1-\mu}\sigma_x\right)\\ \gamma_{xy} &= \frac{2(1+\mu)}{E}\tau_{xy}\end{aligned}\right\} \tag{2-12}$$

这就是平面应变问题的物理方程。

另外，由于在平面应变问题中也有 $\tau_{yz}=0$ 和 $\tau_{zx}=0$，所以也有 $\gamma_{yz}=0$ 和 $\gamma_{zx}=0$。

对比两种平面问题的物理方程可以看出，如果在平面应力问题的物理方程式（2-11）中，将 E 换为 $\dfrac{E}{1-\mu^2}$，μ 换为 $\dfrac{\mu}{1-\mu}$，就可以得到平面应变问题的物理方程式（2-12）。

2.7 边 界 条 件

边界条件表示在边界上位移与约束，或应力与面力之间的关系式。它可以分为位移边界条件、应力边界条件和混合边际条件。

若在 s_u 部分边界上给定了约束位移分量 $\bar{u}(s)$ 和 $\bar{v}(s)$，则对于次边界上的每一点 s，位移函数 u 和 v 应满足条件

$$(u)_s=\bar{u}(s),\ (v)_s=\bar{v}(s) \qquad (\text{在 } s_u \text{ 上}) \tag{2-13}$$

式中，$(u)_s$ 和 $(v)_s$ 是边界上的位移分量；$\bar{u}(s)$ 和 $\bar{v}(s)$ 是边界上 s 的已知函数。一般地讲，约束条件位移分量 $\bar{u}(s)$ 和 $\bar{v}(s)$ 沿边界上各点不一定相同，是 s 的函数。上式要求在边界上任一点，位移分量必须等于对应的约束位移分量。因此，式（2-13）是函数方程，而不是简单的代数方程或数值方程。位移边界条件实质上是变形连续条件在约束边界上的表达式。式（2-13）称为**平面问题的位移（或约束）边界条件**。对于完全固定边界，$\bar{u}=\bar{v}=0$，有

$$(u)_s=0,\ (v)_s=0 \qquad (\text{在 } s_u \text{ 上}) \tag{a}$$

若在 s_σ 部分边界上给定了面力分量 $\bar{f}_x(s)$ 和 $\bar{f}_y(s)$，如图 2-8 所示，则可以由边界上任一点微元体的平衡条件，导出应力与面力之间的关系式。为此，在边界上任一点 P 取出一个相似于图 2-4 的三角形微元体。这时，斜面 AB 就是边界面，在此面上的应力分量 p_x 和 p_y 应代换为面力分量 $\overline{f_x}$ 和 $\overline{f_y}$，而坐标面上的 σ_x，σ_y 和 τ_{xy} 分别成为应力分量的边界值，同样地，由平衡条件得出**平面问题的应力（或面力）边界条件**为

$$\left.\begin{aligned}(l\sigma_x+m\tau_{yx})_s &= \bar{f}_x(s)\\ (m\sigma_y+l\tau_{xy})_s &= \bar{f}_y(s)\end{aligned}\right\} \qquad (\text{在 } s_\sigma \text{ 上}) \tag{2-14}$$

式中，$\bar{f}_x(s)$ 和 $\bar{f}_y(s)$ 为边界上 s 的已知函数；l、m 为边界面外法线 n 的方向余弦。式（2-14）同样是一个函数方程，表示边界上每一点的应力与面力之间的关系。

注意：在应力边界条件式（2-14）中，应力分量和面力分量分别作用于不同的面上，且各有不同的正负号规定。由于微元体是微小的，所以式（2-14）表示在边界点 P，坐

标面上的应力分量与边界面（一般为斜面）上的面力分量之间的关系式。应力边界条件是在边界上建立的，因此必须把边界 s 的坐标表达式带入到左边的应力分量中，式(2-14) 才成立。

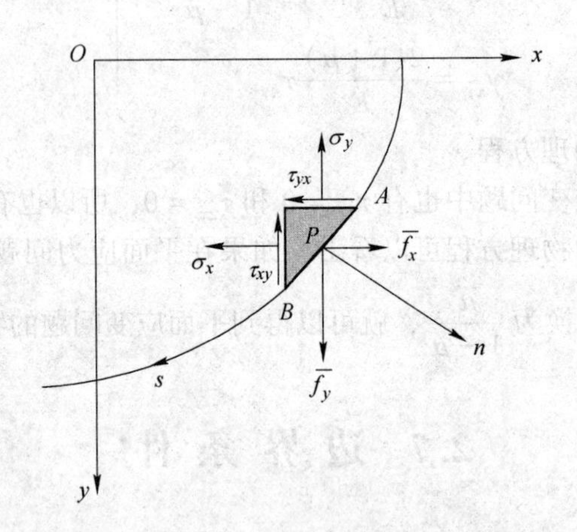

图 2-8　边界处应力与面力关系分析模型

当边界面为坐标面时，如图 2-9 所示，应力边界条件可以化为简单的形式。例如，若边界面 $x = a$ 为正 x 面（其外法线指向正 x 方向），$l = 1$，$m = 0$，则在此面上应力边界条件式（2-14）简化为

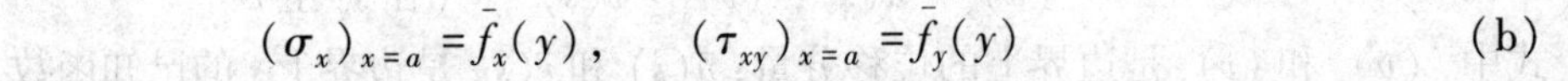

$$(\sigma_x)_{x=a} = \bar{f}_x(y), \quad (\tau_{xy})_{x=a} = \bar{f}_y(y) \tag{b}$$

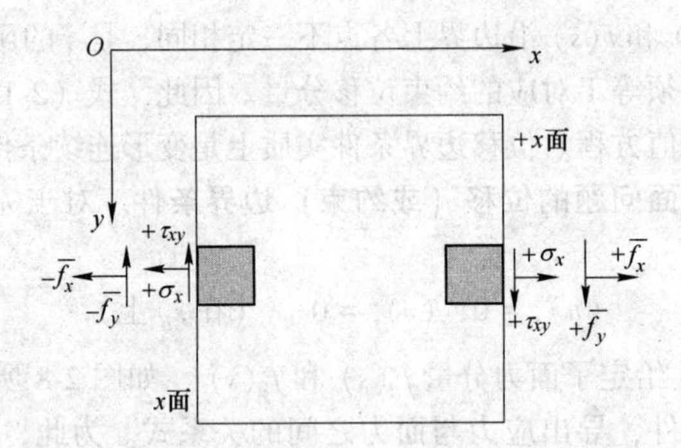

图 2-9　不同法向方向边界处应力与面力之间的关系

若边界面 $x = b$ 为负 x 面（其外法线指向负 x 方向），$l = -1$，$m = 0$，则在此面上应力边界条件式（2-14）简化为

$$(\sigma_x)_{x=b} = -\bar{f}_x(y), \quad (\tau_{xy})_{x=b} = -\bar{f}_y(y) \tag{c}$$

在式（b）和式（c）中，正、负 x 面上的面力分量一般为随 y 变化的函数。由式（b）和式（c）可见，由于应力分量和正的面力分量的正负号规定的不同，在正坐标面上，应力分量与面力分量同号；在负坐标面上，应力分量与面力分量异号。

从上还可见，应力边界条件可以有两种表达方式：

(1) 在边界上取出一个微元体，考虑其平衡条件，便可得出式（2-14）或式（b）和式（c）。

（2）在同一边界面上，应力分量应等于对应的面力分量（数值相同，方向一致）。由于面力的数值和方向是给定的，因此在同一边界面上，应力的数值应等于对应的面力的数值；而面力的方向就是应力的方向，并可按照应力分量的正负号规定来确定应力分量的正负号。

例如，若边界面 $y=c$，d 分别为正、负 y 坐标面，按照后一种表达方式，同样得出

$$(\sigma_y)_{y=c}=\bar{f}_y(x)\ ,\qquad (\tau_{yx})_{y=c}=\bar{f}_x(x)$$

$$(\sigma_y)_{y=d}=-\bar{f}_y(x)\ ,\qquad (\tau_{yx})_{y=d}=-\bar{f}_x(x)$$

当界面为斜面时，就有

$$(p_x)_s=\bar{f}_x(s)\ ,\qquad (p_y)_s=\bar{f}_y(s)$$

将式（2-3）、式（2-4）代入上式的 p_x、p_y，就得到一般的斜面边界条件式（2-14）。

在平面问题中，每边都有表示 x 向和 y 向的两个边界条件。并且，在边界面为正、负 x 面时，应力边界条件中并没有 σ_y；在边界面为正、负 y 面时，应力边界条件中并没有 σ_x。这就是说，平行于边界面的正应力，它的边界值与面力分量并不直接相关。

在**平面问题的混合边界条件**中，物体的一部分边界具有已知位移，因而具有位移边界条件，如式（2-13）所示；另一部分则具有已知面力，因而具有应力边界条件，如式（2-14）所示。此外，在同一部分边界上还可能出现混合边界条件，即两个边界条件中的一个是位移边界条件，而另一个则是应力边界条件。例如，设垂直于 x 轴的某一个边界是连杆支承边，如图 2-10（a）所示，则在 x 方向有边界位移条件 $(u)_s=\bar{u}=0$，而在 y 方向有应力边界条件 $(\tau_{xy})_s=\bar{f}_y=0$。又例如，设某一个 x 面是齿槽边，如图 2-10（b）所示，则在 x 方向有应力边界条件 $(\sigma_x)_s=\bar{f}_x=0$，而在 y 方向有位移边界条件 $(v)_s=\bar{v}=0$。在 xOy 面的边界上，以及斜边界上，都可能有与此相似的混合边界条件。

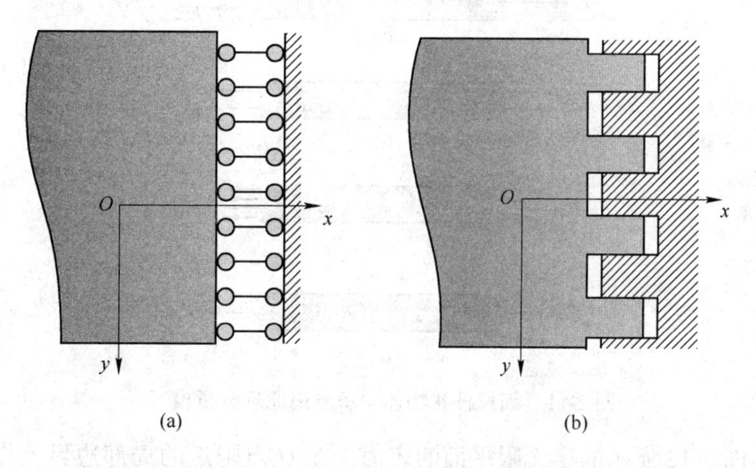

图 2-10　平面问题混合边界条件分析模型

2.8　圣维南原理

在求解弹性力学问题时，应力分量、形变分量和位移分量等必须满足区域内的三套基

本方程，还必须满足边界上的边界条件，因此弹性力学问题属于数学物理方程中的边值问题。但是，要使边界条件得到完全满足，往往遇到很大的困难。圣维南于 1855 年提出**局部效应原理**，以后称为**圣维南原理**。它可为简化局部边界上的应力边界条件提供很大的方便。

圣维南原理表明：如果把物体的一小部分边界上的面力，变换为分布不同但静力等效的面力（主矢量相同，对于同一点的主矩也相同），那么近处的应力分布将有显著的改变，但是远处所受的影响可以不计。

这里特别要注意的是，圣维南原理只能应用于一小部分边界上（又称为局部边界，小边界或次要边界）。当小边界上的面力变换为静力等效面力时，则近处的应力分布明显地改变了，但远处的应力几乎不受影响。所谓“近处”，根据实际经验，大约是变换面力边界的 1~2 倍范围内；而此范围之外，可以认为是“远处”。因此，当小边界上的面力变换为静力等效的面力时，除了小边界附近产生局部效应外，对绝大部分物体区域的应力不会发生明显影响。但是，如果将面力的等效变换范围应用到大边界（又称为主边界）上，则必然使整个物体的应力状态都改变了。

例如在图 2-11 的细长杆中，两端面各有不同的力系作用，但他们都是主矢量为 $\boldsymbol{F}$，对端面中点的力矩为零的静力等效力系。又由于两端面都是小边界，根据圣维南原理，在两端面附近的局部区域，应力分布显著地不同；除此之外的绝大部分区域，其应力状态几乎没有什么差别。

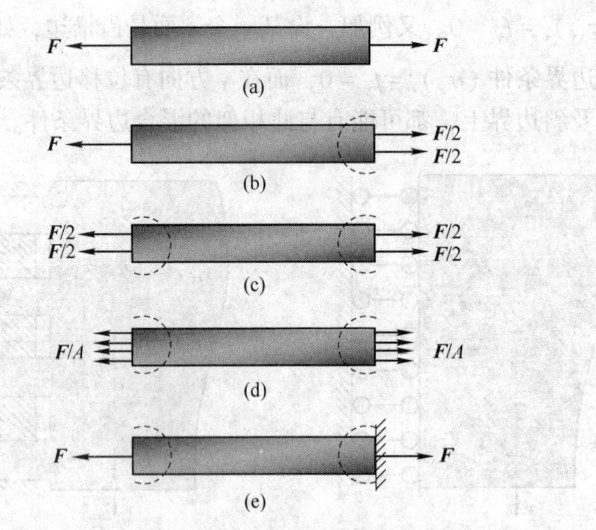

图 2-11　细长杆状物体中圣维南原理分析模型

又例如，图 2-12 所示的半无限平面的表面，在 O 点附近的局部边界上作用有不同的力系，但也都是静力等效的力系：主矢量为 $\boldsymbol{F}$，对原点 O 的主矩均为零。又由于图 2-12（a）、（b）、（c）中的面力作用区域都是局部的，因此也只有在 O 点附近的局部区域，应力分布明显地不同，而在绝大部分的半平面区域，其应力状态可认为是相同的。

圣维南原理还可以推广到下列情形：如果物体一小部分边界上的面力是一个平衡力系（主矢量及主矩都等于零），那么这个面力就只会使近处产生显著的应力，而远处的应力

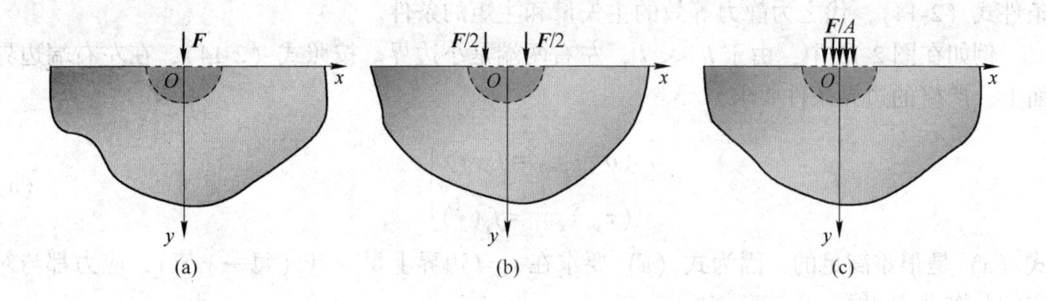

图 2-12 半无限平面物体中圣维南原理分析模型

可以不计。这是因为，主矢量和主矩都等于零的面力，与无面力状态是静力等效的，只能在近处产生显著的应力。

例如，在图 2-13（b）中，右端局部区域作用有一对平衡的集中力，是静力等效于零的力系。因此，只能在右端附近产生应力，其余绝大部分区域的应力状态，应与图 2-13（a）相近，接近无应力状态。

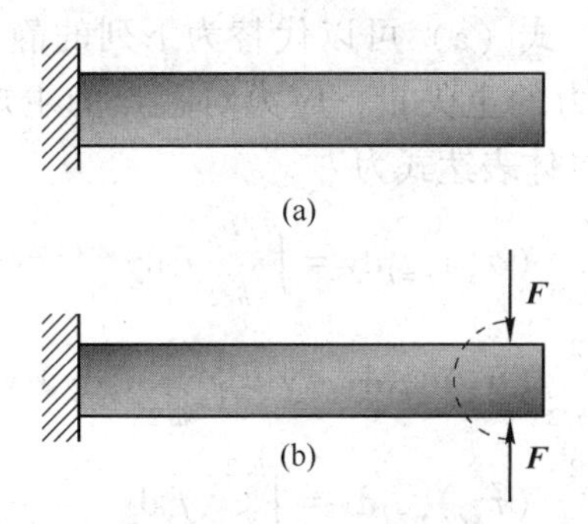

图 2-13 悬臂梁中圣维南原理分析模型

图 2-14 所示的为带小圆孔的无限平面域。在图 2-14（b）中，圆孔周围作用有均布压力。由于它也是一个平衡力系，因此也只有在圆孔附近的局部区域产生显著的应力，而平面体的绝大部分区域，也与图 2-14（a）相似，接近无应力状态。

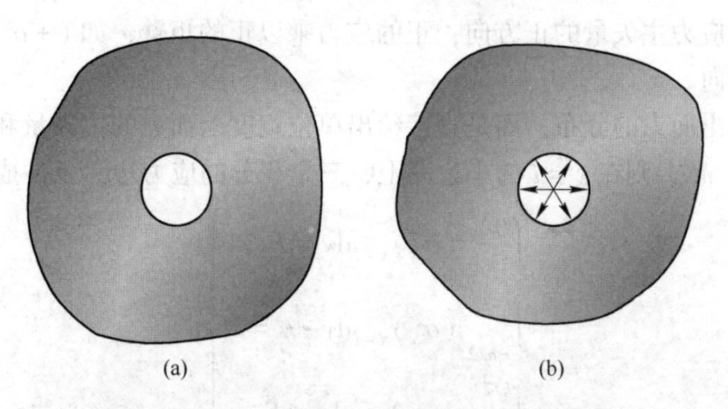

图 2-14 带孔无限平面域中圣维南原理分析模型

圣维南原理对简化局部边界条件很有用处。例如，在小边界上，当精确的应力边界条件不能满足时，可以用等效的主矢量和等效的主矩条件来代替。又如，当精确的应力边界条件式（2-14），代之为静力等效的主矢量和主矩的条件。

例如在图 2-15 中，由于 $h \ll l$，左右两端是小边界。按照式（2-14），在左右端边界面上，严格的边界条件要求

$$\left.\begin{aligned}(\sigma_x)_{x=l} &= \bar{f}_x(y)\\ (\tau_{xy})_{x=l} &= \bar{f}_y(y)\end{aligned}\right\} \tag{a}$$

式（a）是很难满足的，因为式（a）要求在 $x=l$ 边界上每一点（每一 y 值），应力都与对应的分布面力相等。

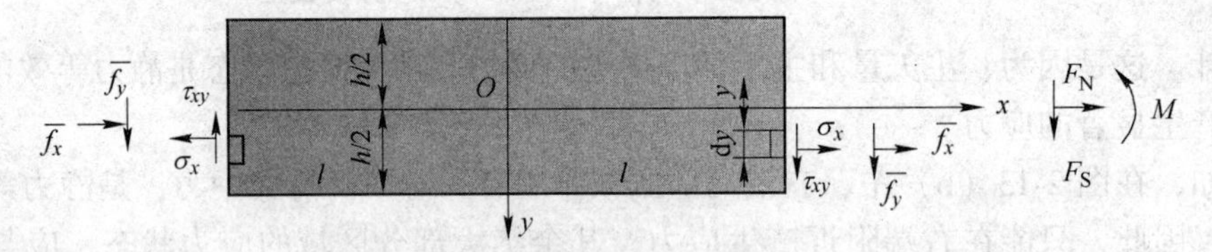

图 2-15 细长杆状物体中圣维南原理的等效

但是，应用圣维南原理，式（a）可以代替为下列的静力等效条件：在右端小边界上，使应力的主矢量等于面力的主矢量，应力对某点的主矩等于面力对同一点的主矩(即数值相同，方向一致)。具体表达式为

$$\left.\begin{aligned}\int_{-h/2}^{h/2}(\sigma_x)_{x=l}\mathrm{d}y &= \int_{-h/2}^{h/2}\bar{f}_x\mathrm{d}y\\ \int_{-h/2}^{h/2}(\sigma_x)_{x=l}\mathrm{d}y\cdot y &= \int_{-h/2}^{h/2}\bar{f}_x\mathrm{d}y\cdot y\\ \int_{-h/2}^{h/2}(\tau_{xy})_{x=l}\mathrm{d}y &= \int_{-h/2}^{h/2}\bar{f}_y\mathrm{d}y\end{aligned}\right\} \tag{b}$$

式（b）的左边表示边界面上应力的主矢量和主矩，右边表示面力的主矢量和主矩。因为面力总是已经给定的，所以式（b）表示：(1) 在小边界上应力的主矢量和主矩的数值，应当等于相应面力的主矢量和主矩的数值；(2) 面力的主矢量和主矩的方向，就是应力主矢量和主矩的方向。而式（b）右端的符号可以按照应力的符号规定来确定：应力的正方向，就是应力主矢量的正方向；正的应力乘以正的矩臂，如 $(+\sigma)\times(+y)$，就是应力主矩的正方向。

如果不是给出面力的分布，而是直接给出单位宽度上面力的主矢量和主矩，如图 2-15 所示的 F_N、F_S、M，则在 $x=l$ 的小边界上，三个积分的应力边界条件成为

$$\left.\begin{aligned}\int_{-h/2}^{h/2}(\sigma_x)_{x=l}\mathrm{d}y &= F_N\\ \int_{-h/2}^{h/2}(\sigma_x)_{x=l}\mathrm{d}y\cdot y &= M\\ \int_{-h/2}^{h/2}(\tau_{xy})_{x=l}\mathrm{d}y &= F_S\end{aligned}\right\} \tag{c}$$

将小边界上精确的应力边界条件式（a）与近似的积分应力边界条件式（b）相比，可以得出：

(1) 式 (a) 是精确的，而式 (b) 是近似的。

(2) 式 (a) 有两个条件，一般为两个函数方程；式 (b) 有三个积分条件，均为代数方程。

(3) 在求解时，式 (a) 难以满足，而式 (b) 易于满足。当小边界上的条件 (a) 难以满足时，便可以用式 (b) 来代替。

2.9 按位移求解平面问题

在结构力学里看到，计算超静定结构，有三种基本方法：位移法，力法和混合法。在位移法中，以某些位移为基本未知量；在力法中，以某些反力或内力为基本未知量；在混合法中，同时以某些位移和某些反力或内力为基本未知量。解出基本未知量以后，再求其他的未知量。

与此相似，在弹性力学里求解问题，也有三种基本方法：按位移求解，按应力求解和混合求解。按位移求解时，以位移分量为基本未知函数，由一些只包含位移分量的微分方程和边界条件求出位移分量以后，再用几何方程求出形变分量，从而用物理方程求出应力分量。按应力求解时，以应力分量为基本未知函数，由一些只包含应力分量的微分方程和条件求出应力分量以后，再用物理方程求出形变分量，从而用几何方程求出位移分量。在混合求解时，同时以某些位移分量和应力分量为基本未知函数，由一些只包含这些基本未知函数的微分方程和边界条件求出这些基本未知函数以后，再用适当的方程求出其他的未知函数。

现在来导出按位移求解平面问题时所需用的微分方程和边界条件。

由平面应力问题的物理方程式 (2-11)，求解应力分量得

$$\left.\begin{aligned}\sigma_x &= \frac{E}{1-\mu^2}(\varepsilon_x + \mu\varepsilon_y)\\ \sigma_y &= \frac{E}{1-\mu^2}(\varepsilon_y + \mu\varepsilon_x)\\ \tau_{xy} &= \frac{E}{2(1+\mu)}\gamma_{xy}\end{aligned}\right\} \tag{2-15}$$

将几何方程式 (2-7) 代入，得弹性方程

$$\left.\begin{aligned}\sigma_x &= \frac{E}{1-\mu^2}\left(\frac{\partial u}{\partial x} + \mu\frac{\partial v}{\partial y}\right)\\ \sigma_y &= \frac{E}{1-\mu^2}\left(\frac{\partial v}{\partial y} + \mu\frac{\partial u}{\partial x}\right)\\ \tau_{xy} &= \frac{E}{2(1+\mu)}\left(\frac{\partial v}{\partial x} + \frac{\partial u}{\partial y}\right)\end{aligned}\right\} \tag{a}$$

再将式 (a) 代入平衡微分方程式 (2-2)，简化以后，即得

$$
\left.\begin{aligned}
\frac{E}{1-\mu^2}\left(\frac{\partial^2 u}{\partial x^2}+\frac{1-\mu}{2}\frac{\partial^2 u}{\partial y^2}+\frac{1+\mu}{2}\frac{\partial^2 v}{\partial x\partial y}\right)+f_x=0\\
\frac{E}{1-\mu^2}\left(\frac{\partial^2 v}{\partial y^2}+\frac{1-\mu}{2}\frac{\partial^2 v}{\partial x^2}+\frac{1+\mu}{2}\frac{\partial^2 u}{\partial x\partial y}\right)+f_y=0
\end{aligned}\right\} \tag{2-16}
$$

这是用位移表示的平衡微分方程，也就是按位移求解平面应力问题时所需用的基本微分方程。

另一方面，将式（a）代入应力边界条件式（2-14），简化以后，得

$$
\left.\begin{aligned}
\frac{E}{1-\mu^2}\left[l\left(\frac{\partial u}{\partial x}+\mu\frac{\partial v}{\partial y}\right)+m\frac{1-\mu}{2}\left(\frac{\partial u}{\partial y}+\frac{\partial v}{\partial x}\right)\right]_s=\bar{f}_x\\
\frac{E}{1-\mu^2}\left[m\left(\frac{\partial v}{\partial y}+\mu\frac{\partial u}{\partial x}\right)+l\frac{1-\mu}{2}\left(\frac{\partial v}{\partial x}+\frac{\partial u}{\partial y}\right)\right]_s=\bar{f}_y
\end{aligned}\right\} \tag{2-17}
$$

这是用位移表示的应力边界条件，也就是按位移求解平面应力问题时的应力边界条件。位移边界条件仍然如式（2-13）所示。

总结起来，按位移求解平面应力问题时，要使位移分量满足微分方程式（2-16），并在边界上满足边界条件式（2-13）或式（2-17）。求出位移分量以后，即可用几何方程式（2-7）求得形变分量，从而用公式（2-15）求得应力分量。

对于平面应变问题，须在上面的各个方程中将 E 换为 $\dfrac{E}{1-\mu^2}$，将 μ 换为 $\dfrac{\mu}{1-\mu}$。

由以上所述可见，在一般情况下，按位移求解平面问题，最后还须处理联立的两个二阶偏微分方程，而不能再简化为处理一个单独微分方程的问题（像体力为常量时按应力函数求解应力边界问题那样）。这是按位移求解的缺点，也是按位移求解并未能得出很多函数式解答的原因。但是，在原则上，按位移求解可以适用于任何平面问题——不论体力是不是常量，也不论问题是位移边界问题还是就应力边界问题或混合边界问题。因此，如果我们并不拘泥于追求函数式解答，而着眼于为一些工程实际问题求得数值解答，则按位移求解的优越性将是十分明显的。

2.10 按应力求解平面问题——相容方程

现在来导出按应力求解平面问题时所需用的微分方程。平衡微分方程式（2-2）本来就不包含形变分量和位移分量，应当保留。于是，只须由三个几何方程中消去位移分量，得出三个形变分量之间的一个关系式，再将三个物理方程代入这个关系式，使它只包含应力分量。具体推演如下：

平面问题的几何方程是式（2-7），也就是

$$
\varepsilon_x=\frac{\partial u}{\partial x},\ \varepsilon_y=\frac{\partial v}{\partial y},\ \gamma_{xy}=\frac{\partial v}{\partial x}+\frac{\partial u}{\partial y} \tag{a}
$$

将 ε_x 对 y 的二阶导数和 ε_y 对 x 的二阶导数相加，得

$$
\frac{\partial^2\varepsilon_x}{\partial y^2}+\frac{\partial^2\varepsilon_y}{\partial x^2}=\frac{\partial^3 u}{\partial x\partial y^2}+\frac{\partial^3 v}{\partial y\partial x^2}=\frac{\partial^2}{\partial x\partial y}\left(\frac{\partial u}{\partial y}+\frac{\partial v}{\partial x}\right)
$$

由于这个等式右边括弧中的表达式就等于 γ_{xy}，因此得

$$\frac{\partial^2 \varepsilon_x}{\partial y^2}+\frac{\partial^2 \varepsilon_y}{\partial x^2}=\frac{\partial^2 \gamma_{xy}}{\partial x \partial y} \tag{2-18}$$

这个关系式称为形变协调方程或相容方程。形变分量 ε_x、ε_y、γ_{xy} 必须满足这个方程，才能保证位移分量 u 和 v 的存在。如果任意选取函数 ε_x、ε_y 和 γ_{xy} 而不能满足这个方程，那么，由三个几何方程中的任何两个求出的位移分量，将与第三个几何方程不能相容，这时就不可能求得位移。

例如，试取不能满足相容方程式（2-18）的形变分量

$$\varepsilon_x=0\,,\quad \varepsilon_y=0\,,\quad \gamma_{xy}=Cxy \tag{b}$$

其中，常数 C 不等于零。由几何方程式（a）中的前两式得

$$\frac{\partial u}{\partial x}=0\,,\quad \frac{\partial v}{\partial y}=0$$

从而得

$$u=f_1(y)\,,\qquad v=f_2(x) \tag{c}$$

另一方面，将式（b）中的第三式代入式（a）中的第三式，又得

$$\frac{\partial v}{\partial x}+\frac{\partial u}{\partial y}=Cxy \tag{d}$$

显然，式（c）与式（d）不能相容，也就是互相矛盾，于是就不可能求得满足几何方程式（a）的位移。

现在，我们来利用物理方程将相容方程中的形变分量消去，使相容方程中只包含应力分量（基本未知函数）。

对于平面应力的情况，将物理方程式（2-11）代入式（2-18），得

$$\frac{\partial^2}{\partial y^2}(\sigma_x-\mu\sigma_y)+\frac{\partial^2}{\partial x^2}(\sigma_y-\mu\sigma_x)=2(1+\mu)\frac{\partial^2 \tau_{xy}}{\partial x \partial y} \tag{e}$$

利用平衡微分方程，可以简化式（e），使它只含正应力而不包含切应力。为此，将平衡微分方程式（2-2）写成

$$\frac{\partial \tau_{yx}}{\partial y}=-\frac{\partial \sigma_x}{\partial x}-f_x\,,\qquad \frac{\partial \tau_{xy}}{\partial x}=-\frac{\partial \sigma_y}{\partial y}-f_y$$

将前一方程对 x 求导，后一方程对 y 求导，然后相加，并注意 $\tau_{xy}=\tau_{yx}$，得

$$2\frac{\partial^2 \tau_{xy}}{\partial x \partial y}=-\frac{\partial^2 \sigma_x}{\partial x^2}-\frac{\partial^2 \sigma_y}{\partial y^2}-\frac{\partial f_x}{\partial x}-\frac{\partial f_y}{\partial y}$$

代入式（e），简化以后，得

$$\left(\frac{\partial^2}{\partial x^2}+\frac{\partial^2}{\partial y^2}\right)(\sigma_x+\sigma_y)=-(1+\mu)\left(\frac{\partial f_x}{\partial x}+\frac{\partial f_y}{\partial y}\right) \tag{2-19}$$

对于平面应变的情况，进行同样的推演，可以导出一个与此相似的方程，即

$$\left(\frac{\partial^2}{\partial x^2}+\frac{\partial^2}{\partial y^2}\right)(\sigma_x+\sigma_y)=-\frac{1}{1-\mu}\left(\frac{\partial f_x}{\partial x}+\frac{\partial f_y}{\partial y}\right) \tag{2-20}$$

但是，也可以不必进行推演，只要如 2.6 节中所述，把方程式（2-19）中的 μ 换为

$\frac{\mu}{1-\mu}$，就得到这一方程。

这样，按应力求解平面问题时，在平面应力问题中，应力分量应当满足平衡微分方程式（2-2）和相容方程式（2-19）；在平面应变问题中，应力分量应当满足平衡微分方程式（2-2）和相容方程式（2-20）。此外，应力分量在边界上还应当满足应力边界条件式（2-14）。

位移边界条件式（2-13）一般是无法改用应力分量及其导数来表示的。因此，对于位移边界问题和混合边界问题，一般都不宜按应力求解。对于应力边界问题，是否满足了平衡微分方程、相容方程和应力边界条件，就能完全确定应力分量，还要看所考察的物体是单连体还是多连体。所谓单连体，就是具有这样几何性质的物体：对于在物体内所作的任何一根闭合曲线，都可以使它在物体内不断收缩而趋于一点。例如，一般的实体和空心圆球就是单连体。所谓多连体，就是不具有上述几何性质的物体，例如圆环或圆筒。在平面问题中也可以这样简单地说：单连体就是只具有单个连续边界的物体，多连体则是具有多个连续边界的物体，也就是有孔口的物体。

对于平面问题，可以证明：如果满足了平衡微分方程和相容方程，也满足了应力边界条件，那么，在单连体的情况下，应力分量就完全确定了。但是，在多连体的情况下，应力分量的表达式中可能还留有待定函数或待定常数；在由这些应力分量求出的位移分量表达式中，通过积分运算，可能出现多值项，表示弹性体的同一点具有不同的位移，而在连续体中这是不可能的。根据“位移必须为单值”这样的所谓位移单值条件，令这种多值项等于零，就可以完全确定应力分量。具体的实例见 4.6 节。

2.11 常体力情况下的简化

在很多工程问题中，体力是常量，即体力分量 f_x 和 f_y 不随坐标 x 和 y 而变。例如重力和常加速度下平行移动时的惯性力，就是常量的体力。在**常体力的情况下**，相容方程式（2-19）和式（2-20）的右边都变为零，因而**两种平面问题的相容方程都简化为**

$$\left(\frac{\partial^2}{\partial x^2}+\frac{\partial^2}{\partial y^2}\right)(\sigma_x+\sigma_y)=0 \tag{2-21}$$

可见，在体力为常量的情况下，$\sigma_x+\sigma_y$ 应当满足拉普拉斯微分方程即调和方程，也就是说，$\sigma_x+\sigma_y$ 应当是调和函数。为了书写简便，下面用记号 ∇^2 代表 $\frac{\partial^2}{\partial x^2}+\frac{\partial^2}{\partial y^2}$，把方程式（2-21）简写为

$$\nabla^2(\sigma_x+\sigma_y)=0$$

注意，在体力为常量的情况下，平衡微分方程式（2-2）、相容方程式（2-21）和应力边界条件式（2-14）中都不含弹性常数，从而对于两种平面问题都是相同的。因此，**当体力为常量时，在单连体的应力边界问题中，如果两个弹性体具有相同的边界形状，并受到同样分布的外力，那么，就不管这两个弹性体的材料是否相同，也不管它们是在平面应力情况下或是在平面应变情况下，应力分量 $\boldsymbol{\sigma_x}$、$\boldsymbol{\sigma_y}$、$\boldsymbol{\tau_{xy}}$ 的分布是相同的（两种平面问题中的应力分量 $\boldsymbol{\sigma_z}$ 以及形变和位移，却不一定相同）。**

根据上述结论，针对某种材料的物体而求出的应力分量 σ_x、σ_y、τ_{xy}，也适用于具有同样边界并受有同样外力的其他材料的物体；针对平面应力问题而求出的这些应力分量，也适用于边界相同、外力相同的平面应变情况下的物体。这对于弹性力学解答在工程上的应用问题，提供了极大的方便。

另一方面，根据上述结论，在用实验方法量测结构或构件的上述应力分量时，可以用便于量测的材料来制造模型，以代替原来不便于量测的结构或构件材料；还可以用平面应力情况下的薄板模型，来代替平面应变情况下的长柱形的结构或构件。这对于实验应力分析，也提供了极大的方便。

由以上讨论可见，在体力为常量的情况下，按应力求解应力边界问题时，应力分量 σ_x、σ_y、τ_{xy} 应当满足平衡微分方程

$$\left.\begin{aligned}\frac{\partial\sigma_x}{\partial x}+\frac{\partial\tau_{xy}}{\partial y}+f_x=0\\\frac{\partial\sigma_y}{\partial y}+\frac{\partial\tau_{xy}}{\partial x}+f_y=0\end{aligned}\right\}\tag{a}$$

和相容方程

$$\left(\frac{\partial^2}{\partial x^2}+\frac{\partial^2}{\partial y^2}\right)(\sigma_x+\sigma_y)=0\tag{b}$$

并在边界上满足应力边界条件式（2-14）。对于多连体，还需考虑位移单值条件。

首先来考察平衡微分方程式（a）。这是一个非齐次微分方程组，它的解答包含两部分，即它的任意一个特解及齐次微分方程的通解：

$$\left.\begin{aligned}\frac{\partial\sigma_x}{\partial x}+\frac{\partial\tau_{xy}}{\partial y}=0\\\frac{\partial\sigma_y}{\partial y}+\frac{\partial\tau_{xy}}{\partial x}=0\end{aligned}\right\}\tag{c}$$

特解可以取为

$$\sigma_x=-f_x x,\quad \sigma_y=-f_y y,\quad \tau_{xy}=0\tag{d}$$

也可以取为

$$\sigma_x=0,\quad \sigma_y=0,\quad \tau_{xy}=-f_x y-f_y x$$

以及

$$\sigma_x=-f_x x-f_y y,\quad \sigma_y=-f_x x-f_y y,\quad \tau_{xy}=0$$

等等的形式，因此它们都能满足微分方程式（a）。

下面来研究齐次方程式（c）的通解。根据微分方程理论，偏导数具有相容性。若设函数 $f=f(x,y)$，则有

$$\frac{\partial}{\partial x}\left(\frac{\partial f}{\partial y}\right)=\frac{\partial}{\partial y}\left(\frac{\partial f}{\partial x}\right)$$

假如函数 C 和 D 满足下列关系式：

$$\frac{\partial}{\partial x}(C)=\frac{\partial}{\partial y}(D)$$

那么，对照上式，一定存在某一函数 f，使得

$$C = \frac{\partial f}{\partial y}, \quad D = \frac{\partial f}{\partial x}$$

为了求得齐次微分方程式（c）的通解，将其中前一个方程改写为

$$\frac{\partial \sigma_x}{\partial x} = \frac{\partial}{\partial y}(-\tau_{xy})$$

根据上述微分方程理论，这就一定存在某一个函数 $A(x, y)$，使得

$$\sigma_x = \frac{\partial A}{\partial y} \tag{e}$$

$$-\tau_{xy} = \frac{\partial A}{\partial x} \tag{f}$$

同样，将式（c）中的第二个方程改写为

$$\frac{\partial \sigma_y}{\partial y} = \frac{\partial}{\partial x}(-\tau_{xy})$$

可见，也一定存在某一个函数 $B(x, y)$，使得

$$\sigma_y = \frac{\partial B}{\partial x} \tag{g}$$

$$-\tau_{xy} = \frac{\partial B}{\partial y} \tag{h}$$

由式（f）及式（h）得

$$\frac{\partial A}{\partial x} = \frac{\partial B}{\partial y}$$

因而又一定存在某一个函数 $\Phi(x, y)$，使得

$$A = \frac{\partial \Phi}{\partial y} \tag{i}$$

$$B = \frac{\partial \Phi}{\partial x} \tag{j}$$

将式（i）代入式（e），式（j）代入式（g），并将式（i）代入式（f），即得通解

$$\sigma_x = \frac{\partial^2 \Phi}{\partial y^2}, \quad \sigma_y = \frac{\partial^2 \Phi}{\partial x^2}, \quad \tau_{xy} = -\frac{\partial^2 \Phi}{\partial x \partial y} \tag{k}$$

将通解（k）与任一组特解叠加，例如与特解（d）叠加，即得平衡微分方程式（a）的全解：

$$\sigma_x = \frac{\partial^2 \Phi}{\partial y^2} - f_x x, \quad \sigma_y = \frac{\partial^2 \Phi}{\partial x^2} - f_y y, \quad \tau_{xy} = -\frac{\partial^2 \Phi}{\partial x \partial y} \tag{2-22}$$

式中，Φ 称为平面问题的应力函数，又称为**艾力应力函数**。由于式（2-22）是从平衡微分方程导出的解答，所以必然满足该方程。同时，推导解答式（2-22）过程，也就证明了应力函数 Φ 的存在性。还应指出的是，虽然 Φ 还是一个待定的未知函数，但是，用 Φ 表示 3 个应力分量 σ_x、σ_y、τ_{xy} 后，使得平面问题的求解得到很大的简化：待求的未知函数从 3 个变换为 1 个，并从求解应力分量 σ_x、σ_y、τ_{xy} 变化为求解应力函数 Φ 。

为了求解应力函数 Φ，下面来分析应力函数应满足的条件。由于式（2-22）所表示

的应力分量应该满足相容方程式（b），即方程式（2-21），将式（2-22）代入式（b），得到

$$\left(\frac{\partial^2}{\partial x^2}+\frac{\partial^2}{\partial y^2}\right)\left(\frac{\partial^2 \Phi}{\partial y^2}-f_x x+\frac{\partial^2 \Phi}{\partial x^2}-f_y y\right)=0$$

注意 f_x 及 f_y 为常量，于是上式简化为

$$\left(\frac{\partial^2}{\partial x^2}+\frac{\partial^2}{\partial y^2}\right)\left(\frac{\partial^2 \Phi}{\partial x^2}+\frac{\partial^2 \Phi}{\partial y^2}\right)=0 \tag{1}$$

或者展开而成为

$$\frac{\partial^4 \Phi}{\partial x^4}+2\frac{\partial^4 \Phi}{\partial x^2 \partial y^2}+\frac{\partial^4 \Phi}{\partial y^4}=0 \tag{2-23}$$

这就是用**应力函数表示的相容方程**。由此可见，应力函数应当满足重调和方程，也就是说，它应当是重调和函数。方程式（1）或式（2-23）可以简写为 $\nabla^2\nabla^2\Phi=0$，或者进一步简写为

$$\nabla^4\Phi=0$$

此外，将式（2-22）代入应力边界条件式（2-14），则**应力边界条件**也可以用应力函数 Φ 表示。通常为了书写的方便，仍然写成式（2-14）。

综上所述，在常体力的情况下，弹性力学平面问题中存在一个应力函数 Φ。按应力求解平面问题，可以归纳为求解一个**应力函数 Φ，Φ 应当满足的条件是：**

（1）**它必须满足在区域内的相容方程式（2-23）**。

（2）**满足在边界上的应力边界条件式（2-14）（假设全部都为应力边界条件）**。

（3）**在多连体中，还须满足位移单值条件**。

从上述条件求解出应力函数 Φ 后，便可以由式（2-22）求出应力分量，然后再求出应变分量和位移分量。

2.12 应力函数——逆解法与半逆解法

在上一节中已经提出，当体力为常量时，按应力求解平面问题，最后可以归纳为求解一个应力函数 Φ，它必须满足下列条件：

（1）在区域内的相容方程，即

$$\frac{\partial^2 \Phi}{\partial x^4}+2\frac{\partial^4 \Phi}{\partial x^2 \partial y^2}+\frac{\partial^4 \Phi}{\partial y^4}=0$$

（2）在边界 s_σ 上的应力边界条件（假设全部为应力边界条件），即

$$\left.\begin{aligned}(l\sigma_x+m\tau_{yx})_s&=\bar{f}_x(s)\\(m\sigma_y+l\tau_{xy})_s&=\bar{f}_y(s)\end{aligned}\right\}\quad（在\ s_\sigma\ 上）$$

（3）对于多连体，还需满足多连体中的位移单值条件。

求出应力函数 Φ 后，可以由下式求得应力分量，即

$$\sigma_x=\frac{\partial^2 \Phi}{\partial y^2}-f_x x,\quad \sigma_y=\frac{\partial^2 \Phi}{\partial x^2}-f_y y,\quad \tau_{xy}=-\frac{\partial^2 \Phi}{\partial x \partial y}$$

然后再求出形变分量和位移分量。

由于相容方程式（2-23）是偏微分方程，它的通解不能写成有限项数的形式，因此，我们一般都不能直接求解问题，而只能采用逆解法或半逆解法。

逆解法的主要步骤如下：

（1）先设定各种形式的、满足相容方程式（2-23）的应力函数 $\boldsymbol{\Phi}$。

（2）由式（2-22）求得应力分量。

（3）然后根据应力边界条件式（2-14）和弹性体的边界形状，看这些应力分量对应于边界上什么样的面力，从而得知所选取的应力函数可以解决的问题。

半逆解法主要步骤如下：

（1）针对所要求解的问题，根据弹性体的边界形状和受力情况，假设部分或全部应力分量的函数形式。

（2）推出应力函数的形式。

（3）然后代入相容方程，求出应力函数的具体表达式。

（4）再按式（2-22）由应力函数求得应力分量。

（5）考察这些应力分量能否满足全部应力边界条件（对于多连体，还需满足位移单值条件）。如果所有条件都能满足，自然得出的就是正确解答。如果某方面的条件不能满足，就要另作假设，重新进行求解。

习　题

2-1　判断题。

2-1-1　物体变形连续的充要条件是几何方程（或应变相容方程）。　（　　）

2-1-2　已知位移分量函数 $u = (2x^2 + 20) \times 10^{-2}$，$v = (2xy) \times 10^{-2}$，由它们所求得的应变分量不一定能满足相容方程。　（　　）

2-1-3　应变状态 $\varepsilon_x = k(x^2 + y^2)$，$\varepsilon_y = 2kxy$，$\gamma_{xy} = 2kxy$，$(k \neq 0)$ 是不可能存在的。　（　　）

2-1-4　当问题可当做平面应力问题来处理时，总有 $\sigma_z = 0$，$\tau_{xz} = 0$，$\tau_{yz} = 0$。　（　　）

2-1-5　在 $y = a$（常数）的直线上，如 $u = 0$，则沿该直线必有 $\varepsilon_x = 0$。　（　　）

2-1-6　对于应力边界问题，满足平衡微分方程和应力边界条件的应力，必为正确的应力分布。　（　　）

2-2　填空题。

2-2-1　平面应力问题的几何形状特征是______________。

2-2-2　平面应变问题的几何形状特征是______________。

2-2-3　弹性力学平面问题有________个基本方程，分别是____________。

2-2-4　对于两类平面问题，从物体内取出的单元体的受力情况________差别，所建立的平衡微分方程________差别。

2-2-5　对于多边体变形连续的充分和必要条件是________和________。

2-2-6　有一平面应力状态，其应力分量为：$\sigma_x = 12\text{MPa}$，$\sigma_y = 10\text{MPa}$，$\tau_{xy} = 6\text{MPa}$ 及一主应力 $\sigma_1 = 17.08\text{MPa}$，则另一主应力等于________，最大剪应力等于________。

2-2-7　已知平面应变问题内某一点的正应力分量为：$\sigma_x = 35\text{MPa}$，$\sigma_y = 25\text{MPa}$，$\mu = 0.3$，则 $\sigma_z =$ ________。

2-2-8　对于多边体，弹性力学基本方程的定解条件除了边界条件外，还有________。

2-2-9　已知某物体处在平面应力状态下，其表面上某点作用着面力 $\overline{X} = a$，$\overline{Y} = 0$，该点附近的物体内部有 $\tau_{xy} = 0$，则 $\sigma_x =$ ________，$\sigma_y =$ ________。

2-2-10　将平面应力问题下物理方程中的 E、μ 分别换成________和________，就可得到平面应变问题下相应的物理方程。

2-3　选择题。

2-3-1　平面应力问题的外力特征是　　　　（　　）

A. 只作用在板边且平行于板中面　　B. 垂直作用在板面

C. 平行中面作用在板边和板面上　　D. 作用在板面且平行于板中面

2-3-2　在平面应力问题中（取中面作 xy 平面）　　　　（　　）

A. $\sigma_z = 0$，$w = 0$　　B. $\sigma_z \neq 0$，$w \neq 0$

C. $\sigma_z = 0$，$w \neq 0$　　D. $\sigma_z \neq 0$，$w = 0$

2-3-3　在平面应变问题中（取纵向作 z 轴）　　　　（　　）

A. $\sigma_z = 0$，$w = 0$，$\varepsilon_z = 0$　　B. $\sigma_z \neq 0$，$w \neq 0$，$\varepsilon_z \neq 0$

C. $\sigma_z = 0$，$w \neq 0$，$\varepsilon_z = 0$　　D. $\sigma_z \neq 0$，$w = 0$，$\varepsilon_z = 0$

2-3-4　下列问题可简化为平面应变问题的是　　　　（　　）

A. 墙梁　　B. 高压管道　　C. 楼板　　D. 高速旋转的薄圆盘

2-3-5　平面应变问题的微元体处于　　　　（　　）

A. 单向应力状态　　B. 双向应力状态

C. 三向应力状态，且 σ_z 是一主应力　　D. 纯剪切应力状态

2-3-6　某一平面应力状态，已知 $\sigma_x = \sigma$，$\sigma_y = \sigma$，$\tau_{xy} = 0$，则与 xy 面垂直的任意斜截面上的正应力和剪应力为　　　　（　　）

A. $\sigma_\alpha = \sigma$，$\tau = 0$　　B. $\sigma_\alpha = \sqrt{2}\sigma$，$\tau = \sqrt{2}\sigma$

C. $\sigma_\alpha = 2\sigma$，$\tau = \sigma$　　D. $\sigma_\alpha = \sigma$，$\tau = \sigma$

2-4　分析与计算题。

2-4-1　在两类平面问题中，哪些应变分量和应力分量为零？

2-4-2　设已求得一点处的应力分量，试求 σ_1、σ_2、α_1：

(1) $\sigma_x = 100\text{MPa}$、$\sigma_y = 50\text{MPa}$、$\tau_{xy} = 10\sqrt{50}\ \text{MPa}$；

(2) $\sigma_x = -1000\text{MPa}$、$\sigma_y = -1500\text{MPa}$、$\tau_{xy} = 500\text{MPa}$。

2-4-3　如图 2-16 所示，用互成 120°的应变花测得受力构件表面一点处的应变值为 ε_{N1}，ε_{N2}，ε_{N3}，试推求该点的应变分量表达式 ε_x，ε_y，γ_{xy}。

2-4-4　已知式（2-12）为平面应变问题的物理方程，但这只是其中一种表达式，试写出平面应变问题的另一种形式。

$$\left.\begin{aligned}\varepsilon_x &= \frac{1-\mu^2}{E}\left(\sigma_x - \frac{\mu}{1-\mu}\sigma_y\right)\\ \varepsilon_y &= \frac{1-\mu^2}{E}\left(\sigma_y - \frac{\mu}{1-\mu}\sigma_x\right)\\ \gamma_{xy} &= \frac{2(1+\mu)}{E}\tau_{xy}\end{aligned}\right\}\tag{2-12}$$

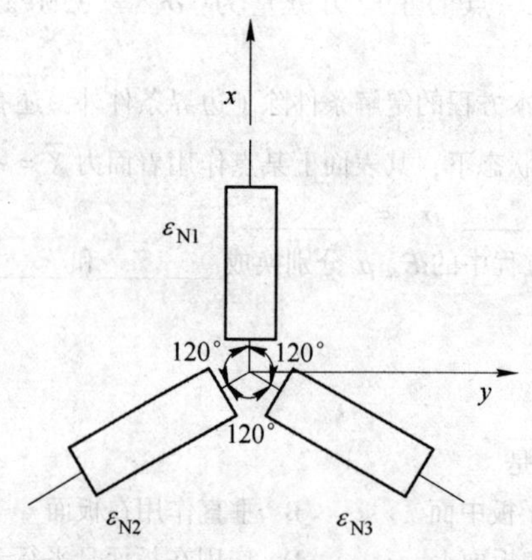

图 2-16 题 2-4-3 示意图

2-4-5 试写出如图 2-17 所示三角形悬臂梁的上下侧边界条件。

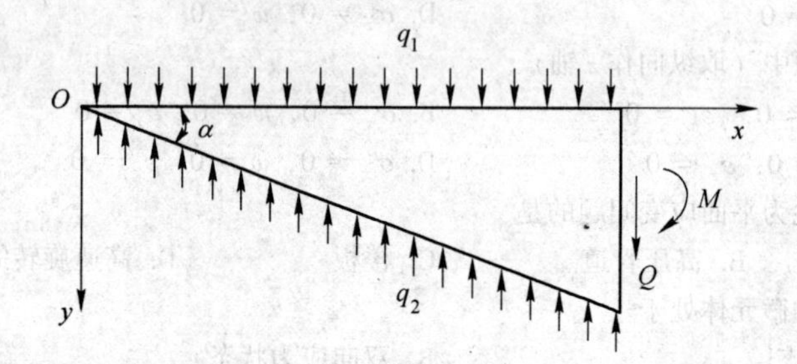

图 2-17 题 2-4-5 示意图

2-4-6 图 2-18 所示矩形截面体，受力如图所示，试写出上、下、左边的边界条件（提示：左侧边界条件利用圣维南原理）。

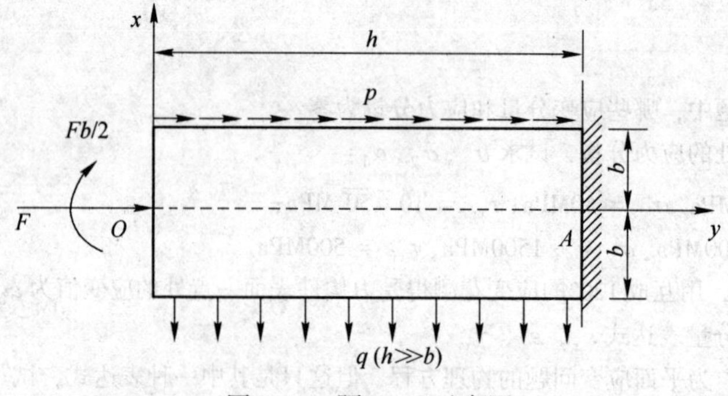

图 2-18 题 2-4-6 示意图

2-4-7 试确定以下两组应变状态能否存在（K，A，B 为常数），并说明为什么。

（1）$\varepsilon_x = K(x^2 + y^2)$，$\varepsilon_y = Ky^2$，$\gamma_{xy} = 2Kxy$；

（2）$\varepsilon_x = Axy^2$，$\varepsilon_y = Bx^2y$，$\gamma_{xy} = 0$。

2-4-8 图 2-19 所示悬臂梁只受重力作用，而梁的密度为 ρ，设应力函数：

$$\Phi = Ax^3 + Bx^2y + Cxy^2 + Dy^3$$

恒能满足双调和方程。试求应力分量并写出上表面及斜边的边界条件（不计体力）。

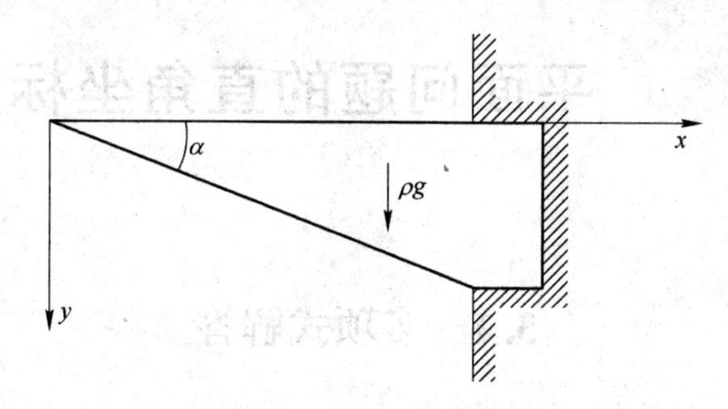

图 2-19　题 2-4-8 示意图

2-4-9　图 2-20 所示三角形截面水坝，材料的比重为 ρ，承受比重为 γ 液体的压力，已求得坝体应力解为：

$$\left.\begin{aligned}\sigma_x &= ax + by \\ \sigma_y &= cx + dy - \rho g y \\ \tau_{xy} &= -dx - ay\end{aligned}\right\}$$

（1）试写出直边及斜边上的边界条件；

（2）求出系数 a、b、c、d。

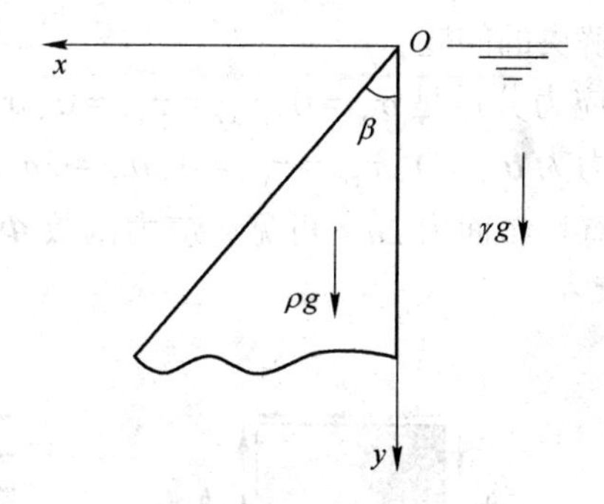

图 2-20　题 2-4-9 示意图

3 平面问题的直角坐标解答

3.1 多项式解答

应用多项式逆解法来解答一些简单的问题时，假定体力忽略不计（f_x、f_y 为零），应力函数取为多项式。

（1）取应力函数为一次式 $\Phi = a + bx + cy$。应力函数满足相容方程式（2-23），由式（2-22）求得应力分量：$\sigma_x = 0, \sigma_y = 0, \tau_{xy} = \tau_{yx} = 0$。

不论弹性体为何形状，也不论坐标轴如何选择，由应力边界条件式（2-14），总能得出 $\overline{f_x} = 0, \overline{f_y} = 0$。由此可见：1）一次应力函数对应于无体力、无面力、无应力的状态；2）把应力函数增减一个线性函数，并不影响应力。

（2）取二次多项式 $\Phi = ax^2 + bxy + cy^2$。应力函数满足相容方程式（2-23）。

现分别考察每一项所能解决的问题：

1）对 $\Phi = ax^2$，对应的应力分量是 $\sigma_x = 0$、$\tau_{xy} = \tau_{yx} = 0$、$\sigma_y = 2a$。如图 3-1（a）所示矩形板和坐标轴，当板内应力为 $\sigma_x = 0$、$\tau_{xy} = \tau_{yx} = 0$、$\sigma_y = 2a$，由应力边界条件可知，左右两边没有面力，上下两边有均布面力 $2a$。可见，应力函数 $\Phi = ax^2$ 能解决矩形板在 y 方向受均布力的问题。

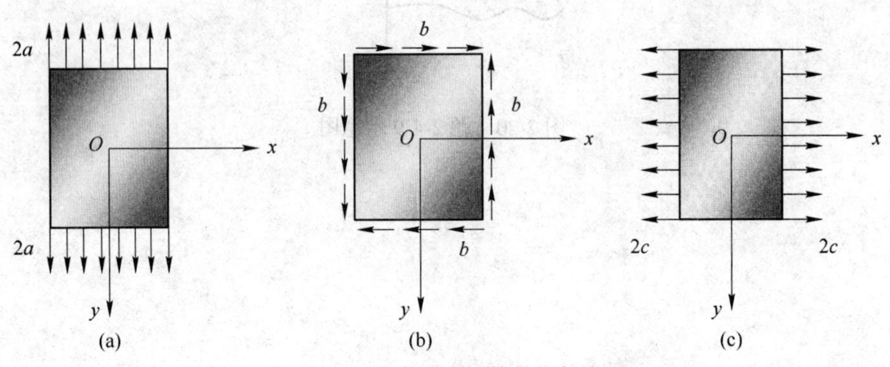

图 3-1 二次多项式解答的几何表示

2）对 $\Phi = bxy$，对应的应力分量是 $\sigma_x = 0$、$\sigma_y = 0$、$\tau_{xy} = \tau_{yx} = -b$，如图 3-1（b）矩形板和坐标轴，当板内应力为 $\sigma_x = 0$、$\sigma_y = 0$、$\tau_{xy} = \tau_{yx} = -b$，由应力边界条件可知，左右上下两边分别有与面相切的面力 b。可见，应力函数 $\Phi = bxy$ 能解决矩形板受均布剪力的问题。

3）对 $\Phi = cy^2$，对应的应力分量是 $\sigma_x = c$、$\sigma_y = 0$、$\tau_{xy} = \tau_{yx} = 0$，如图 3-1（c）矩形板和坐标轴，由应力边界条件可知，上下两边没有面力，左右两边有均匀面力为 $2c$。可见，应力函数 $\Phi = cy^2$ 能解决矩形板在 x 方向受均布力的问题。

（3）取三次多项式 $\Phi = ay^3 + by^2x + cyx^2 + dx^3$。不论系数取何值，应力函数都满足相容方程。现只考虑 $\Phi = ay^3$ 的情况，对应的应力分量为 $\sigma_x = 6ay$、$\sigma_y = 0$、$\tau_{xy} = \tau_{yx} = 0$。对于图 3-2 所示矩形板和坐标轴，当应力为 $\sigma_x = 6ay$、$\sigma_y = 0$、$\tau_{xy} = \tau_{yx} = 0$ 时，上下两边没有面力；左右两边没有 y 方向面力，只有按直线变化的水平面力，而每一边的水平面力合成为一个力偶。可见，应力函数 $\Phi = ay^3$ 能解决矩形梁纯弯曲问题。

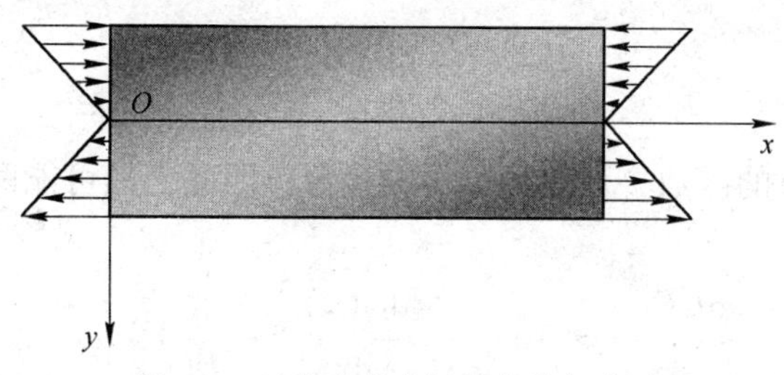

图 3-2　三次多项式解答的几何表示

如果取应力函数为四次或四次以上的多项式，则其中的系数必须满足一定的条件，才能满足相容方程。

3.2　位移分量的求出

当应力分量求出后，相应的位移分量可通过物理方程和几何方程进一步求出。将已求得的应力分量代入物理方程中，求出相应的应变分量，再将应变代入几何方程中，并求积分，得到位移表达式，通过位移边界条件确定积分常数后，便可得到位移解答。

先以纯弯曲矩形梁（见图 3-3）为例，说明如何由应力分量求出位移分量。

（1）将应力分量代入物理方程。将式（2-22）代入式（2-11），得到形变分量：

$$\varepsilon_x = \frac{M}{EI}y, \quad \varepsilon_y = -\frac{\mu M}{EI}y, \quad \gamma_{xy} = 0 \tag{a}$$

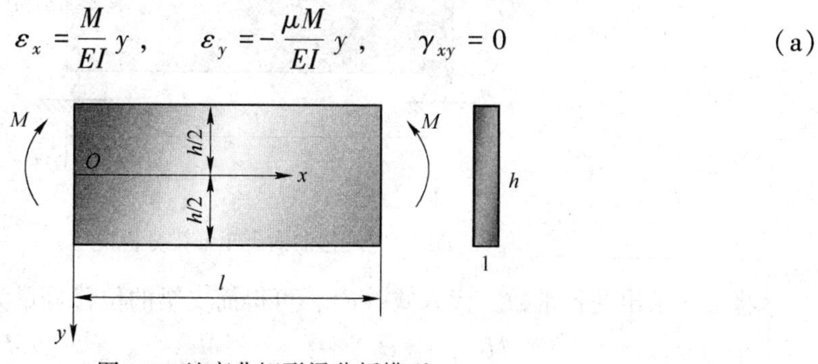

图 3-3　纯弯曲矩形梁分析模型

（2）将形变分量代入几何方程，再积分求位移。将式（a）代入式（2-7），得位移分量

$$\frac{\partial u}{\partial x} = \frac{M}{EI}y, \quad \frac{\partial v}{\partial y} = -\frac{\mu M}{EI}y, \quad \frac{\partial u}{\partial y} + \frac{\partial v}{\partial x} = 0$$

将前两式积分得：

$$u=\frac{M}{EI}xy+f_1(y),\qquad v=-\frac{\mu M}{2EI}y^2+f_2(x)\tag{b}$$

f_1、f_2 为待定函数，将式（b）代入位移分量第三式 $\frac{\partial u}{\partial y}+\frac{\partial v}{\partial x}=0$，可求得

$$\frac{\mathrm{d}f_2(x)}{\mathrm{d}x}+\frac{M}{EI}x+\frac{\mathrm{d}f_1(y)}{\mathrm{d}y}=0$$

移项得

$$-\frac{\mathrm{d}f_1(y)}{\mathrm{d}y}=\frac{\mathrm{d}f_2(x)}{\mathrm{d}x}+\frac{M}{EI}x$$

上式等式左边是 y 的函数，而右边是 x 的函数，因此，只可能两边都等于同一常数 ω 才成立，于是有

$$\frac{\mathrm{d}f_1(y)}{\mathrm{d}y}=-\omega,\qquad \frac{\mathrm{d}f_2(x)}{\mathrm{d}x}=-\frac{M}{EI}x+\omega$$

分别积分得

$$f_1(y)=-\omega y+u_0,\qquad f_2(x)=-\frac{M}{2EI}x^2+\omega x+v_0$$

代入式（b）得

$$u=\frac{M}{EI}xy-\omega y+u_0,\qquad v=-\frac{\mu M}{2EI}y^2-\frac{M}{2EI}x^2+\omega x+v_0\tag{c}$$

式中，常数 ω、u_0、v_0 表示刚体的位移，须由约束条件求得。

（3）由约束条件确定常数 ω、u_0、v_0。如图 3-4 所示的简支梁，约束条件为：$(u)_{\substack{x=0\\y=0}}=0$、$(v)_{\substack{x=0\\y=0}}=0$、$(v)_{\substack{x=0\\y=l}}=0$，代入式（c），可得：$u_0=0$、$v_0=0$、$-\frac{Ml^2}{2EI}+\omega l+v_0=0$。

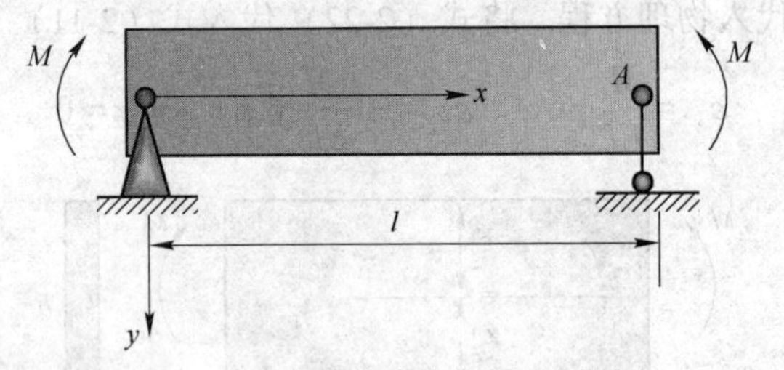

图 3-4　纯弯曲简支矩形梁分析模型

将上式求出的各常数，代入式（c），可得简支梁的位移分量为

$$u=\frac{M}{EI}y\left(x-\frac{l}{2}\right),\qquad v=\frac{M}{2EI}(l-x)x-\frac{\mu M}{2EI}y^2\tag{3-1}$$

$y=0$ 时，梁轴线的挠度方程是

$$v_{y=0}=\frac{M}{2EI}(l-x)x$$

其与材料力学中得到的结果相同。

如图 3-5 所示的悬臂梁，在梁的固定端 ($x=l$) 处，要求 $u=0$、$v=0$（对于 y 的任何值）。在多项式解答中这条件是无法满足的。在工程实际中这种完全固定的约束也是不大

能实现的。因此，假定右端截面的中点不移动，该点的水平线段不转动，约束条件为

$$(u)_{\substack{x=l\\y=0}} = 0\,,\qquad (v)_{\substack{x=l\\y=0}} = 0\,,\qquad \left(\frac{\partial v}{\partial x}\right)_{\substack{x=l\\y=0}} = 0$$

代入式（c）得

$$u_0 = 0\,,\qquad -\frac{Ml^2}{2EI} + \omega l + v_0 = 0\,,\qquad -\frac{Ml}{EI} + \omega = 0$$

解得

$$\omega = \frac{Ml}{EI}\,,\qquad u_0 = 0\,,\qquad v_0 = -\frac{Ml^2}{2EI}$$

代入式（c）得悬臂梁的位移分量为

$$u = -\frac{M}{EI}y(l-x)\,,\ v = -\frac{M}{2EI}(l-x)^2 - \frac{\mu M}{2EI}y^2 \tag{3-2}$$

其与材料力学中得到的结果相同。

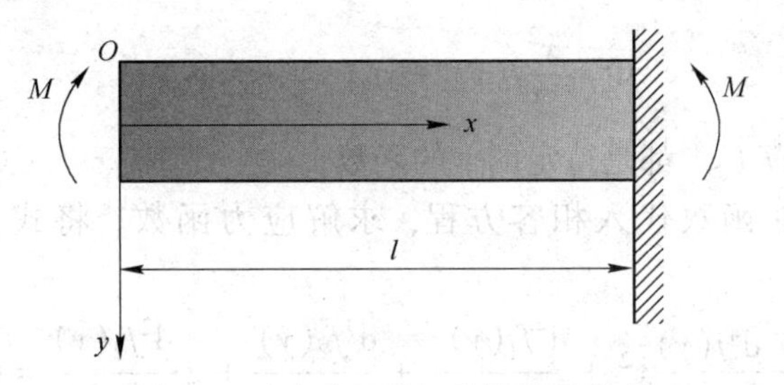

图 3-5　纯弯曲悬臂矩形梁分析模型

注意，上述解答为平面应力问题，对于平面应变情况下的梁，须将以上各公式中的 E 换成 $\dfrac{E}{1-\mu^2}$，μ 换成 $\dfrac{\mu}{1-\mu}$。

3.3　简支梁受均布荷载

假设有承受均布荷载 q 的矩形截面简支梁，如图 3-6 所示，梁深为 h，长度为 $2l$，纵向取单位宽度来考虑（$\delta = 1$），体力忽略不计，两端的支反力为 ql。

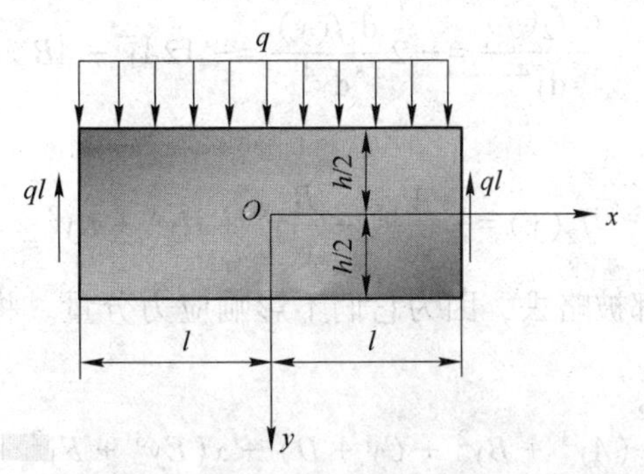

图 3-6　均布受载矩形梁分析模型

此问题用半逆解法求解，求解过程共分为 5 步。

(1) 根据受力情况、边界条件等假设应力分量的函数形式。在半逆解法中寻找应力函数时，通常采用下列方法来假设应力分量函数形式：1）由材料力学解答提出假设；2）由边界受力情况提出假设；3）用量纲分析方法提出假设。在这里，由材料力学已知：弯应力 σ_x 主要是由弯矩引起的，切应力 τ_{xy} 主要是由剪力引起的，挤压应力 σ_y 主要是由直接荷载 q 引起的。现在 q 不随 x 而变，因而可以假设 σ_y 不随 x 而变，也就是假设 σ_y 只是 y 的函数：

$$\sigma_y = f(y)$$

(2) 根据应力公式推求应力函数的形式。将 σ_y 代入应力公式有

$$\frac{\partial^2 \Phi}{\partial x^2} = f(y)$$

对 x 积分，得

$$\frac{\partial \Phi}{\partial x} = xf(y) + f_1(y) \tag{a}$$

$$\Phi = \frac{x^2}{2}f(y) + xf_1(y) + f_2(y) \tag{b}$$

式中，$f(y)$，$f_1(y)$ 和 $f_2(y)$ 都是待定的 y 的函数。

(3) 将推求的 Φ 函数代入相容方程，求解应力函数。将式（b）代入相容方程(2-23)，得

$$\frac{1}{2}\frac{\mathrm{d}^4 f(y)}{\mathrm{d}y^4}x^2 + \frac{\mathrm{d}^4 f_1(y)}{\mathrm{d}y^4}x + \frac{\mathrm{d}^4 f_2(y)}{\mathrm{d}y^4} + 2\frac{\mathrm{d}^2 f_2(y)}{\mathrm{d}y^2} = 0 \tag{c}$$

式（c）是 x 的二次方程，因为相容方程在区域内必须满足，即对于任何 x、y 值都必须满足，因此，关于 x 的各项系数和自由项都必须等于零，即

$$\frac{\mathrm{d}^4 f(y)}{\mathrm{d}y^4} = 0, \quad \frac{\mathrm{d}^4 f_1(y)}{\mathrm{d}y^4} = 0, \quad \frac{\mathrm{d}^4 f_2(y)}{\mathrm{d}y^4} + 2\frac{\mathrm{d}^2 f(y)}{\mathrm{d}y^2} = 0$$

前面两个方程要求

$$f(y) = Ay^3 + By^2 + Cy + D, \quad f_1(y) = Ey^3 + Fy^2 + Gy \tag{d}$$

在这里，$f_1(y)$ 中的常数项已被略去，因为这一项在 Φ 表达式中成为 x 的一次项，不影响应力分量。第三个方程要求

$$\frac{\mathrm{d}^4 f_2(y)}{\mathrm{d}y^4} = -2\frac{\mathrm{d}^2 f(y)}{\mathrm{d}y^4} = -12Ay - 4B$$

也就是要求

$$f_2(y) = -\frac{A}{10}y^5 - \frac{B}{6}y^4 + Hy^3 + Ky^2 \tag{e}$$

式中的一次项及常数项都被略去，因为它们不影响应力分量。将式（d）及式（e）代入式（b），得应力函数

$$\begin{aligned}\Phi = {} & \frac{x^2}{2}(Ay^3 + By^2 + Cy + D) + x(Ey^3 + Fy^2 + Gy) - \\ & \frac{A}{10}y^5 - \frac{B}{6}y^4 + Hy^3 + Ky^2\end{aligned} \tag{f}$$

(4) 由应力函数求应力分量。将式(f)代入应力分量与应力函数关系式(2-22)可得

$$\sigma_x = \frac{x^2}{2}(6Ay + 2B) + x(6Ey + 2F) - 2Ay^3 - 2By^2 + 6Hy + 2K \tag{g}$$

$$\sigma_y = Ay^3 + By^2 + Cy + D \tag{h}$$

$$\tau_{xy} = -x(3Ay^2 + 2By + C) - (3Ey^2 + 2Fy + G) \tag{i}$$

这些应力分量已满足平衡微分方程和相容方程。

在考虑边界条件以前，先考虑一下问题的对称性，往往可以减少运算工作。在这里，因为 yz 面是梁和荷载的对称面，所以应力分布应当对称于 yz 面。这样，σ_x 和 σ_y 应该是 x 的偶函数，而 τ_{xy} 应该是 x 的奇函数。于是由式(g)和式(i)可知

$$E = F = G = 0$$

(5) 考察边界条件（确定待定系数）。通常，梁的跨度远大于梁的深度，梁的上下两个边界占全部边界的绝大部分，因而上下两个边界是主要的边界，应力边界条件式(2-14)必须完全得到满足；在次要的边界上（左右两端的边界上），如果边界条件不能完全满足，就可以引用圣维南原理，用3个积分的应力边界条件来代替，使边界条件得到近似的满足，仍然可以得出有用的解答。

先来考虑上下两边的主要边界条件：

$$(\sigma_y)_{y=\frac{h}{2}} = 0, \quad (\sigma_y)_{y=-\frac{h}{2}} = -q, \quad (\tau_{xy})_{y=\pm\frac{h}{2}} = 0$$

将应力分量式(h)和式(i)代入，并注意前面已有 $E = F = G = 0$，可见这些边界条件要求

$$\frac{h^3}{8}A + \frac{h^2}{4}B + \frac{h}{2}C + D = 0$$

$$-\frac{h^3}{8}A + \frac{h^2}{4}B - \frac{h}{2}C + D = -q$$

$$-x\left(\frac{3}{4}h^2A + hB + C\right) = 0 \quad 即\frac{3}{4}h^2A + hB + C = 0$$

$$-x\left(\frac{3}{4}h^2A - hB + C\right) = 0 \quad 即\frac{3}{4}h^2A - hB + C = 0$$

由于上面4个方程是互不依赖的，也是不相矛盾的，而且只包含4个未知数，因此可以联立求解而得出

$$A = -\frac{2q}{h^3}, \quad B = 0, \quad C = \frac{3q}{2h}, \quad D = -\frac{q}{2}$$

将以上已确定的常数代入式(g)~式(i)，得

$$\sigma_x = -\frac{6q}{h^3}x^2y + \frac{4q}{h^3}y^3 + 6Hy + 2K \tag{j}$$

$$\sigma_y = -\frac{2q}{h^3}y^3 + \frac{3q}{2h}y - \frac{q}{2} \tag{k}$$

$$\tau_{xy} = \frac{6q}{h^3}xy^2 - \frac{3q}{2h}x \tag{l}$$

现在来考虑左右两边的次要边界条件。由于问题的对称性，只需考虑其中的一边，例如右边。如果右边的边界条件能满足，左边的边界条件自然也能满足。

首先，在梁的右边，没有水平面力，这就要求当 $x = m$ 时，不论 y 取任何值 $\left(-\dfrac{h}{2} \leqslant y \leqslant \dfrac{h}{2}\right)$，都有 $\sigma_x = 0$。由式（j）可见，这是不可能满足的，除非是 q、H、K 均等于零。因此，用多项式求解，只能要求正应力 σ_x 在这部分边界上合成的主矢量和主矩均为零，也就是要求

$$\int_{-\frac{h}{2}}^{\frac{h}{2}} (\sigma_x)_{x=l} \mathrm{d}y = 0 \tag{m}$$

$$\int_{-\frac{h}{2}}^{\frac{h}{2}} (\sigma_x)_{x=l} y \mathrm{d}y = 0 \tag{n}$$

将式（j）代入（m），得

$$\int_{-\frac{h}{2}}^{\frac{h}{2}} \left(-\frac{6ql^2}{h^3}y + \frac{4q}{h^3}y^3 + 6Hy + 2K\right) \mathrm{d}y = 0$$

积分以后得

$$K = 0$$

将式（j）代入式（n），并命 $K = 0$，得

$$\int_{-\frac{h}{2}}^{\frac{h}{2}} \left(-\frac{6ql^2}{h^3}y + \frac{4q}{h^3}y^3 + 6Hy\right) y \mathrm{d}y = 0$$

积分以后得

$$H = \frac{ql^2}{h^3} - \frac{q}{10h}$$

将 H 和 K 的已知值代入式（j），得

$$\sigma_x = -\frac{6q}{h^3}x^2 y + \frac{4q}{h^3}y^3 + \frac{6ql^2}{h^3}y - \frac{3q}{5h}y \tag{o}$$

另一方面，梁右边的切应力 τ_{xy} 应当合成为反力 ql：

$$\int_{-\frac{h}{2}}^{\frac{h}{2}} (\tau_{xy})_{x=l} \mathrm{d}y = -ql$$

在 ql 前面加负号是因为右边的切应力 τ_{xy} 以向下为正，而 ql 是向上的。将式（l）代入，上式成为

$$\int_{-\frac{h}{2}}^{\frac{h}{2}}\left(\frac{6ql}{h^3}y^2-\frac{3ql}{2h}\right)\mathrm{d}y=-ql$$

积分以后，可见这一条件是满足的。

将式（o）、式（k）、式（l）三式略加整理，得应力分量的最后解答为

$$\left.\begin{aligned}\sigma_x&=\frac{6q}{h^3}(l^2-x^2)y+q\frac{y}{h}\left(4\frac{y^2}{h^2}-\frac{3}{5}\right)\\\sigma_y&=-\frac{q}{2}\left(1+\frac{y}{h}\right)\left(1-\frac{2y}{h}\right)^2\\\tau_{xy}&=-\frac{6q}{h^3}x\left(\frac{h^2}{4}-y^2\right)\end{aligned}\right\}\tag{p}$$

各应力分量沿铅直方向的变化大致如图 3-7 所示。

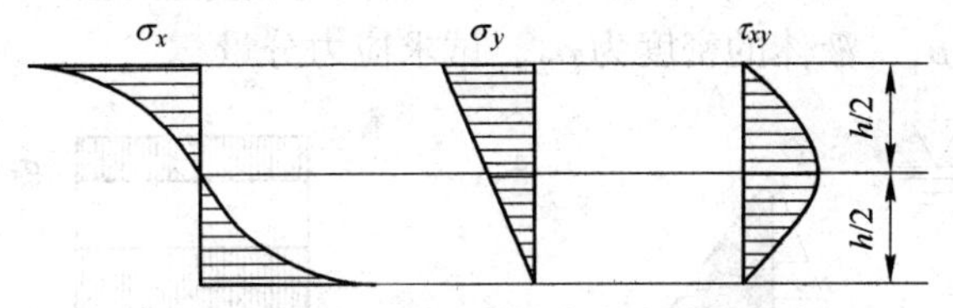

图 3-7　均布受载矩形梁中应力分布状态

注意梁截面的宽度取为一个单位，可见惯性矩 $I=\frac{1}{12}h^3$，静矩是 $S=\frac{h^2}{8}-\frac{y^2}{2}$，而梁的任一横截面上的弯矩和剪力分别为

$$M=ql(l-x)-\frac{q}{2}(l-x)^2=\frac{q}{2}(l^2-x^2)$$

$$F_{\mathrm{S}}=-ql+q(l-x)=-qx$$

于是式（p）的应力解答可以写成

$$\left.\begin{aligned}\sigma_x&=\frac{M}{I}y+q\frac{y}{h}\left(4\frac{y^2}{h^2}-\frac{3}{5}\right)\\\sigma_y&=-\frac{q}{2}\left(1+\frac{y}{h}\right)\left(1-\frac{2y}{h}\right)^2\\\tau_{xy}&=\frac{F_{\mathrm{S}}S}{bI}\end{aligned}\right\}\tag{3-3}$$

从应力的解答式（p）容易看出，在长度远大于深度的长梁中，应力中各项的数量级是：弯应力 σ_x 的第一项与 $q\frac{l^2}{h^2}$ 同阶大小，为主要应力；切应力 τ_{xy} 与 $q\frac{l}{h}$ 同阶大小，为次要应力；而挤压应力 σ_y 及弯应力 σ_x 的第二项均与 q 同阶大小，为更次要应力。

将简支梁受均布荷载下的弹性力学解答和材料力学解答进行比较，可以发现，σ_x 中的第一项是主要项，和材料力学结果相同，第二项则是弹性力学提出的修正项。对于通常的浅梁，修正项很小，可以不计。对于较深的梁，则须注意修正项。可以证明：当梁的跨度

为深度的两倍时，最大弯应力须修正 1/15；当梁的跨度为深度的四倍时，最大弯应力只须修正 1/60。因此，对于跨度与深度之比大于 4 的梁，材料力学中的解答已经足够精确。

切应力 τ_{xy} 的表达式和材料力学里完全一样。应力分量 σ_y 乃是梁的各纤维之间的挤压应力，它的绝对值为 q，发生在梁顶，在材料力学里，一般不考虑这个应力分量。

弹性力学的解法，是严格考虑区域内的平衡微分方程、几何方程和物理方程，以及在边界上的边界条件而求解的，因而得出的解答是较精确的。而在材料力学的解法中，没有严格考虑上述条件，因而得出的是近似的解答。一般来说，材料力学的解法只适用于解决杆状构件的问题，这时，它的解答具有足够的精度。而对于非杆状构件的问题，只能用弹性力学的解法来求解。

3.4　楔形体受重力和液体压力

设有楔形体，如图 3-8 所示，下端无限长，右面与铅直面成角 α，承受重力及液体压力，楔形体的密度为 ρ_1，液体的密度为 ρ_2，试求应力分量。

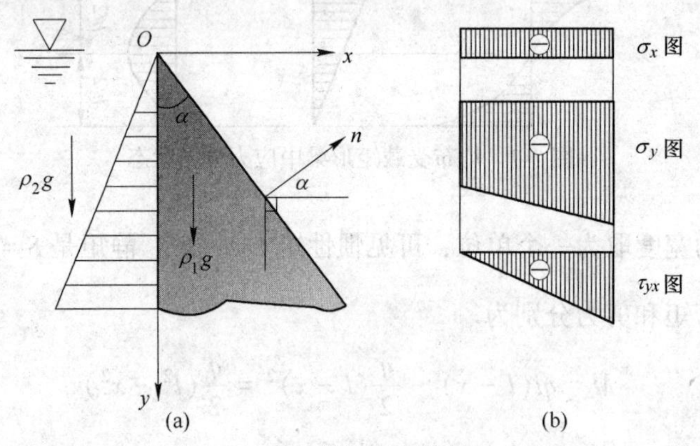

图 3-8　楔形体受液压分析模型

此问题采用半逆解法求解。

（1）应用量纲分析方法来假设应力分量的函数形式。

1）应力分量的表达式形式。在楔形体的任意一点，每一个应力分量都将由两部分组成：重力及液体压力。其中，重力应当与 $\rho_1 g$ 成正比，液体压力应当与 $\rho_2 g$ 成正比。此外，每一部分还与 α、x、y 有关。由于应力量纲（$L^{-1}MT^{-2}$）只比 $\rho_1 g$、$\rho_2 g$ 量纲（$L^{-2}MT^{-2}$）高一次幂的长度量纲，又由于 α 是量纲 1 的量，x 和 y 的量纲是 L，因此，如果应力分量具有多项式的解答，那么，它们的表达式只可能是 $A\rho_1 gx$、$B\rho_1 gx$、$C\rho_2 gx$、$D\rho_2 gy$ 四种项的组合，而其中的 A、B、C、D 是量纲 1 的量，只与 α 有关。这就是说，各应力分量的表达式只能是 x 和 y 的纯一次式。

2）应力分量的函数形式。由应力函数与应力分量的关系式（2-22）可见，应力函数比应力分量的长度量纲高二次，应该是 x 和 y 的纯三次式。因此，假设

$$\Phi = ax^3 + bx^2y + cxy^2 + dy^3 \tag{a}$$

（2）应力函数满足相容方程。将式（a）代入式（2-23），不论上式中系数取何值，此三次多项式的应力函数 Φ 总能满足相容方程。

(3) 由应力函数求应力分量。将此 Φ 代入应力函数与应力分量的关系式，求出应力分量，并注意到 $f_x=0$，而 $f_y=\rho_1 g$，于是得

$$\left.\begin{aligned}\sigma_x&=\frac{\partial^2\Phi}{\partial y^2}-f_x x=2cx+6dy\\\sigma_y&=\frac{\partial^2\Phi}{\partial x^2}-f_y y=6ax+2by-\rho_1 gy\\\tau_{xy}&=-\frac{\partial^2\Phi}{\partial x\partial y}=-2bx-2cy\end{aligned}\right\}\tag{b}$$

(4) 考察楔形体的边界条件。此楔形体只有两个边界，且都为主要边界（大边界），都应精确地满足应力边界条件。

1) 左面边界条件。在左面（$x=0$），应力边界条件是

$$(\sigma_x)_{x=0}=-\rho_2 gy,\qquad(\tau_{xy})_{x=0}=0$$

将式（b）代入，得

$$6dy=-\rho_2 gy,\qquad -2cy=0$$

求出 $d=-\dfrac{\rho_2 g}{6}$，$c=0$，从而式（b）成为

$$\sigma_x=-\rho_2 gy,\qquad\sigma_y=6ax+2by-\rho_1 gy,\qquad\tau_{xy}=\tau_{yx}=-2bx\tag{c}$$

2) 右面边界条件。右面是斜边界，它的边界线方程是 $x=y\tan\alpha$，在斜面上没有任何面力，$\bar{f}_x=\bar{f}_y=0$，按照一般的应力边界条件式，有

$$l(\sigma_x)_{x=y\tan\alpha}+m(\tau_{xy})_{x=y\tan\alpha}=0$$

$$m(\sigma_y)_{x=y\tan\alpha}+l(\tau_{xy})_{x=y\tan\alpha}=0$$

将式（c）代入，得

$$\left.\begin{aligned}&l(-\rho_2 gy)+m(-2by\tan\alpha)=0\\&m(6ay\tan\alpha+2by-\rho_1 gy)+l(-2by\tan\alpha)=0\end{aligned}\right\}\tag{d}$$

但由图 3-8 可见

$$l=\cos(n,x)=\cos\alpha$$

$$m=\cos(n,y)=\cos\left(\frac{\pi}{2}+\alpha\right)=-\sin\alpha$$

代入式（d），求解 b 和 a，即得

$$b=\frac{\rho_2 g}{2}\cot^2\alpha,\qquad a=\frac{\rho_1 g}{6}\cot\alpha-\frac{\rho_2 g}{3}\cot^3\alpha$$

将这些系数代入式（c），得李维解答

$$\left.\begin{aligned}\sigma_x&=-\rho_2 gy\\\sigma_y&=(\rho_1 g\cot\alpha-2\rho_2 g\cot^3\alpha)x+(\rho_2 g\cot^2\alpha-\rho_1 g)y\\\tau_{xy}&=\tau_{yx}=-\rho_2 gy\cot^2\alpha\end{aligned}\right\}\tag{3-4}$$

各应力分量沿水平方向的变化如图 3-8（b）所示。

应力分量 σ_x 沿水平方向没有变化，这个结果是不能由材料力学公式求得的。应力分

量 σ_y 沿水平方向按直线变化，在左面和右面，它分别为

$$(\sigma_y)_{x=0} = -(\rho_1 g - \rho_2 g\cot^2\alpha)y$$

$$(\sigma_y)_{x=y\tan\alpha} = -\rho_2 g y\cot^2\alpha$$

其与用材料力学里偏心受压公式算得的结果相同。应力分量 τ_{yx} 也按直线变化，在左面和右面分别为

$$(\tau_{yx})_{x=0} = 0$$

$$(\tau_{yx})_{x=y\tan\alpha} = -\rho_2 g y\cot\alpha$$

其与等截面梁中的切应力变化规律不同。

以上所得的解答，一向被当作是三角形重力坝中应力的基本解答，但需强调以下几点：

(1) 沿着坝轴，坝身往往具有不同的截面，而且坝身也不是无限长，因此，严格地说来，这里不是一个平面问题。但是，如果沿着坝轴，有一些伸缩缝把坝身分成若干段，在每一段范围内，坝身的截面可以当作没有变化，而且 τ_{zx} 和 τ_{zy} 可以当作等于零，那么，在计算时是可以把这个问题当作平面问题的。

(2) 这里假定楔形体在下端是无限长，可以自由地变形。但是，实际上坝身是有限高的，底部与地基相连，坝身底部的形变受到地基的约束，因此，对于底部，以上所得的解答是不精确的。

(3) 坝顶总是具有一定的宽度，而不会是一个尖顶，而且顶部通常还受有其他的荷载，因此，在靠近坝顶处，以上所得的解答也不适用。

(4) 关于重力坝的较精确的应力分析，目前大都采用有限单元法来进行。

习　题

3-1　判断题。

3-1-1　物体变形连续的充要条件是几何方程（或应变相容方程）。　(　　)

3-1-2　在常体力下，引入了应力函数 Φ，$\sigma_x = \dfrac{\partial^2\Phi}{\partial y^2} - f_x x$，$\sigma_y = \dfrac{\partial^2\Phi}{\partial x^2} - f_y y$，$\tau_{xy} = -\dfrac{\partial^2\Phi}{\partial x\partial y}$，平衡微分方程可以自动满足。　(　　)

3-1-3　某一应力函数所能解决的问题与坐标系的选择无关。　(　　)

3-1-4　三次或三次以下的多项式总能满足相容方程。　(　　)

3-1-5　对于纯弯曲的细长梁，由材料力学得到的挠曲线是它的精确解。　(　　)

3-2　填空题。

3-2-1　应力函数应当满足________________。

3-2-2　要使应力函数 $\Phi(x,\ y) = ax^2 + by^3 + cxy^3 + dx^3y$ 能满足相容方程，对系数 a、b、c、d 的取值要求是________________。

3-2-3　在常体力情况下，不论应力函数是什么形式的函数，由 $\sigma_x = \dfrac{\partial^2\Phi}{\partial y^2} - f_x x$，$\sigma_y = \dfrac{\partial^2\Phi}{\partial x^2} - f_y y$，$\tau_{xy} =$

$-\dfrac{\partial^2 x\Phi}{\partial x\partial y}$ 确定的应力分量恒能满足________________。

3-2-4 弹性力学分析结果表明，材料力学中的平截面假定，对纯弯曲梁来说是____________。

3-2-5 弹性力学分析结果表明，材料力学中的平截面假定，对承受均布荷载的简支梁来说是________________。

3-3 选择题。

3-3-1 应力函数必须是 (　　)

A. 多项式函数　B. 三角函数　C. 重调和函数　D. 二元函数

3-3-2 要使函数 $\Phi(x, y) = axy^3 + bx^3y$ 能作为应力函数，a 与 b 的关系是 (　　)

A. a 与 b 可取任意值　B. $a=b$　C. $a=-b$　D. $a=b/2$

3-3-3 函数 $\Phi(x, y) = ax^4 + bx^2y^2 + cy^4$ 如作为应力函数，a 与 b 的关系是 (　　)

A. 各系数可取任意值　B. $b=-3(a+c)$　C. $b=a+c$　D. $a+c+b=0$

3-3-4 在常体力情况下，用应力函数表示的相容方程等价于 (　　)

A. 平衡微分方程　B. 几何方程

C. 物理关系　D. 平衡微分方程、几何方程和物理关系

3-4 分析与计算题。

3-4-1 图 3-9 所示矩形截面柱，承受偏心荷载 P 的作用。若应力函数 $\Phi = Ax^3 + Bx^2$，试求各应力分量（不计体力）。

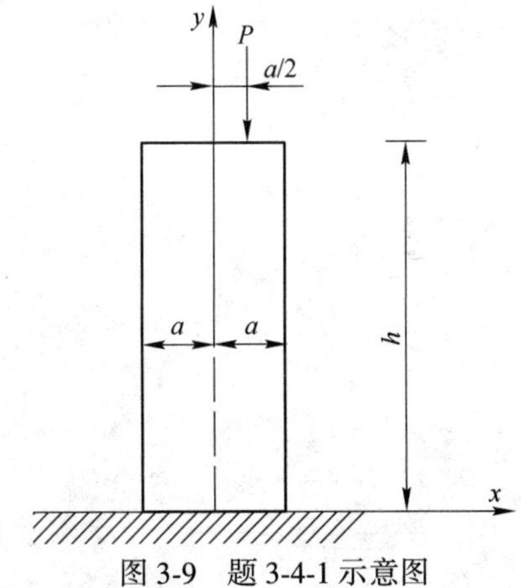

图 3-9　题 3-4-1 示意图

3-4-2 设图 3-10 所示单位厚度的悬臂梁，在左端受到集中力和力矩的作用，体力不计，l 远大于 h。试

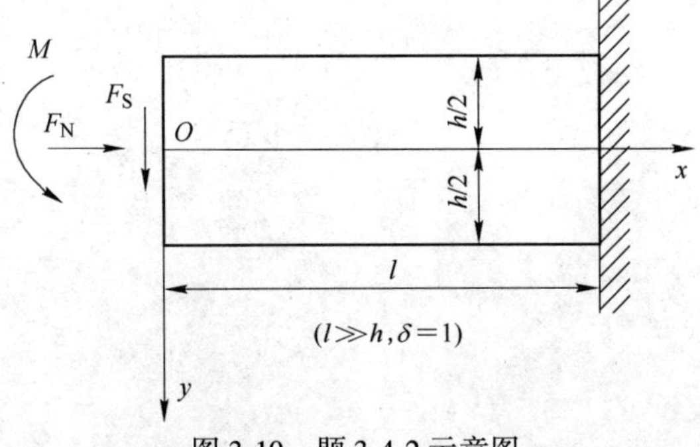

图 3-10　题 3-4-2 示意图

用应力函数 $\Phi = Axy + By^2 + Cy^3 + Dxy^3$ 求解应力分量。(提示：建立悬臂梁上部、下部、左端的边界条件，求出应力分量的待定系数。其中，左端边界条件利用圣维南原理建立。)

3-4-3 图 3-11 所示悬壁梁，梁的横截面为矩形，其宽度为 1，右端固定，左端自由，荷载分布在右端上，为集中力 P，试求：不计体力条件下，梁的应力分量。(提示：采用半逆解法求解应力函数，假设任意界面上 $\sigma_x = a_1xy$ 。)

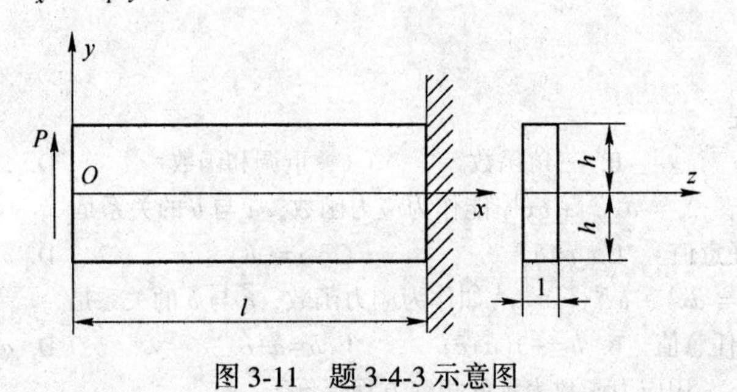

图 3-11 题 3-4-3 示意图

4 平面问题的极坐标解答

4.1 极坐标中的平衡微分方程

在求解弹性力学问题时，采用什么坐标系并不会影响问题的本质，但将直接关系到解决问题的繁简程度。对于由径向线和圆弧线围成的圆形、环形、楔形、扇形等弹性体，宜采用极坐标求解。因为用极坐标表示其边界非常方便，从而使边界条件的表示和方程的求解得到较大的简化。

在极坐标中，平面内任一点 P 的位置，用径向坐标 ρ 及环向坐标 φ 来表示。ρ 坐标线（φ =常数）和 φ 坐标线（ρ =常数）在不同的点有不同的方向；ρ 坐标线是直线，φ 坐标线为圆弧曲线；ρ 坐标的量纲是 L，φ 坐标的量纲为 1。

在区域 A 的任一点 $P(\rho, \varphi)$，取出一个微元体并考虑其平衡条件。在 xOy 平面上，这个微元体是由夹角为 $\mathrm{d}\varphi$ 的两条径向线和距离为 $\mathrm{d}\rho$ 的两条环向线组成，而在 z 方向的厚度取为 1。需要注意的是，这个微分体的两径向线的长度都是 $\mathrm{d}\rho$，但其夹角为 $\mathrm{d}\varphi$，因此它们并不平行；两环向线虽然平行，但它们的边长不等，分别为 $\rho\mathrm{d}\varphi$ 和 $(\rho+\mathrm{d}\rho)\mathrm{d}\varphi$，如图 4-1 所示。

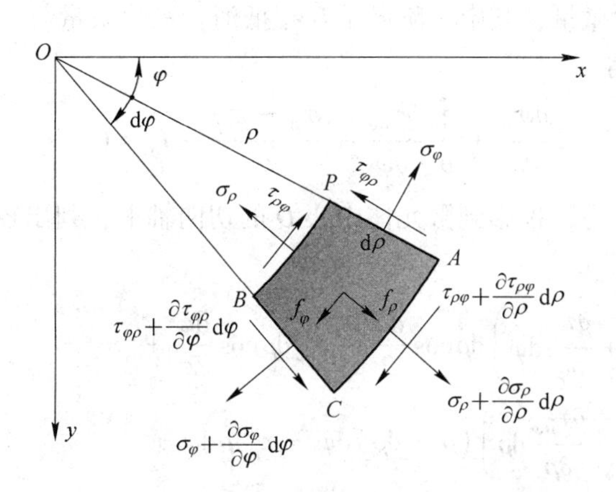

图 4-1 极坐标系中平衡微分方程分析模型

在极坐标中，ρ 从原点出发，以向外为正；而 φ 以 x 轴到 y 轴的转向为正。沿 ρ 方向的正应力称为径向正应力，用 σ_ρ 代表；沿 φ 方向的正应力称为环向正应力或切向正应力，用 σ_φ 代表；切应力用 $\tau_{\rho\varphi}$ 和 $\tau_{\varphi\rho}$ 代表。代表各应力分量的正负号规定和直角坐标中一致，只是 ρ 方向代替了 x 方向，φ 方向代替了 y 方向，即正面上的应力以沿正坐标方向为正，负面上的应力以沿负坐标方向为正，反之为负。

微元体上的体力为 f_ρ 和 f_φ，表示于微元体的中心 D，分别沿径向和环向。在推导基本方程时，宜用正的物理量来表示，以避免带负号的运算。图 4-1 中的体力和应力，均表示为正方向的量。

首先，考虑绕微元体中心 D 的力矩平衡方程，$\sum M_{\mathrm{D}}=0$，即

$$\left(\tau_{\rho\varphi}+\frac{\partial\tau_{\rho\varphi}}{\partial\rho}\mathrm{d}\rho\right)\mathrm{d}\varphi\times1\times\frac{\mathrm{d}\rho}{2}+\tau_{\rho\varphi}\mathrm{d}\varphi\times1\times\frac{\mathrm{d}\rho}{2}-$$

$$\left(\tau_{\varphi\rho}+\frac{\partial\tau_{\varphi\rho}}{\partial\varphi}\mathrm{d}\varphi\right)\mathrm{d}\rho\times1\times\frac{\mathrm{d}\varphi}{2}\times1\times\frac{\mathrm{d}\varphi}{2}-\tau_{\varphi\rho}\mathrm{d}\rho\times1\times\frac{\mathrm{d}\varphi}{2}=0 \tag{a}$$

当考虑到（精确到）二阶微量（$\mathrm{d}\rho\mathrm{d}\varphi$），并略去高阶微量时，同样可得出切应力互等定理：

$$\tau_{\rho\varphi}=\tau_{\varphi\rho}$$

将微元体所受各力投影到微元体中心 D 的径向轴上，列出径向的平衡方程 $\sum F_{\rho}=0$，得

$$\left(\sigma_{\rho}+\frac{\partial\tau_{\rho}}{\partial\rho}\mathrm{d}\rho\right)(\rho+\mathrm{d}\rho)\mathrm{d}\varphi-\sigma_{\rho}\rho\mathrm{d}\varphi-$$

$$\left(\sigma_{\varphi}+\frac{\partial\tau_{\varphi}}{\partial\varphi}\mathrm{d}\varphi\right)\mathrm{d}\rho\sin\frac{\mathrm{d}\varphi}{2}-\sigma_{\varphi}\mathrm{d}\rho\sin\frac{\mathrm{d}\varphi}{2}+$$

$$\left(\tau_{\varphi\rho}+\frac{\partial\tau_{\varphi\rho}}{\partial\varphi}\mathrm{d}\varphi\right)\mathrm{d}\rho\cos\frac{\mathrm{d}\varphi}{2}-\tau_{\varphi\rho}\mathrm{d}\rho\cos\frac{\mathrm{d}\varphi}{2}+f_{\rho}\rho\mathrm{d}\varphi\mathrm{d}\rho=0 \tag{b}$$

由于 $\mathrm{d}\varphi$ 微小，可以把 $\sin\frac{\mathrm{d}\varphi}{2}$ 取为 $\frac{\mathrm{d}\varphi}{2}$，把 $\cos\frac{\mathrm{d}\varphi}{2}$ 取为 1。用 $\tau_{\rho\varphi}$ 代替 $\tau_{\varphi\rho}$，并注意上式中存在一、二、三阶微量，其中一阶微量互相抵消，三阶微量与二阶微量相比，可以略去，再除以 $\rho\mathrm{d}\varphi\mathrm{d}\rho$，得

$$\frac{\partial\sigma_{\rho}}{\partial\rho}+\frac{1}{\rho}\frac{\partial\tau_{\rho\varphi}}{\partial\varphi}+\frac{\sigma_{\rho}-\sigma_{\varphi}}{\rho}+f_{\rho}=0$$

再将微元体上的各力，投影到微元体中心 D 的切向轴上，列出径向的平衡方程 $\sum F_{\varphi}=0$，得

$$\left(\sigma_{\varphi}+\frac{\partial\tau_{\varphi}}{\partial\varphi}\mathrm{d}\varphi\right)\mathrm{d}\rho\cos\frac{\mathrm{d}\varphi}{2}-\sigma_{\varphi}\mathrm{d}\rho\cos\frac{\mathrm{d}\varphi}{2}+$$

$$\left(\tau_{\rho\varphi}+\frac{\partial\tau_{\rho\varphi}}{\partial\rho}\mathrm{d}\rho\right)(\rho+\mathrm{d}\rho)\mathrm{d}\varphi-\tau_{\rho\varphi}\rho\mathrm{d}\varphi+$$

$$\left(\tau_{\varphi\rho}+\frac{\partial\tau_{\varphi\rho}}{\partial\varphi}\mathrm{d}\varphi\right)\mathrm{d}\rho\sin\frac{\mathrm{d}\varphi}{2}-\tau_{\varphi\rho}\mathrm{d}\rho\sin\frac{\mathrm{d}\varphi}{2}+f_{\varphi}\rho\mathrm{d}\varphi\mathrm{d}\rho=0 \tag{c}$$

用 $\tau_{\rho\varphi}$ 代替 $\tau_{\varphi\rho}$，进行同样的简化以后，得

$$\frac{1}{\rho}\frac{\partial\sigma_{\varphi}}{\partial\varphi}+\frac{\partial\tau_{\rho\varphi}}{\partial\rho}+\frac{2\tau_{\rho\varphi}}{\rho}+f_{\varphi}=0$$

这样，极坐标中的平衡微分方程就是

$$\left.\begin{aligned}&\frac{\partial\sigma_\rho}{\partial\rho}+\frac{1}{\rho}\frac{\partial\tau_{\rho\varphi}}{\partial\varphi}+\frac{\sigma_\rho-\sigma_\varphi}{\rho}+f_\rho=0\\&\frac{1}{\rho}\frac{\partial\sigma_\varphi}{\partial\varphi}+\frac{\partial\tau_{\rho\varphi}}{\partial\rho}+\frac{2\tau_{\rho\varphi}}{\rho}+f_\varphi=0\end{aligned}\right\}\tag{4-1}$$

这两个平衡微分方程中包含着 3 个未知函数 σ_ρ、σ_φ 和 $\tau_{\rho\varphi}=\tau_{\varphi\rho}$。为了求解问题，还必须应用几何学和物理学方面的条件。

4.2 极坐标中的几何方程及物理方程

几何方程表示微分线段上形变和位移之间的几何关系式。在极坐标中，用 u_ρ 和 u_φ 分别代表任一点 P（ρ，φ）点的径向及环向位移，ε_ρ 代表径向线应变，ε_φ 代表环向线应变，$\gamma_{\rho\varphi}$ 代表切应变。它们均为 ρ、φ 的函数。

通过任一点 P（ρ，φ）作两条沿径向和环向的微分线段，$PA=\mathrm{d}\rho$，$PB=\rho\mathrm{d}\varphi$，如图 4-2 所示。现在来分析微分线段上的形变分量和位移分量之间的几何关系。

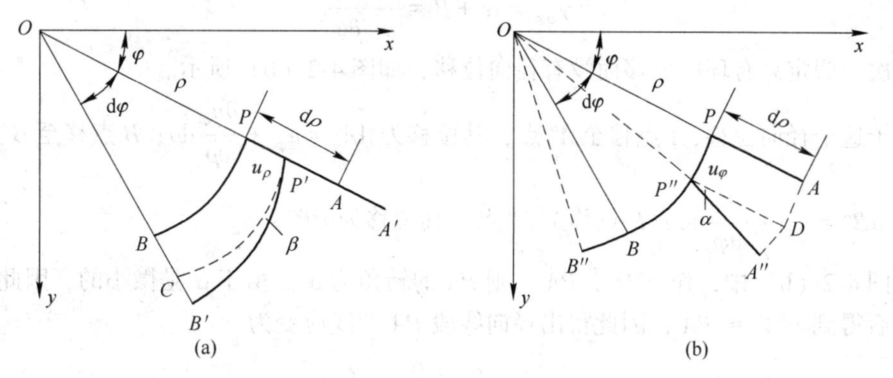

图 4-2　极坐标系中几何方程分析模型

首先，假定只有径向位移而没有环向位移，如图 4-2（a）所示。

由于这个径向位移，A 点移至 A' 点，其位移为 $AA'=u_\rho+\dfrac{\partial u_\rho}{\partial\rho}\mathrm{d}\rho$；

B 点移至 B' 点，其位移为 $BB'=u_\rho+\dfrac{\partial u_\rho}{\partial\varphi}\mathrm{d}\varphi$；

P 点移至 P' 点，其位移为 $PP'=u_\rho$。

径向线段 PA 的线应变为

$$\varepsilon_\rho=\frac{P'A'-PA}{PA}=\frac{AA'-PP'}{PA}=\frac{\left(u_\rho+\dfrac{\partial u_\rho}{\partial\rho}\mathrm{d}\rho\right)-u_\rho}{\mathrm{d}\rho}=\frac{\partial u_\rho}{\partial\rho}\tag{a}$$

环向线段 PB 移到 $P'B'$。在图 4-2（a）中，通过 P' 点作圆弧线 $P'C$。$P'B'$ 与 $P'C$ 的夹角 β 是微小的，因此，略去高阶微量后，得到 $P'B'\approx P'C$。

由此，环向线段的线应变为

$$\varepsilon_{\varphi} = \frac{P'B' - PB}{PB} = \frac{P'C - PB}{PB} = \frac{(\rho + u_{\rho})\mathrm{d}\varphi - \rho\mathrm{d}\varphi}{\rho\mathrm{d}\varphi} = \frac{u_{\rho}}{\rho} \tag{b}$$

$\frac{u_{\rho}}{\rho}$ 项可以解释为：由径向位移引起环向线段的伸长应变。它表示，半径为 ρ 的环向线段 $PB = \rho\mathrm{d}\varphi$，由于径向位移 u_{ρ} 而移到 $P'C$ 时，它的半径成为 $(\rho + u_{\rho})$，长度成为 $P'C = (\rho + u_{\rho})\mathrm{d}\varphi$，伸长值 $u_{\rho}\mathrm{d}\varphi$ 与原长 $\rho\mathrm{d}\varphi$ 之比，便是环向线应变 $\frac{u_{\rho}}{\rho}$。

径向线段 PA 的转角为

$$\alpha = 0 \tag{c}$$

环向线段 PB 的转角为

$$\beta = \frac{BB' - PP'}{PB} = \frac{\left(u_{\rho} + \frac{\partial u_{\rho}}{\partial \varphi}\mathrm{d}\varphi\right) - u_{\rho}}{\rho\mathrm{d}\varphi} = \frac{1}{\rho}\frac{\partial u_{\rho}}{\partial \varphi} \tag{d}$$

可见切应变为

$$\gamma_{\rho\varphi} = \alpha + \beta = \frac{1}{\rho}\frac{\partial u_{\rho}}{\partial \varphi} \tag{e}$$

其次，假定只有环向位移而没有径向位移，如图 4-2（b）所示。

由于这个径向位移，A 点移至 A'' 点，其位移为 $AA'' = u_{\varphi} + \frac{\partial u_{\varphi}}{\partial \rho}\mathrm{d}\rho$；$B$ 点移至 B'' 点，其位移为 $BB'' = u_{\varphi} + \frac{\partial u_{\varphi}}{\partial \varphi}\mathrm{d}\varphi$；$P$ 点移至 P'' 点，其位移为 $PP'' = u_{\varphi}$。

在图 4-2（b）中，作 $P''D \mathbin{/\mkern-5mu/} PA$，则 PA 的转角为 α。由于 α 是微小的，因此略去高阶微量后得到 $P''A'' \approx PA$，因此得出径向线段 PA 的线应变为

$$\varepsilon_{\rho} = 0 \tag{f}$$

环向线段 PB 的线应变为

$$\varepsilon_{\varphi} = \frac{P''B'' - PB}{PB} = \frac{BB'' - PP''}{PB} = \frac{\left(u_{\varphi} + \frac{\partial u_{\varphi}}{\partial \varphi}\mathrm{d}\varphi\right) - u_{\varphi}}{\rho\mathrm{d}\varphi} = \frac{1}{\rho}\frac{\partial u_{\varphi}}{\partial u_{\varphi}} \tag{g}$$

径向线段 PA 的转角为

$$\alpha = \frac{AA'' - PP''}{PA} = \frac{\left(u_{\varphi} + \frac{\partial u_{\varphi}}{\partial \rho}\right) - u_{\varphi}}{\mathrm{d}\rho} = \frac{\partial u_{\varphi}}{\partial \rho} \tag{h}$$

由于环向位移引起环向线段的转角，可以从图 4-2（b）看出：在变形前，PB 线上 P 点的切线与 OP 垂直；在变形后，$P''B''$ 线上 P'' 点的切线与 OP'' 垂直，这两切线之间的夹角等于圆心角 $\angle POP''$，这就是环向线的转角。这个转角使原直角扩大，故环向线 PB 的转角为

$$\beta = - POP'' = - \frac{u_{\varphi}}{\rho} \tag{i}$$

可见切应变为

$$\gamma_{\rho\varphi} = \alpha + \beta = \frac{\partial u_\varphi}{\partial \rho} = -\frac{u_\varphi}{\rho} \tag{j}$$

因此，如果沿径向和环向都有位移，则由（a）、（b）、（e）三式与（f）、（g）、（j）三式分别叠加而得

$$\left.\begin{aligned} \varepsilon_\rho &= \frac{\partial u_\rho}{\partial \rho} \\ \varepsilon_\varphi &= \frac{u_\rho}{\rho} + \frac{1}{\rho}\frac{\partial u_\varphi}{\partial \varphi} \\ \gamma_{\rho\varphi} &= \frac{1}{\rho}\frac{\partial u_\rho}{\partial \varphi} + \frac{\partial u_\varphi}{\partial \rho} - \frac{u_\varphi}{\rho} \end{aligned}\right\} \tag{4-2}$$

这就是极坐标中的几何方程。

物理方程表示在极坐标系中，应力与形变之间的物理关系式。在直角坐标中，物理方程是代数方程，且其中坐标 x 和 y 的方向是正交的。在极坐标中，坐标 ρ 和 φ 的方向也是正交的，因此极坐标中的物理方程与直角坐标中的物理方程具有同样的形式，只需将角码 x 和 y 分别改换为 ρ 和 φ。据此，得出极坐标中平面应力问题的物理方程为

$$\left.\begin{aligned} \varepsilon_\rho &= \frac{1}{E}(\sigma_\rho - \mu\sigma_\varphi) \\ \varepsilon_\varphi &= \frac{1}{E}(\sigma_\varphi - \mu\sigma_\rho) \\ \gamma_{\rho\varphi} &= \frac{1}{G}\tau_{\rho\varphi} = \frac{2(1+\mu)}{E}\tau_{\rho\varphi} \end{aligned}\right\} \tag{4-3}$$

上式可以作如下的解释：$\frac{\sigma_\rho}{E}$ 项表示 ρ 方向的应力引起同方向的线应变，与直角坐标中的 $\frac{\sigma_x}{E}$ 相似；$-\frac{\mu\sigma_\varphi}{E}$ 表示垂直于 ρ 方向的应力引起的 ρ 方向的线应变，与 $-\frac{\mu\sigma_y}{E}$ 相似。而 $\gamma_{\rho\varphi}$ 与 γ_{xy} 相似，均表示两正交方向的切应力引起的切应变。

对于平面应变问题，将上式中的 E 换为 $\frac{E}{1-\mu^2}$，μ 换为 $\frac{\mu}{1-\mu}$，即可得出极坐标中对应的物理方程。

4.3　极坐标中的应力函数与相容方程

直角坐标和极坐标是常用的两种坐标系，有时需要将一种坐标系中的物理量用另一种坐标系来表示。为了简化公式的推导，可以将直角坐标中的公式直接变换到极坐标来。下面应用坐标之间的转换关系，把极坐标中的应力分量用应力函数 Φ 来表示。

坐标变量的变换，即

$$x = \rho\cos\varphi, \quad y = \rho\sin\varphi$$

反之，　　$\rho^2 = x^2 + y^2$，$\varphi = \arctan\dfrac{y}{x}$，得 $(\rho,\ \varphi)$ 对 $(x,\ y)$ 的导数为

$$\frac{\partial\rho}{\partial x} = \frac{x}{\rho}\cos\varphi, \qquad \frac{\partial\rho}{\partial y} = \frac{y}{\rho} = \sin\varphi$$

$$\frac{\partial\varphi}{\partial x} = -\frac{y}{\rho^2} = -\frac{\sin\varphi}{\rho}, \qquad \frac{\partial\varphi}{\partial y} = \frac{x}{\rho^2} = \frac{\cos\varphi}{\rho}$$

导数的变换是将直角坐标系中对 $(x,\ y)$ 的导数，变换到极坐标系中对 $(\rho,\ \varphi)$ 的导数。将函数 Φ 看成是 $(\rho,\ \varphi)$ 的函数，即 $\Phi(\rho,\ \varphi)$；而 $(\rho,\ \varphi)$ 又是 $(x,\ y)$ 的函数。因此，Φ 可以认为是通过中间变量 $(\rho,\ \varphi)$ 的关于 $(x,\ y)$ 的复合函数。按照复合函数的求导公式，有

$$\frac{\partial\Phi}{\partial x} = \frac{\partial\Phi}{\partial\rho}\frac{\partial\rho}{\partial x} + \frac{\partial\Phi}{\partial\varphi}\frac{\partial\varphi}{\partial x} = \cos\varphi\frac{\partial\Phi}{\partial\rho} - \frac{\sin\varphi}{\rho}\frac{\partial\Phi}{\partial\varphi}$$

$$\frac{\partial\Phi}{\partial y} = \frac{\partial\Phi}{\partial\rho}\frac{\partial\rho}{\partial y} + \frac{\partial\Phi}{\partial\varphi}\frac{\partial\varphi}{\partial y} = \sin\varphi\frac{\partial\Phi}{\partial\rho} + \frac{\cos\varphi}{\rho}\frac{\partial\Phi}{\partial\varphi}$$

二阶导数的变换可以从一阶导数得出，因为

$$\frac{\partial^2}{\partial x^2}\Phi = \frac{\partial}{\partial x}\left(\frac{\partial}{\partial x}\Phi\right) = \left(\cos\varphi\frac{\partial}{\partial\rho} - \frac{\sin\varphi}{\rho}\frac{\partial}{\partial\varphi}\right)\left(\cos\varphi\frac{\partial\Phi}{\partial\rho} - \frac{\sin\varphi}{\rho}\frac{\partial\Phi}{\partial\varphi}\right)$$

将等式右边展开时，注意右边的第一个括号内算子应对第二个括号内算子进行运算。而第二个括号内，不仅函数 $\Phi = \Phi(\rho,\ \varphi)$ 中有 $(\rho,\ \varphi)$，而且系数中也含有 $(\rho,\ \varphi)$，因此展开式中的项数较多。二阶导数的变换公式为

$$\begin{aligned}\frac{\partial^2\Phi}{\partial x^2} &= \left(\cos\varphi\frac{\partial}{\partial\rho} - \frac{\sin\varphi}{\rho}\frac{\partial}{\partial\varphi}\right)\left(\cos\varphi\frac{\partial\Phi}{\partial\rho} - \frac{\sin\varphi}{\rho}\frac{\partial\Phi}{\partial\varphi}\right)\\ &= \cos^2\varphi\frac{\partial^2\Phi}{\partial\rho^2} + \sin^2\varphi\left(\frac{1}{\rho}\frac{\partial\Phi}{\partial\rho} + \frac{1}{\rho^2}\frac{\partial^2\Phi}{\partial\varphi^2}\right) - \\ &\quad 2\cos\varphi\sin\varphi\left[\frac{\partial}{\partial\rho}\left(\frac{1}{\rho}\frac{\partial\Phi}{\partial\varphi}\right)\right]\end{aligned} \tag{a}$$

$$\begin{aligned}\frac{\partial^2\Phi}{\partial y^2} &= \left(\sin\varphi\frac{\partial}{\partial\rho} + \frac{\cos\varphi}{\rho}\frac{\partial}{\partial\varphi}\right)\left(\sin\varphi\frac{\partial\Phi}{\partial\rho} + \frac{\cos\varphi}{\rho}\frac{\partial\Phi}{\partial\varphi}\right)\\ &= \sin^2\varphi\frac{\partial^2\Phi}{\partial\rho^2} + \cos^2\varphi\left(\frac{1}{\rho}\frac{\partial\Phi}{\partial\rho} + \frac{1}{\rho^2}\frac{\partial^2\Phi}{\partial\varphi^2}\right) + \\ &\quad 2\cos\varphi\sin\varphi\left[\frac{\partial}{\partial\rho}\left(\frac{1}{\rho}\frac{\partial\Phi}{\partial\varphi}\right)\right]\end{aligned} \tag{b}$$

$$\begin{aligned}\frac{\partial^2\Phi}{\partial x\partial y} &= \left(\cos\varphi\frac{\partial}{\partial\rho} - \frac{\sin\varphi}{\rho}\frac{\partial}{\partial\varphi}\right)\left(\sin\varphi\frac{\partial\Phi}{\partial\rho} + \frac{\cos\varphi}{\rho}\frac{\partial\Phi}{\partial\varphi}\right)\\ &= \cos\varphi\sin\varphi\left[\frac{\partial^2\Phi}{\partial\rho^2} - \left(\frac{1}{\rho}\frac{\partial\Phi}{\partial\rho} + \frac{1}{\rho^2}\frac{\partial^2\Phi}{\partial\varphi^2}\right)\right] + \\ &\quad (\cos^2\varphi - \sin^2\varphi)\left[\frac{\partial}{\partial\rho}\left(\frac{1}{\rho}\frac{\partial\Phi}{\partial\varphi}\right)\right]\end{aligned} \tag{c}$$

将式（a）和式（b）相加，就可以得出拉普拉斯算子的变换式

$$\nabla^2 = \left(\frac{\partial^2}{\partial x^2} + \frac{\partial^2}{\partial y^2}\right) = \left(\frac{\partial^2}{\partial \rho^2} + \frac{1}{\rho}\frac{\partial}{\partial \rho} + \frac{1}{\rho^2}\frac{\partial^2}{\partial \varphi^2}\right)$$

由图 4-1 可见，如果把 x 轴和 y 轴分别转到 ρ 和 φ 的方向，使该微元体的 φ 坐标成为零，则 σ_x、σ_y、τ_{xy} 分别成为 σ_ρ、σ_φ、$\tau_{\rho\varphi}$。于是当不计体力时，即可由式（a）~式（c）得出应力分量用应力函数来表示

$$\left.\begin{aligned}
\sigma_\rho &= (\sigma_x)_{\varphi=0} = \left(\frac{\partial^2 \Phi}{\partial y^2}\right)_{\varphi=0} = \frac{1}{\rho}\frac{\partial \Phi}{\partial \rho} + \frac{1}{\rho^2}\frac{\partial^2 \Phi}{\partial \varphi^2} \\
\sigma_\varphi &= (\sigma_y)_{\varphi=0} = \left(\frac{\partial^2 \Phi}{\partial x^2}\right)_{\varphi=0} = \frac{\partial^2 \Phi}{\partial \rho^2} \\
\tau_{\rho\varphi} &= (\tau_{xy})_{\varphi=0} = \left(\frac{\partial^2 \Phi}{\partial x \partial y}\right)_{\varphi=0} = -\frac{\partial}{\partial \rho}\left(\frac{1}{\rho}\frac{\partial \Phi}{\partial \varphi}\right)
\end{aligned}\right\} \tag{4-4}$$

于是由直角坐标中的相容方程

$$\left(\frac{\partial^2}{\partial x^2} + \frac{\partial^2}{\partial y^2}\right)^2 \Phi = 0$$

得到极坐标中的相容方程

$$\left(\frac{\partial^2}{\partial \rho^2} + \frac{1}{\rho}\frac{\partial}{\partial \rho} + \frac{1}{\rho^2}\frac{\partial^2}{\partial \varphi^2}\right)^2 \Phi = 0 \tag{4-5}$$

由此得出，当不计体力时，在极坐标中按应力求解平面问题，归结为求解一个应力函数 $\Phi(\rho, \varphi)$，它必须满足：(1) 在区域内的相容方程；(2) 在边界上的应力边界条件（假设全部为应力边界条件）；(3) 如为多连体，还有多连体中的位移单值条件。从上述条件求出函数 Φ 后，就可由应力分量的表达式求出应力分量。

4.4 应力分量的坐标变换式

由已知直角坐标中的应力分量求极坐标中的应力分量，或者由已知极坐标中的应力分量求直角坐标中的应力分量，就需要建立两个坐标系中的应力关系式，即应力分量的坐标变换式。由于应力不仅具有方向性，而且与所在的作用面有关，为了建立应力分量的坐标变换式，应取出包含两种坐标面的微元体，然后考虑其平衡条件，才能得出这种变换式。

4.4.1 已知 σ_x、σ_y、τ_{xy} 求 σ_ρ、σ_φ、$\tau_{\rho\varphi}$

在弹性体中取出一个包含 x 面、y 面和 ρ 面且厚度为 1 的微小三角板 A，如图 4-3（a）所示，它的 ab 为 x 面，ac 为 y 面，而 bc 为 ρ 面。各面上的应力如图所示。命 bc 边长度为 ds，则 ab 边及 bc 边的长度分别为 $ds\cos\varphi$ 及 $ds\sin\varphi$ 。

根据三角板 A 的平衡条件 $\sum F_\rho = 0$，可以写出平衡方程

$$\begin{aligned}
&\sigma_\rho ds - \sigma_x ds\cos\varphi \times \cos\varphi - \sigma_y ds\sin\varphi \times \sin\varphi - \\
&\tau_{xy} ds\cos\varphi \times \sin\varphi - \tau_{yx} ds\sin\varphi \times \cos\varphi = 0
\end{aligned}$$

用 τ_{xy} 代替 τ_{yx} 进行简化，得

$$\sigma_\rho = \sigma_x \cos^2\varphi + \sigma_y \sin^2\varphi + 2\tau_{xy}\sin\varphi\cos\varphi \tag{a}$$

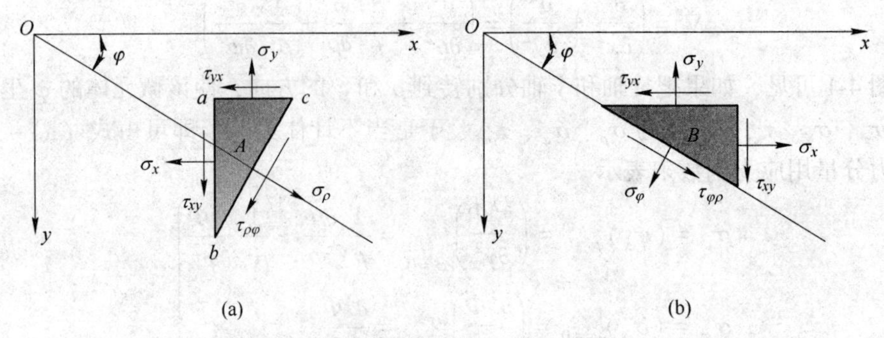

图 4-3 直角坐标应力分量转换为极坐标应力分量的分析模型

同样，由三角板 A 平衡条件 $\sum F_{\varphi}=0$，得

$$\tau_{\rho\phi}=(\sigma_y-\sigma_x)\sin\varphi\cos\varphi+\tau_{xy}(\cos^2\varphi-\sin^2\varphi) \tag{b}$$

类似地，取出一个包含 x 面、y 面和 ρ 面且厚度为 1 的微小三角板 B。

由三角形板 B 平衡条件 $\sum F_{\varphi}=0$，得

$$\sigma_{\varphi}=\sigma_x\sin^2\varphi+\sigma_y\cos^2\varphi-2\tau_{xy}\sin\varphi\cos\varphi \tag{c}$$

同样，由三角板 B 平衡条件 $\sum F_{\rho}=0$，得

$$\tau_{\varphi\rho}=(\sigma_y-\sigma_x)\sin\varphi\cos\varphi+\tau_{xy}(\cos^2\varphi-\sin^2\varphi)$$

可以得到

$$\tau_{\varphi\rho}=\tau_{\rho\varphi}$$

综合以上结果，得到应力分量由直角坐标向极坐标的变换式：

$$\left.\begin{aligned}\sigma_{\rho}&=\sigma_x\cos^2\varphi+\sigma_y\sin^2\varphi+2\tau_{xy}\sin\varphi\cos\varphi\\\sigma_{\varphi}&=\sigma_x\sin^2\varphi+\sigma_y\cos^2\varphi-2\tau_{xy}\sin\varphi\cos\varphi\\\tau_{\rho\varphi}&=(\sigma_y-\sigma_x)\sin\varphi\cos\varphi+\tau_{xy}(\cos^2\varphi-\sin^2\varphi)\end{aligned}\right\} \tag{4-6}$$

4.4.2 已知 σ_{ρ}、σ_{φ}、$\tau_{\rho\varphi}$ 求 σ_x、σ_y、τ_{xy}

类似地，由图 4-4 可以导出应力分量由极坐标向直角坐标的变换式：

$$\left.\begin{aligned}\sigma_x&=\sigma_{\rho}\cos^2\varphi+\sigma_{\varphi}\sin^2\varphi-2\tau_{xy}\sin\varphi\cos\varphi\\\sigma_y&=\sigma_{\rho}\sin^2\varphi+\sigma_{\varphi}\cos^2\varphi+2\tau_{xy}\sin\varphi\cos\varphi\\\tau_{xy}&=(\sigma_{\rho}-\sigma_{\varphi})\sin\varphi\cos\varphi+\tau_{\rho\varphi}(\cos^2\varphi-\sin^2\varphi)\end{aligned}\right\} \tag{4-7}$$

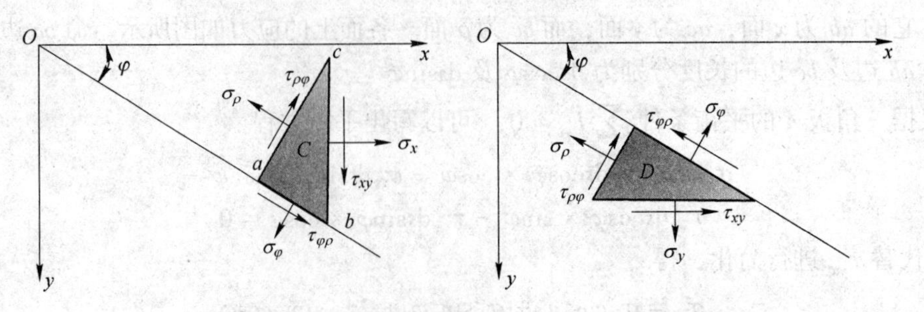

图 4-4 极坐标应力分量转换为直角坐标应力分量的分析模型

4.5 轴对称应力和相应的位移

轴对称是指物体的形状或某物理量是绕一轴对称的，凡通过对称轴的任何面都是对称面。

若应力是绕 z 轴对称的，则在任一环向线上的各点，应力分量的数值相同，方向对称于 z 轴。由此可见，绕 z 轴对称的应力，在极坐标平面内应力分量仅为 ρ 的函数，不随 φ 而变，切应力 $\tau_{\rho\varphi}$ 为零。

4.5.1 轴对称应力的一般解答

解答轴对称应力用逆解法，假设应力函数 Φ 只是径向坐标 ρ 的函数，即

$$\Phi = \Phi(\rho)$$

在这一特殊情况下，式（4-4）简化为

$$\sigma_\rho = \frac{1}{\rho}\frac{\partial \Phi}{\partial \rho}, \quad \sigma_\varphi = \frac{\partial^2 \Phi}{\partial \rho^2}, \quad \tau_{\rho\varphi} = \tau_{\varphi\rho} = 0 \tag{4-8}$$

相容方程（4-5）简化为

$$\left(\frac{d^2}{d\rho^2} + \frac{1}{\rho}\frac{d}{d\rho}\right)\left(\frac{d^2\Phi}{d\rho^2} + \frac{1}{\rho}\frac{d\Phi}{d\rho}\right) = 0 \tag{4-9}$$

轴对称问题的拉普拉斯算子可以写为

$$\nabla^2 = \left(\frac{d^2}{d\rho^2} + \frac{1}{\rho}\frac{d}{d\rho}\right) = \frac{1}{\rho}\frac{d}{d\rho}\left(\rho\frac{d}{d\rho}\right)$$

代入相容方程（4-9）成为

$$\frac{1}{\rho}\frac{d}{d\rho}\left\{\rho\frac{d}{d\rho}\left[\frac{1}{\rho}\frac{d}{d\rho}\left(\rho\frac{d\Phi}{d\rho}\right)\right]\right\} = 0$$

这是一个四阶的常微分方程，它的通解是

$$\Phi = A\ln\rho + B\rho^2\ln\rho + C\rho^2 + D \tag{a}$$

式中，A、B、C、D 是任意常数。

将式（a）代入式（4-8），得应力分量：

$$\left.\begin{aligned} \sigma_\rho &= \frac{A}{\rho^2} + B(1 + 2\ln\rho) + 2C \\ \sigma_\varphi &= -\frac{A}{\rho^2} + B(3 + 2\ln\rho) + 2C \\ \tau_{\rho\varphi} &= \tau_{\varphi\rho} = 0 \end{aligned}\right\} \tag{4-10}$$

因为正应力分量只是 ρ 的函数，不随 φ 而改变，而切应力分量又不存在，所以应力状态是对称于通过 z 轴的任一平面，也就是所谓绕 z 轴对称的。因此，这种应力称为轴对称应力。

4.5.2 与轴对称应力相对应的形变和位移

现在来考察与轴对称应力相对应的应变和位移。

对于平面应力的情况，将应力分量式（4-10）代入物理方程（4-8），得到应变分量：

$$\varepsilon_\rho = \frac{1}{E}\left[(1+\mu)\frac{A}{\rho^2} + (1-3\mu)B + 2(1-\mu)B\ln\rho + 2(1-\mu)C\right]$$

$$\varepsilon_\phi = \frac{1}{E}\left[-(1+\mu)\frac{A}{\rho^2} + (3-\mu)B + 2(1-\mu)B\ln\rho + 2(1-\mu)C\right]$$

$$\gamma_{\rho\phi} = 0$$

可见，应变也是绕 z 轴对称的。

将上面应变分量的表达式代入几何方程（4-2），得

$$\left.\begin{aligned}&\frac{\partial u_\rho}{\partial\rho} = \frac{1}{E}\left[(1+\mu)\frac{A}{\rho^2} + (1-3\mu)B + 2(1-\mu)B\ln\rho + 2(1-\mu)C\right]\\&\frac{u_\rho}{\rho} + \frac{1}{\rho}\frac{\partial u_\varphi}{\partial\varphi} = \frac{1}{E}\left[-(1+\mu)\frac{A}{\rho^2} + (3-\mu)B + 2(1-\mu)B\ln\rho + 2(1-\mu)C\right]\\&\frac{1}{\rho}\frac{\partial u_\rho}{\partial\varphi} + \frac{\partial u_\varphi}{\partial\rho} - \frac{u_\varphi}{\rho} = 0\end{aligned}\right\}\tag{b}$$

由式（b）中第一式的积分得

$$\begin{aligned}u_\rho = \frac{1}{E}\Big[&-(1+\mu)\frac{A}{\rho} + 2(1-\mu)B\rho(\ln\rho - 1) + (1-3\mu)B\rho + \\&2(1-\mu)C\rho\Big] + f(\varphi)\end{aligned}\tag{c}$$

式中，$f(\varphi)$ 是 φ 的任意函数。

其次，由式（b）中的第二式有

$$\frac{\partial u_\varphi}{\partial\varphi} = \frac{\rho}{E}\left[-(1+u)\frac{A}{\rho^2} + 2(1-u)B\ln\rho + (3-u)B + 2(1-u)C\right] - u_\rho$$

将式（c）代入，得

$$\frac{\partial u_\varphi}{\partial\varphi} = \frac{4B\rho}{E} - f(\varphi)$$

积分以后，得

$$u_\varphi = \frac{4B\rho\varphi}{E} - \int f(\varphi)\,\mathrm{d}\varphi + f_1(\rho)\tag{d}$$

式中，$f_1(\rho)$ 是的 ρ 任意函数。

再将式（c）及式（d）代入式（b）中的第三式，得

$$\frac{1}{\rho}\frac{\mathrm{d}f(\varphi)}{\mathrm{d}\varphi} + \frac{\mathrm{d}f_1(\rho)}{\mathrm{d}\rho} + \frac{1}{\rho}\int f(\varphi)\,\mathrm{d}\varphi - \frac{f_1(\rho)}{\rho} = 0$$

将上式改写为

$$f_1(\rho) - \rho\frac{\mathrm{d}f_1(\rho)}{\mathrm{d}\rho} = \frac{\mathrm{d}f(\varphi)}{\mathrm{d}\varphi} + \int f(\varphi)\,\mathrm{d}\varphi$$

此方程的左边只是 ρ 的函数，而右边只是 φ 的函数，因此，只可能两边都等于同一常数 F。于是有

$$f_1(\rho) - \rho\frac{\mathrm{d}f_1(\rho)}{\mathrm{d}\rho} = F\tag{e}$$

$$\frac{\mathrm{d}f(\varphi)}{\mathrm{d}\varphi} + \int f(\varphi)\mathrm{d}\varphi = F \tag{f}$$

式（e）的解答是

$$f_1(\rho) = H\rho + F \tag{g}$$

式中，H 是任意常数。式（f）可以通过求导变换为微分方程：

$$\frac{\mathrm{d}^2 f(\varphi)}{\mathrm{d}\varphi^2} + f(\varphi) = 0$$

而它的解答是

$$f(\varphi) = I\cos\varphi + K\sin\varphi \tag{h}$$

此外，可由式（f）得

$$\int f(\varphi)\mathrm{d}\varphi = F - \frac{\mathrm{d}f(\varphi)}{\mathrm{d}\varphi} = F + I\sin\varphi - K\cos\varphi \tag{i}$$

将式（h）代入式（c），并将式（i）及式（g）代入式（d），得轴对称应力状态下的位移分量：

$$\left.\begin{aligned} u_\rho &= \frac{1}{E}\left[-(1+\mu)\frac{A}{\rho} + 2(1-\mu)B\rho(\ln\rho - 1) + (1-3\mu)B\rho + \right. \\ &\quad \left. 2(1-\mu)C\rho\right] + I\cos\varphi + K\sin\varphi \\ u_\varphi &= \frac{4B\rho\varphi}{E} + H\rho - I\sin\varphi + K\cos\varphi \end{aligned}\right\} \tag{4-11}$$

式中，A、B、C、H、I、K 都是任意常数，其中 H、I、K 和 2.4 节中的 ω、u_0、v_0 含义一样，代表刚体位移分量。

以上是轴对称应力状态下，应力分量和位移分量的一般性解答，适用于任何轴对称应力问题。其中的待定系数，可以通过应力边界条件和位移边界条件（在多连体中还须考虑位移单值条件）来确定。

对于平面应变问题，只需将上述结论中的 E 换为 $\frac{E}{1-\mu^2}$，μ 换为 $\frac{\mu}{1-\mu}$。

4.6 圆环或圆筒受均布压力——压力隧道

4.6.1 圆环或圆筒受均布压力

设有圆环或圆筒，内半径为 a，外半径 b，受内部压力为 q_a 及外部压力为 q_b，如图 4-5（a）所示。显然，应力分布应当是轴对称的。因此，取应力分量表达式（4-10），应当可以满足一切条件并求出其中的任意常数 A、B、C。

$$\left.\begin{aligned} \sigma_\rho &= \frac{A}{\rho^2} + B(1 + 2\ln\rho) + 2C \\ \sigma_\varphi &= -\frac{A}{\rho^2} + B(3 + 2\ln\rho) + 2C \\ \tau_{\rho\varphi} &= \tau_{\varphi\rho} = 0 \end{aligned}\right\} \tag{4-10}$$

边界条件要求

$$\left.\begin{array}{l}(\tau_{\rho\varphi})_{\rho=a}=0,\ (\tau_{\rho\varphi})_{\rho=b}=0\\(\sigma_{\rho})_{\rho=a}=-q_a,\ (\sigma_{\rho})_{\rho=b}=-q_b\end{array}\right\}\quad\text{(a)}$$

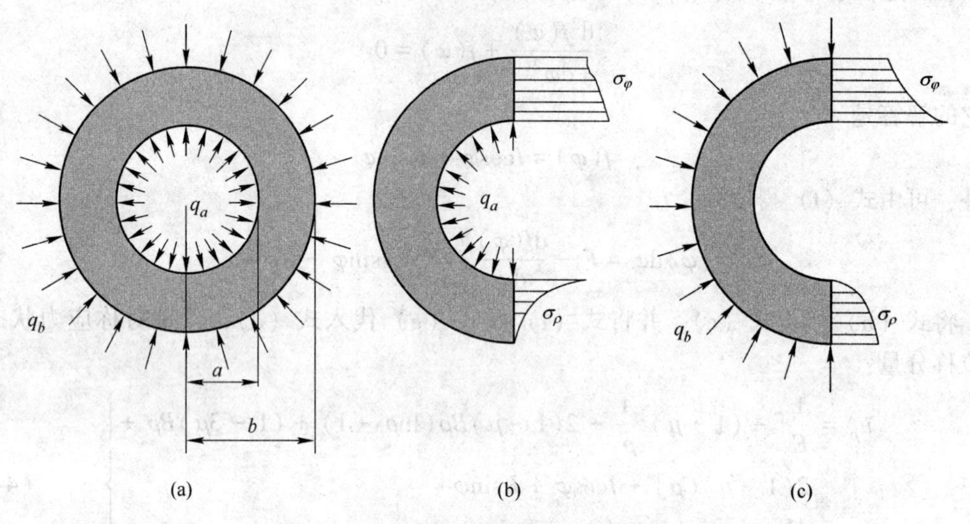

图 4-5　圆环受不同压力时的分析模型

由表达式（4-10）可见，前两个条件是满足的，而后两个条件要求

$$\left.\begin{array}{l}\dfrac{A}{a^2}+B(1+\ln a)+2C=-q_a\\\dfrac{A}{b^2}+B(1+\ln b)+2C=-q_b\end{array}\right\}\quad\text{(b)}$$

现在，边界条件都已经满足，但是两个方程不能解出三个常数 A、B、C。因为这里讨论的是多连体，所以我们来考查位移单值条件。

由式（4-11）中的第二式可见，在环向位移 u_φ 的表达式中，$\dfrac{4B\rho\varphi}{E}$ 一项是多值的：对于同一 ρ 值，例如 $\rho=\rho_1$，在 $\varphi=\varphi_1$ 时与 $\varphi=\varphi_1+2\pi$ 时，环向位移相差 $\dfrac{8\pi B\rho_1}{E}$。在圆环或者圆筒中，这是不可能的，因为（ρ_1，φ_1）与（ρ_1，$\varphi_1+2\pi$）是同一点，不可能有不同的位移。可见，B 必然等于 0。

令 $B=0$，即可由式（b）求得 A 和 $2C$：

$$A=\frac{a^2b^2(q_b-q_a)}{b^2-a^2},\quad 2C=\frac{q_aa^2-q_bb^2}{b^2-a^2}$$

代入公式（4-10），稍加整理，即得拉梅的解答如下：

$$\left.\begin{aligned}\sigma_\rho &= -\frac{\frac{b^2}{\rho^2}-1}{\frac{b^2}{a^2}-1}q_a - \frac{1-\frac{a^2}{\rho^2}}{1-\frac{a^2}{b^2}}q_b \\ \sigma_\varphi &= \frac{\frac{b^2}{\rho^2}+1}{\frac{b^2}{a^2}-1}q_a - \frac{1+\frac{a^2}{\rho^2}}{1-\frac{a^2}{b^2}}q_b\end{aligned}\right\} \tag{4-12}$$

为明了起见，下面来分别考察内压力或外压力单独作用时的情况。

如果只有内压力 q_a 作用，则 $q_b=0$，式（4-12）简化为

$$\sigma_\rho = -\frac{\frac{b^2}{\rho^2}-1}{\frac{b^2}{a^2}-1}q_a, \quad \sigma_\varphi = \frac{\frac{b^2}{\rho^2}+1}{\frac{b^2}{a^2}-1}q_a$$

显然 σ_ρ 总是压应力，σ_φ 总是拉应力。应力分布图大致如图 4-5（b）所示。当圆环或圆筒的外半径趋于无限大时（$b\to\infty$），它成为具有圆孔的无限大薄板，或具有圆形孔道的无限大弹性体，而上列解答成为

$$\sigma_\rho = -\frac{a^2}{\rho^2}q_a, \quad \sigma_\varphi = \frac{a^2}{\rho^2}q_a$$

可见应力和 $\frac{a^2}{\rho^2}$ 成正比，在 ρ 远大于 a 之处（即距离圆孔或圆形孔道之处），应力是很小的，可以不计。这个实例也证实了圣维南原理，因为圆孔或圆形孔道中的内压力是平衡力系。

如果只有外力 q_b 作用，则 $q_a=0$，式（4-12）简化为

$$\sigma_\rho = -\frac{1-\frac{a^2}{\rho^2}}{1-\frac{a^2}{b^2}}q_b, \quad \sigma_\varphi = -\frac{1+\frac{a^2}{\rho^2}}{1-\frac{a^2}{b^2}}q_b \tag{4-13}$$

显然，σ_ρ 和 σ_φ 都总是压应力。应力分布大致如图 4-5（c）所示。

4.6.2 压力隧道

如果圆筒是埋在无限大弹性体中，受有均布压力 q，例如压力隧洞或坝内水管，如图 4-6 所示，则表达式（4-10）仍然适用，因为应力分布仍然是轴对称的，而且，系数 B 仍然等于 0，因为位移仍然应当是单值的。不过，因为圆筒和无限大弹性体不一定具有相同的弹性系数，所以两者应力表达式中系数 A 和 C 不一定相同。

现在，取圆筒的应力表达式为

$$\sigma_\rho = \frac{A}{\rho^2}+2C, \quad \sigma_\varphi = -\frac{A}{\rho^2}+2C \tag{c}$$

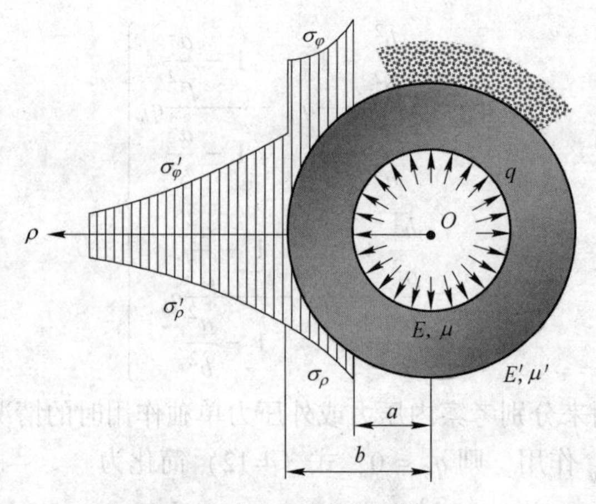

图 4-6　压力隧道分析模型

取无限大弹性体的应力表达式为

$$\sigma'_\rho = \frac{A'}{\rho^2} + 2C', \quad \sigma'_\varphi = -\frac{A'}{\rho^2} + 2C' \tag{d}$$

试建立四个方程来求解常数 A、C、A'、C'。

首先在圆筒的内面，有边界条件 $(\sigma_\rho)_{\rho=a} = -q$，由此得

$$\frac{A}{a^2} + 2C = -q \tag{e}$$

其次，在距离圆筒很远之处，按圣维南原理，应当几乎没有应力，于是有

$$(\sigma'_\rho)_{\rho\to\infty} = -q, \quad (\sigma'_\varphi)_{\rho\to\infty} = 0$$

由此得

$$2C' = 0 \tag{f}$$

再其次，在圆筒和无限大弹性体的接触面上，应当有

$$(\sigma_\rho)_{\rho=b} = (\sigma'_\rho)_{\rho=b}$$

于是由式（c）及式（d）得

$$\frac{A}{b^2} + 2C = -\frac{A'}{b^2} + 2C' \tag{g}$$

上述条件仍然不足以确定四个常数，因此接下来考虑位移。

应用式（4-11）中的第一式，并注意这里是平面应变问题，而且 $B=0$，可以写出圆筒和无限大弹性体径向位移的表达式：

$$u_\rho = \frac{1-\mu^2}{E}\left[-\left(1+\frac{\mu}{1-\mu}\right)\frac{A}{\rho} + 2\left(1-\frac{\mu}{1-\mu}\right)C\rho\right] + I\cos\varphi + K\sin\varphi$$

$$u'_\rho = \frac{1-\mu'^2}{E'}\left[-\left(1+\frac{\mu'}{1-\mu'}\right)\frac{A'}{\rho} + 2\left(1-\frac{\mu'}{1-\mu'}\right)C'\rho\right] + I'\cos\varphi + K'\sin\varphi$$

式中，E 和 μ 为圆筒的弹性常数；E' 和 μ' 为无限大弹性体的弹性常数，将上列二式稍加简化得

$$\left.\begin{aligned} u_\rho &= \frac{1+\mu}{E}\left[2(1-2\mu)C\rho - \frac{A}{\rho}\right] + I\cos\varphi + K\sin\varphi \\ u'_\rho &= \frac{1+\mu'}{E'}\left[2(1-2\mu')C'\rho - \frac{A'}{\rho}\right] + I'\cos\varphi + K'\sin\varphi \end{aligned}\right\} \tag{h}$$

接触面上，圆筒和无限大弹性体应当具有相同的位移，因此有

$$(\mu_\rho)_{\rho=b}=(\mu'_\rho)_{\rho=b}$$

将式（h）代入，得

$$\frac{1+\mu}{E}\left[2(1-2\mu)C\rho-\frac{A}{\rho}\right]+I\cos\varphi+K\sin\varphi$$

$$=\frac{1+\mu'}{E'}\left[2(1-2\mu')C'\rho-\frac{A'}{\rho}\right]+I'\cos\varphi+K'\sin\varphi$$

因为这一方程在接触面上任一点都应当成立，也就是在 φ 取任何值时都应当成立，所以方程两边的自由项必须相等（当然两边 $\cos\varphi$ 的系数和 $\sin\varphi$ 的系数也必须相等）。于是得

$$\frac{1+\mu}{E}\left[2(1-2\mu)CR-\frac{A}{b}\right]=\frac{1+\mu'}{E'}\left[2(1-2\mu')C'R-\frac{A'}{b}\right]$$

经过简化并利用式（f）得

$$n\left[2C(1-2\mu)-\frac{A}{b^2}\right]+\frac{A'}{b^2}=0 \tag{i}$$

式中，$n=\dfrac{E'(1+\mu)}{E(1+\mu')}$。

由方程式（e）、式（f）、式（g）、式（i）求出 A、C、A'、C'，然后代入式（e）及式（d），得圆筒及无限大弹性体的应力分量表达式：

$$\left.\begin{aligned}
\sigma_\rho&=-q\frac{[1+(1-2\mu)n]\dfrac{b^2}{\rho^2}-(1-n)}{[1+(1-2\mu)n]\dfrac{b^2}{a^2}-(1-n)}\\
\sigma_\varphi&=q\frac{[1+(1-2\mu)n]\dfrac{b^2}{\rho^2}+(1-n)}{[1+(1-2\mu)n]\dfrac{b^2}{a^2}-(1-n)}\\
\sigma'_\rho=\sigma'_\varphi&=-q\frac{2(1-\mu)n\dfrac{b^2}{\rho^2}}{[1+(1-2\mu)n]\dfrac{b^2}{a^2}-(1-n)}
\end{aligned}\right\} \tag{4-14}$$

当 $n<1$ 时，应力分布大致如图 4-6 所示。

这个问题是一个最简单的所谓接触问题，即两个或两个以上不同弹性体相互接触的问题。接触问题共分为四种：

（1）完全接触。在接触问题中，通常都假定两个弹性体在接触面上保持“完全接触”，即既不相互脱离也不相互滑动。这样，在接触面上就有应力和位移两方面的接触条件。应力方面的接触条件是：两弹性体在接触面上的正应力相等，切应力也相等。位移方面的接触条件是：两弹性体在接触面上的法向位移相等，切向位移也相等。以前已经看到，对平面问题来说，在通常的边界面上，有两个边界条件。现在看到，在接触面上，有四个接触条件，条件并没有增加或减少，因为接触面是两个弹性体同样形状的边界。

（2）有摩擦阻力的滑移接触。在接触面上，法向仍保持接触，两弹性体的正应力相等，法向位移也相等；而在环向，则达到极限滑移状态而产生移动，此时两弹性体切应力都等于极限摩擦力。

（3）光滑接触。光滑接触是“非完全接触”。在光滑接触面上，也有四个接触条件：两个弹性体的切应力都等于零（这是两个条件），两个弹性体的正应力相等，法向位移也相等（由于有滑动，切向位移并不相等）。

（4）局部脱离接触。变形后的某一部分边界上两弹性体脱开，则相应原接触面部分成为自由面，各自的正应力、切应力均等于零。

4.7 圆孔的孔边应力集中

所谓孔边应力集中，是指具有小孔的受力弹性体，其孔边的应力将远大于无孔时应力，也远大于距孔稍远处应力的一种应力集中现象。

孔边的应力集中，绝不是什么由于截面面积减小了一些而应力有所增大。即使截面面积比无孔时只减小了百分之几或千分之几，应力也会集中到若干倍。而且，对于同样形状的孔来说，集中的倍数几乎与孔的大小无关。实际上是，由于孔的存在，孔附近的应力状态与形变状态完全改观。孔边应力集中是局部现象，在几倍孔径以外，应力几乎不受孔的影响，应力的分布情况以及数值的大小都几乎与无孔时相同。一般来说，集中的程度越高，集中的现象越是局部性的，也就是应力随着距孔的距离增大而越快地趋于无孔时的应力。

应力集中的程度，首先是与孔的形状有关。一般来说，圆孔孔边的集中程度最低。因此，如果有必要在构件中挖孔或者留孔，应当尽可能用圆孔替代其他形状的孔。如果不可能采用圆孔，也应当采用近似于圆形的孔（例如椭圆孔），以代替具有尖角的孔。

因为只有圆孔孔边的应力可以用简单的数学工具进行分析，所以这里只以圆孔为例，简略讨论孔边应力集中的问题。

首先，设有矩形薄板（或长柱），在离开边界较远处有半径为 a 的小圆孔，在左右两边受均布拉力，其集度为 q，图 4-7 坐标原点取在圆孔的中心，坐标轴平行于边界。

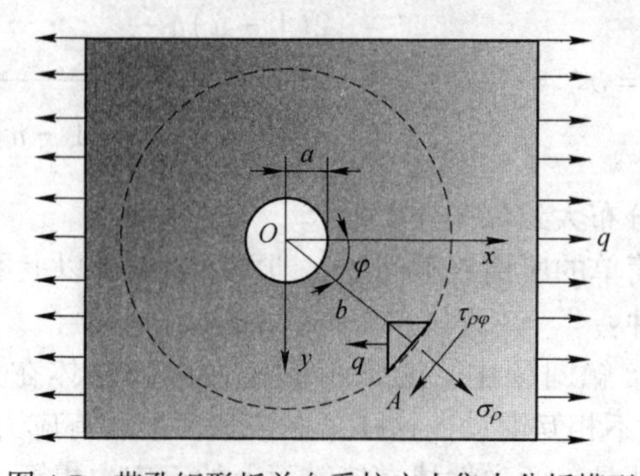

图 4-7 带孔矩形板单向受拉应力集中分析模型

就直边的边界条件而论，用极坐标求解。因为这里主要考察圆孔附近的应力，所以用极坐标求解，首先将直边变换为圆边。为此，以远大于 a 的某一长度 b 为半径，以坐标原点为圆心，作一个大圆，如图中虚线所示。由应力集中的局部性可见，在大圆周处，例如在 A 点，应力状态与无孔时相同，也就是

$$(\sigma_x)_{\rho=b}=q,\quad (\sigma_y)_{\rho=b}=0,\quad (\tau_{xy})_{\rho=b}=0$$

代入坐标变换式（4-6），得到该处的极坐标应力分量

$$(\sigma_\rho)_{\rho=b}=\frac{q}{2}+\frac{q}{2}\cos2\varphi,\quad (\tau_{\rho\varphi})_{\rho=b}=-\frac{q}{2}\sin2\varphi \tag{a}$$

于是原来的问题变换这样一个新问题：内半径为 a 而外半径为 b 的圆环或圆筒，在外边界上受有如式（a）所示的面力。

上述面力可以分解成两部分，其中一部分是

$$(\sigma_\rho)_{\rho=b}=\frac{q}{2},\quad (\tau_{\rho\varphi})_{\rho=b}=0 \tag{b}$$

第二部分是

$$(\sigma_\rho)_{\rho=b}=\frac{q}{2}\cos2\varphi,\quad (\tau_{\rho\varphi})_{\rho=b}=-\frac{q}{2}\sin2\varphi \tag{c}$$

为了求得面力式（b）所引起的应力，只须应用解答式（4-13）而命其中的 $q_b=-\dfrac{q}{2}$。这样就得到

$$\sigma_\rho=\frac{q}{2}\frac{1-\dfrac{a^2}{\rho^2}}{1-\dfrac{a^2}{b^2}},\quad \sigma_\varphi=\frac{q}{2}\frac{1+\dfrac{a^2}{\rho^2}}{1-\dfrac{a^2}{b^2}},\quad \tau_{\rho\varphi}=0$$

既然 b 远大于 a，就可以近似地取 $a/b=0$，从而得到解答：

$$\sigma_\rho=\frac{q}{2}\left(1-\frac{a^2}{\rho^2}\right),\quad \sigma_\varphi=\frac{q}{2}\left(1+\frac{a^2}{\rho^2}\right),\quad \tau_{\rho\varphi}=0 \tag{d}$$

为了求得面力（c）所引起的应力，可以用半逆解法，假设 σ_ρ 为 ρ 的某一函数乘以 $\cos2\varphi$，面 $\tau_{\rho\varphi}$ 为 ρ 的另一函数乘以 $\sin2\varphi$。但由式（4-13）有

$$\sigma_\rho=\frac{1}{\rho}\frac{\partial\Phi}{\partial\rho}+\frac{1}{\rho^2}\frac{\partial^2\Phi}{\partial\varphi^2},\quad \tau_{\rho\varphi}=-\frac{\partial}{\partial\rho}\left(\frac{1}{\rho}\frac{\partial\Phi}{\partial\varphi}\right)$$

因此可以假设

$$\Phi=f(\rho)\cos2\varphi \tag{e}$$

将式（e）代入相容方程式（4-5），得

$$\cos2\varphi\left[\frac{d^4f(\rho)}{d\rho^4}+\frac{2}{\rho}\frac{d^3f(\rho)}{d\rho^3}-\frac{9}{\rho^2}\frac{d^2f(\rho)}{d\rho^2}+\frac{9}{\rho^3}\frac{df(\rho)}{d\rho}\right]=0$$

删去因子 $\cos2\varphi$ 后，求解这个常微分方程，得

$$f(\rho)=A\rho^4+B\rho^2+C+\frac{D}{\rho^2}$$

从而得应力函数

$$\Phi=\left(A\rho^4+B\rho^2+C+\frac{D}{\rho^2}\right)\cos2\varphi$$

又从而由公式（4-5）得应力分量：

$$\left.\begin{aligned}\sigma_\rho &= -\left(2B+\frac{4C}{\rho^2}+\frac{6D}{\rho^4}\right)\cos2\varphi\\ \sigma_\varphi &= \left(12A\rho^2+2B+\frac{6D}{\rho^4}\right)\cos2\varphi\\ \tau_{\rho\varphi} &= \left(6A\rho^2+2B-\frac{2C}{\rho^2}-\frac{6D}{\rho^4}\right)\sin2\varphi\end{aligned}\right\}\quad\text{(f)}$$

对式（f）应用边界条件式（c），并应用边界条件

$$(\sigma_\rho)_{\rho=a}=0,\quad(\tau_{\rho\varphi})_{\rho=a}=0$$

得到方程：

$$2B+\frac{4C}{b^2}+\frac{6D}{b^4}=-\frac{q}{2}$$

$$6Ab^2+2B-\frac{2C}{b^2}-\frac{6D}{b^4}=-\frac{q}{2}$$

$$2B+\frac{4C}{a^2}+\frac{6D}{b^4}=0$$

$$6Aa^2+2B-\frac{2C}{a^2}-\frac{6D}{a^4}=0$$

求解 A、B、C、D，然后命 $a/b=0$，得

$$A=0,\quad B=-\frac{q}{4},\quad C=\frac{1}{2}qa^2,\quad D=-\frac{qa^4}{4}$$

再将各已知值代入式（f），并与式（d）相叠加，即得基尔西（Kirsch）的解答：

$$\left.\begin{aligned}\sigma_\rho &= \frac{q}{2}\left(1-\frac{a^2}{\rho^2}\right)+\frac{q}{2}\left(1-\frac{a^2}{\rho^2}\right)\left(1-3\frac{a^2}{\rho^2}\right)\cos2\varphi\\ \sigma_\varphi &= \frac{q}{2}\left(1+\frac{a^2}{\rho^2}\right)-\frac{q}{2}\left(1+3\frac{a^4}{\rho^4}\right)\cos2\varphi\\ \tau_{\rho\varphi} &= \tau_{\varphi\rho}=-\frac{q}{2}\left(1-\frac{a^2}{\rho^2}\right)\left(1+3\frac{a^2}{\rho^2}\right)\sin2\varphi\end{aligned}\right\}\quad\text{(4-15)}$$

沿着孔边，$\rho=a$，环向正应力是

$$\sigma_\varphi=q(1-2\cos2\varphi)$$

它的几个重要数值如表 4-1 所示。

表 4-1　沿孔边（$\rho=a$）环向正应力值

φ	0°	30°	45°	60°	90°
σ_φ	$-q$	0	q	$2q$	$3q$

沿着 y 轴，$\varphi=90°$，环向正应力是

$$\sigma_\varphi=q\left(1+\frac{1}{2}\frac{a^2}{\rho^2}+\frac{3}{2}\frac{a^4}{\rho^4}\right)$$

它的几个重要数值如表 4-2 所示。

表 4-2 沿 y 轴（φ=90°）环向正应力值

ρ	a	$2a$	$3a$	$4a$
σ_φ	$3q$	$1.22q$	$1.07q$	$1.04q$

可见，应力随着远离孔边而急剧趋近于 q，如图 4-8 所示。

沿着 x 轴，$\varphi=0$，环向正应力是

$$\sigma_\varphi = -\frac{q}{2}\frac{a^2}{\rho^2}\left(3\frac{a^2}{\rho^2}-1\right)$$

在 $\rho = a$ 处，$\sigma_\varphi = -q$；在 $\rho = \sqrt{3a}$ 处 $\sigma_\varphi = 0$，如图 4-8 所示。

如果矩形薄板（或长柱）在左右两边受有均布拉力 q_1，并在上下两边受有均布拉力 q_2，如图 4-9 所示，亦可由解答式（4-15）得出应力分量。为此，首先命该解答中的 q 等于 q_1，然后命该解答中的 q 等于 q_2，而将 φ 用 90°+φ 代替，最后再将两个结果相叠加。这样就得到

$$\left.\begin{aligned}
\sigma_\rho &= \frac{q_1+q_2}{2}\left(1-\frac{a^2}{\rho^2}\right)+\frac{q_1-q_2}{2}\left(1-\frac{a^2}{\rho^2}\right)\left(1-3\frac{a^2}{\rho^2}\right)\cos2\varphi \\
\sigma_\varphi &= \frac{q_1+q_2}{2}\left(1+\frac{a^2}{\rho^2}\right)-\frac{q_1-q_2}{2}\left(1+3\frac{a^4}{\rho^4}\right)\cos2\varphi \\
\tau_{\rho\varphi} &= \tau_{\varphi\rho} = -\frac{q_1-q_2}{2}\left(1-\frac{a^2}{\rho^2}\right)\left(1+3\frac{a^2}{\rho^2}\right)\sin2\varphi
\end{aligned}\right\} \tag{4-16}$$

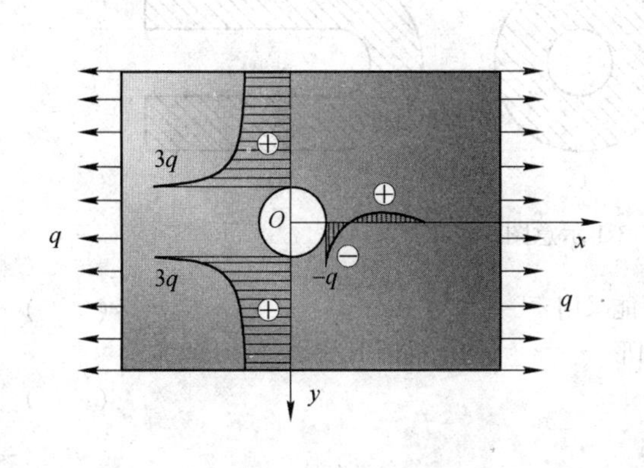

图 4-8 带孔矩形板单向受拉时的应力状态

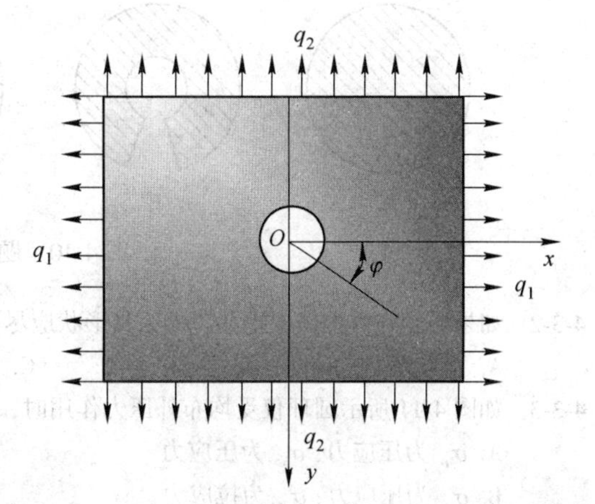

图 4-9 带孔矩形板双向受拉应力集中分析模型

最后，设有任意形状的薄板（或长柱），受有任意面力，而在距边界较远处有一个小圆孔。只要已有了无孔时的应力解答，也就可以计算孔边的应力。为此，可以先求出相应于圆孔中心处的应力分量，然后求出相应两个应力主向以及主应力 σ_1、σ_2。如果圆孔确实很小，圆孔的附近部分就可以当作是沿两个主向分别受均布拉力 $q_1=\sigma_1$、$q_2=\sigma_2$，也就可以应用解答式（4-16）。但需注意，这时必须把 x 轴和 y 轴分别放在 σ_1、σ_2 的方向。

习 题

4-1 判断题。

4-1-1 对于轴对称问题，其单元体的环向平衡条件恒能满足。 （ ）

4-1-2 在轴对称问题中，应力分量和位移分量一般都与极角 θ 无关 。 （ ）

4-1-3 曲梁纯弯曲时应力是轴对称的，位移并非轴对称。 （ ）

4-1-4 孔边应力集中是由于受力面减小了一些，而应力有所增大。 （ ）

4-2 填空题。

4-2-1 轴对称问题的平衡微分方程有________个，是________。

4-2-2 圆环仅受均布外压力作用时，环向最大压应力出现在________。

4-2-3 圆环仅受均布内压力作用时，环向最大拉应力出现在________。

4-2-4 对于承受内压很高的筒体，采用组合圆筒，可以降低________。

4-2-5 孔边应力集中的程度与孔的形状________，与孔的大小________。

4-2-6 孔边应力集中的程度越高，集中现象的范围越________。

4-3 选择题。

4-3-1 如图 4-10 所示物体中不为单边域的是 （ ）

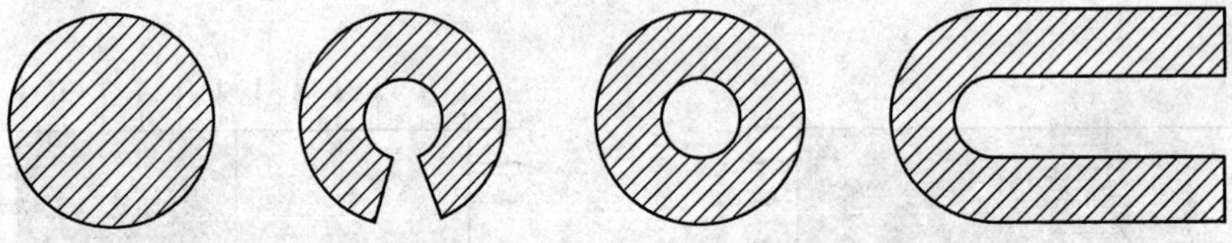

A B C D

图 4-10 题 4-3-1 示意图

4-3-2 如果必须在弹性体上挖孔，那么其形状应尽可能采用 （ ）

A. 正方形　　B. 菱形　　C. 圆形　　D. 椭圆形

4-3-3 如图 4-11 所示圆环仅受均布外压力作用时， （ ）

A. σ_ρ 为压应力，σ_φ 为压应力

B. σ_ρ 为压应力，σ_φ 为拉应力

C. σ_ρ 为拉应力，σ_φ 为压应力

D. σ_ρ 为拉应力，σ_φ 为拉应力

4-3-4 如图 4-12 所示圆环仅受均布内压力作用时， （ ）

A. σ_ρ 为压应力，σ_φ 为压应力

B. σ_ρ 为压应力，σ_φ 为拉应力

C. σ_ρ 为拉应力，σ_φ 为压应力

D. σ_ρ 为拉应力，σ_φ 为拉应力

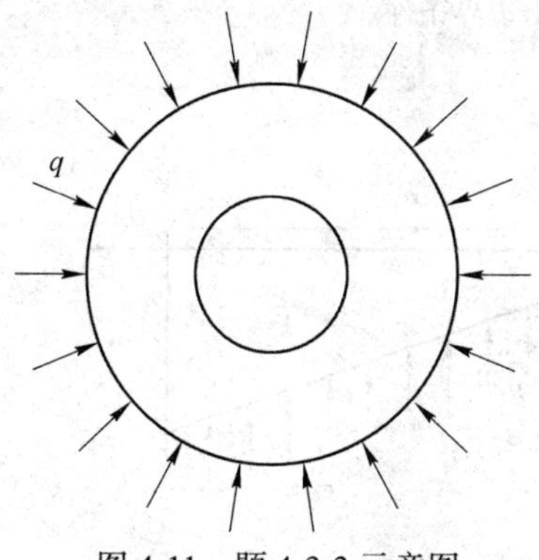

图 4-11　题 4-3-3 示意图

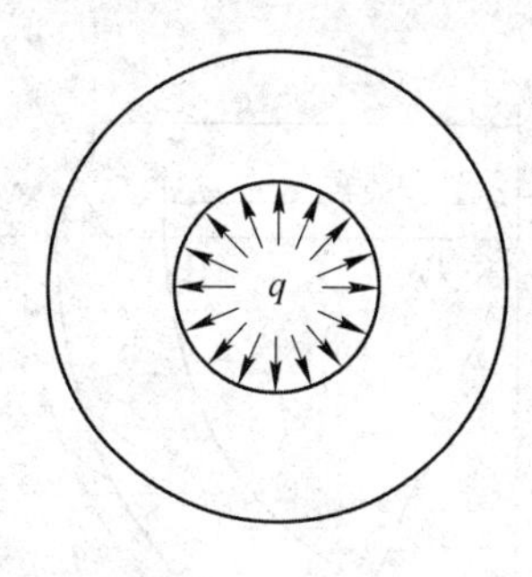

图 4-12　题 4-3-4 示意图

4-3-5　如图 4-13 所示，同一圆环受三种不同的均布压力，内壁处环向应力绝对值最小的是　（　　）

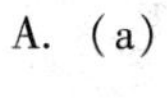

A.（a）　　B.（b）　　C.（c）　　D.（a）（b）（c）

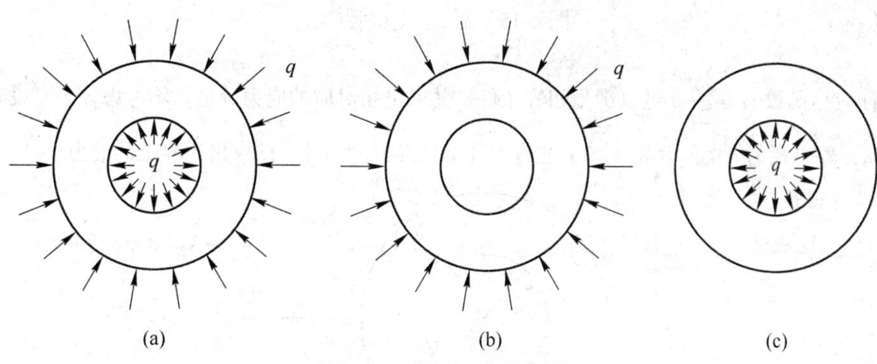

图 4-13　题 4-3-5 示意图

4-3-6　如图 4-14 所示，开孔薄板中的最大应力应该是　（　　）

A. a 点的 σ_x　　B. b 点的 σ_φ

C. c 点的 σ_φ　　D. d 点的 σ_x

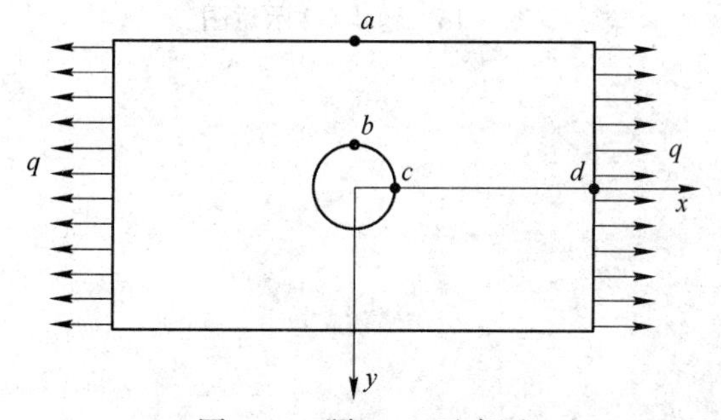

图 4-14　题 4-3-6 示意图

4-3-7　如图 4-14 所示，开孔薄板的厚度为 t，宽度为 h，孔的半径为 r，则 b 点的 σ_φ =　（　　）

A. q　　B. $qh/(h-2r)$　　C. $2q$　　D. $3q$

4-4　分析与计算题。

4-4-1　曲梁及悬臂梁的受力情况如图 4-15（a）所示，分别写出其应力边界条件（固定端不必写出）。

对于图 4-15（b），要求分别按直角坐标和极坐标系写出边界条件。

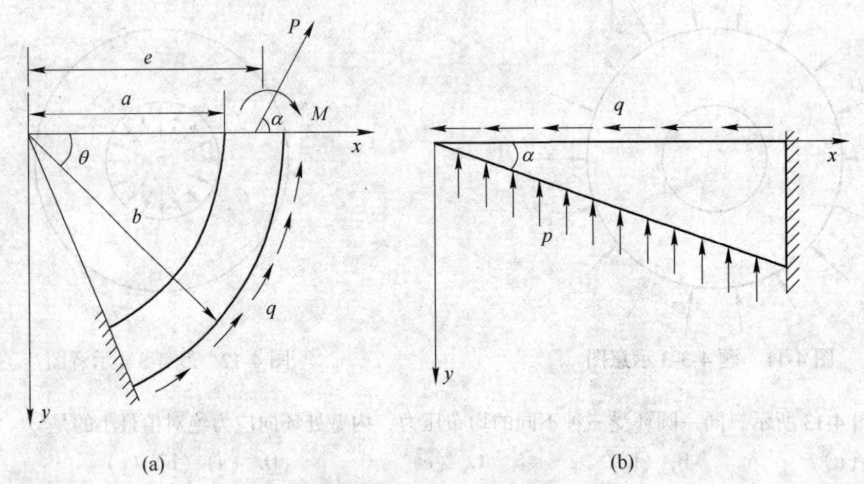

图 4-15　题 4-4-1 示意图

4-4-2　试证应力函数 $\phi = \dfrac{M}{2\pi}\theta$ 可以满足相容条件，并求出相对应的应力分量。不考虑体力，设有内半径为 a，外半径为 b 的圆环发生了上述应力（如图 4-16 所示），试求出边界上的面力。

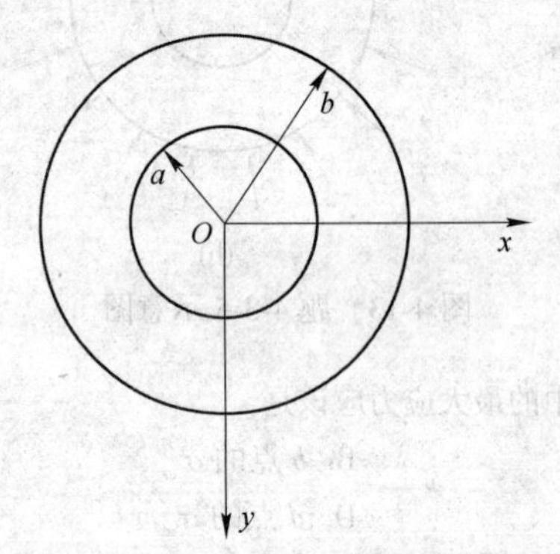

图 4-16　题 4-4-2 示意图

5 弹性理论计算巷道围岩及衬砌应力

5.1 概　述

地下硐室是指在地下岩土体中人工开挖或天然存在的作为各种用途的构筑物，按用途分为矿山井巷（竖井、斜井、巷道）、交通隧道、水工隧道、地下厂房（仓库）、地下军事工程等。修建地下硐室，必然要进行岩土体开挖。开挖将使工程周围岩土体失去原有的平衡状态，使其在一个有限的范围内产生应力重新分布，这种新出现的不平衡应力没有超过围岩的承载能力，岩体就会自动平衡；否则，将导致岩体产生变形、位移甚至破坏。在这种情况下，就要求构筑承力结构或支护结构，如支架、锚喷、衬砌等，进行人工稳定。在岩石力学中，将受开挖影响而发生应力状态改变的周围岩体，称作围岩。从原始地应力场变化至新的平衡应力场的过程，称为应力重分布（redistributional stress）。经应力重分布形成的新的平衡应力，称为次生应力（secondary stresses）或诱发应力（induced stress），也叫围岩应力、二次应力、地压、岩压、矿压或矿山压力。由于次生应力是岩体变形、破坏的主要根源，故次生应力是岩石力学研究的重要内容之一。因此，实现地下岩体工程稳定的条件是

$$\left.\begin{array}{l}\sigma_{\max} < S \\ u_{\max} < U\end{array}\right\} \tag{5-1}$$

式中，$\sigma_{\max}$ 和 $u_{\max}$ 分别为围岩内或支护内的最大或最危险的应力和位移；S 和 U 为围岩或支护体所允许的最大应力（极限强度）和最大位移（极限位移）。

有关这方面问题的研究，无论是否支护，都统称为稳定性（stability）问题。稳定性问题是岩体地下工程的一个重要研究内容，关系到工程施工的安全性及其运行期间是否满足工程截面大小和安全可靠性。有的地下工程不稳定，还将造成对周围环境的影响，如地面建筑物的损坏、边坡塌方以及工程地质条件的恶化等。

此处所讨论的稳定性问题，与压杆、薄壁、壳体等结构稳定性问题的概念有所不同，采用的理论分析方法也是不一样的。

岩体地下工程埋在地下的一定深度，如目前的交通隧道、矿山巷道，有的深到数百米甚至数千米。根据岩体地下工程埋入的深浅可以把它分为深埋和浅埋两种类型。浅埋地下工程的工程影响范围可达到地表，因而在力学处理上要考虑地表界面的影响。深埋地下工程可视为无限体问题，即在远离岩体地下工程的无穷远处的原岩体。

岩体地下工程施工是在地应力环境之中展开的，这一点和地面结构工程完全不同。正是这个区别，给岩体地下工程带来了许多不同的性质和特点。地下工程开挖前，地下岩层处于天然平衡状态，地下工程的开挖破坏了原有的应力平衡状态，引起围岩应力重分布，出现应力状态改变和高应力集中，产生向开挖空间的位移甚至破裂并在围岩与支护结构的

接触过程中，形成对支护结构的荷载作用。所以，确定岩石地下工程结构的荷载是一个复杂的问题，它不仅涉及地下岩石条件，而且涉及地应力的确定问题、开挖影响问题，甚至还受到支护结构本身的刚度等性质的影响，这和作用在地面结构上的外荷载是不同的。

岩体地下工程，无论最终是平衡或者破坏，也不管是否构筑人工稳定的承载或维护结构，岩石内部的应力重分布行为都会发生，这一应力重分布行为是地下岩石自组织稳定的过程，因此，充分发挥围岩的自稳能力是实现岩体地下工程稳定的最经济、最可靠的方法。实际上，地下岩体工程的稳定，同时包含了人工构筑结构物的稳定，以及围岩自身的稳定，两者往往是共存的。围岩稳定对于地下岩体工程的稳定是非常重要的，有时甚至是地下岩体工程稳定性好坏的决定性因素。

岩体地下工程稳定性研究及其在工程中的一系列成就，是 20 世纪中叶以来岩石力学的一个重要进展，如井巷（隧道）围岩的弹性和弹塑性（极限平衡）分析成果，用复变函数解围岩的弹性平面问题，用现代块体力学理论分析块状结构岩体的稳定性问题，软岩支护与新奥法理论技术，以及有关稳定问题的各种数值分析方法等。普氏压力拱理论或太沙基理论这些成熟的古典力学方法，仍然是解决碎裂和松散结构岩体稳定性的可靠方法。

当然，由于地质条件的复杂性，以及岩体地下工程的一系列特点，在地下岩体工程的理论与实践中，还有许多未知的或难以控制和掌握的因素，地下岩体工程稳定问题还远不能说已经解决，例如，在深部岩体工程建设中，发现岩体表现出了一些与浅部不一样的特性，深部硬岩岩体从脆性向延性转化，无论硬岩还是软岩巷道在高应力集中的深部都呈现了分区破裂化效应，等等，更需要人们为之付出更多的辛劳和努力。

围岩应力状态与原岩应力状态及巷道断面形状有密切关系，因此，从这两个方面进行讲解，此外，讨论中仍假设岩体为均质各向同性体。

解析方法是指采用数学力学的计算取得闭合解的方法。在采用数学力学方法解岩石力学问题时，必然要用到反映这些岩石力学基本性质的关系式，即本构方程，因此，在选择使用解析方法时，要特别注意这些物理关系式和岩体所处的物理状态相匹配，反映其真实的力学行为。例如，当地下工程围岩能够自稳时，围岩状态一般都处于全应力-应变曲线的峰前段，可以认为这时的岩体属于变形体范畴。采用变形体力学的方法研究岩体的应力不超过弹性范围，最适宜用弹性力学方法，否则，应用弹塑性力学或损伤力学方法。研究岩体的应力应变超过峰值应力，即围岩进入全应力-应变曲线的峰后段，岩体可能发生刚体滑移或者张裂状态，变形体力学的方法就往往不适宜，这时可以采用其他方法，例如块体力学，或者一些初等力学的方法。

解析方法可以解决的实际工程问题十分有限，但是，通过对解析方法及其结果的分析，可以获得一些规律性的认识，这是非常重要和有益的。

5.2 无内压巷道围岩应力分布弹性计算

正如前述，弹性与黏弹性力学分析，适用于弹性或黏弹性材料，也就是说，围岩必为均质、各向同性、无蠕变性或黏性行为。弹性、黏弹性解析法仅能解析圆形、椭圆形断面问题。

5.2.1 轴对称圆形巷道围岩的弹性应力

5.2.1.1 基本假设

符合深埋条件，并且埋深 Z 大于或等于 20 倍的巷道半径 a（或其宽、高），即有

$$Z \geqslant 20a \tag{a}$$

研究表明，当埋深 $Z \geqslant 20a$ 时，忽略巷道影响范围（3~5 倍 a）内的岩石自重见图 5-1（a），与原问题的误差不超过 10%，于是，水平原岩应力可以简化为均布力。

假设巷道断面为圆形，在无限长的巷道长度里围岩的性质一致，于是可以采用平面应变问题的方法。这样，原问题就构成荷载与结构都是轴对称的平面应变圆孔问题（见图 5-1b）。轴对称应满足的两个条件是：（1）断面形状对称，即对称轴为通过圆心且垂直于圆形断面的一条直线；（2）荷载对称，即图 5-1（b）中 $p = q$，也就是说原岩应力为各向等压（静水压力）状态，即 $\tau_{\rho\varphi} = 0$。

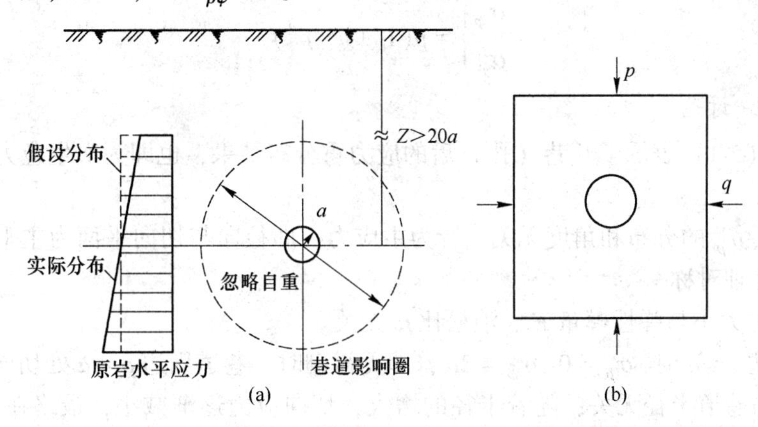

图 5-1 轴对称深埋圆巷受力图

（a）深埋巷道的力学特点；（b）轴对称圆形巷道受力

取巷道的任一截面，采用极坐标求解围岩应力 σ_ρ 和 σ_φ 。

5.2.1.2 基本方程

平衡方程：

$$\frac{d\sigma_\rho}{d\rho} + \frac{\sigma_\rho - \sigma_\varphi}{\rho} = 0 \tag{b}$$

几何方程：

$$\varepsilon_\rho = \frac{du}{d\rho}, \quad \varepsilon_\varphi = \frac{u}{\rho} \tag{c}$$

物理（本构）方程（平面应变）：

$$\left.\begin{aligned} \varepsilon_\rho &= \frac{1-\mu^2}{E}\left(\sigma_\rho - \frac{\mu}{1-\mu}\sigma_\varphi\right) \\ \varepsilon_\varphi &= \frac{1-\mu^2}{E}\left(\sigma_\varphi - \frac{\mu}{1-\mu}\sigma_\rho\right) \end{aligned}\right\} \tag{d}$$

5 个未知数 σ_ρ、σ_φ、ε_ρ、ε_φ、μ，5 个方程，故可解。

5.2.1.3 边界条件

$$\left.\begin{array}{l}\rho = a \text{ 时}, \ \sigma_\rho = 0(\text{不支护}) \\ \rho \to \infty, \ \sigma_\varphi \to p\end{array}\right\} \tag{e}$$

式中，p 为原岩应力。根据边界条件，可确定上述方程组解集的两个积分常数。

5.2.1.4 求解

由式（b）~式（d）联立可解得方程组的通解为：

$$\sigma_\varphi = A - \frac{B}{\rho^2}, \quad \sigma_\rho = A + \frac{B}{\rho^2} \tag{f}$$

根据边界条件式（e），确定上式积分常数，得

$$A = p, \quad B = -pa^2$$

将 A、B 代入式（f），得切向应力 σ_φ 与径向应力 σ_ρ 的解析表达式为

$$\left.\begin{array}{l}\sigma_\varphi \\ \sigma_\rho\end{array}\right\} = p(1 \pm a^2/\rho^2) \tag{5-2}$$

5.2.1.5 讨论

（1）式（5-1）表示了开巷（孔）后的应力重分布结果，也即为次生应力场的应力分布式。

（2）σ_φ、σ_ρ 的分布和角度无关，皆为主应力，即径向与切向平面为主平面，说明次生应力场仍为轴对称。

（3）应力大小与弹性模量 E、泊松比 μ 无关。

（4）周边 $r = a$ 时，$\sigma_\rho = 0$，$\sigma_\varphi = 2p$，即无衬砌时，巷道周边 $\rho = a$ 处切向应力为最大主应力，且与巷道半径无关；随着半径的增大，切向应力逐渐减小，最终在 $r \to \infty$，$\sigma_\varphi \to p$；巷道周边 $\rho = a$ 处径向应力为 $\sigma_\rho = 0$；随着半径增大，径向应力逐渐增大，最终在 $\rho \to \infty$，$\sigma_\varphi \to p$，见图 5-2。

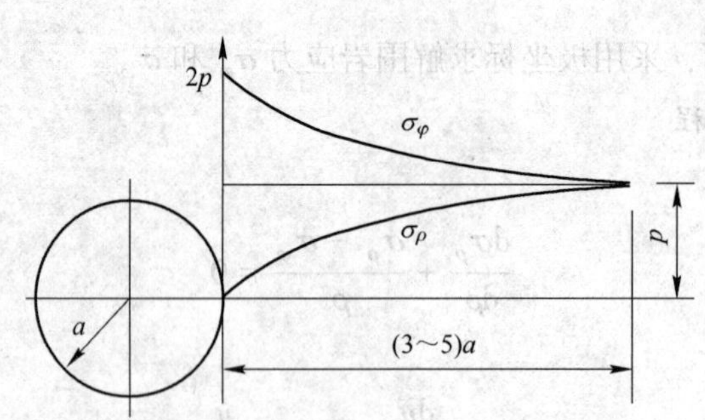

图 5-2 轴对称条件下圆形巷道围岩应力分布示意图

（5）巷道周边处 $\sigma_\varphi - \sigma_\rho = 2p$，即在巷道周边处主应力差最大，因而该处剪应力最大，故巷道总是从周边开始破坏。后续内容将证明，如果岩体受拉破坏，也是从周边开始破坏的，因为拉应力也是周边最大。

（6）定义应力集中系数 K：

$$K = \frac{\text{开巷后应力}}{\text{开巷前应力}} = \frac{\text{次生应力}}{\text{原岩应力}} \tag{5-3}$$

巷道周边的应力集中系数 $K = 2p/p = 2$，为次生应力场的最大应力集中系数。

（7）从工程观点考虑，应力变化不超过5%便可以忽略其影响。按式（5-1）计算，当 $r \approx 5a$ 时，$\sigma_{\varphi} \approx 1.04p$，与原岩应力相差小于5%，故有限元计算常取5$a$ 的范围作为计算域。同理，应力解除试验，以3a 作为影响边界（与原岩应力相差约11%）就是其粗略的定量依据。

实际工程中，符合上述应力状态的仅有均质岩石条件下圆形截面的竖井井筒和侧压系数 $\lambda = 1$ 时的圆形截面水平巷道。一般岩体中在巷道周边都有个应力降低区，然后升高至上述最大集中应力状态。

5.2.2 一般圆形巷道围岩的弹性应力

假设深埋圆形巷道的水平荷载对称于竖轴，竖向荷载对称于横轴；竖向为 p，横向为 q，并设 $p \neq q$，即 $\lambda \neq 1$。由于结构本身对称，荷载不对称，如图5-3所示，则视为二向不等压有孔平板平面应变问题。圆形断面巷道半径为 a，在任一点 ρ 处取单元体 $A(\rho,\varphi)$，θ 为 OA 与水平轴的夹角，忽略 p、q 影响范围内围岩自重，按弹性理论第四章中平面问题基尔西解，其应力为

$$\left.\begin{aligned}
\sigma_{\rho} &= \frac{q_1+q_2}{2}\left(1-\frac{a^2}{\rho^2}\right)+\frac{q_1-q_2}{2}\left(1-\frac{a^2}{\rho^2}\right)\left(1-3\frac{a^2}{\rho^2}\right)\cos2\varphi \\
\sigma_{\varphi} &= \frac{q_1+q_2}{2}\left(1+\frac{a^2}{\rho^2}\right)-\frac{q_1-q_2}{2}\left(1+3\frac{a^4}{\rho^4}\right)\cos2\varphi \\
\tau_{\rho\varphi} &= \tau_{\varphi\rho} = -\frac{q_1-q_2}{2}\left(1-\frac{a^2}{\rho^2}\right)\left(1+3\frac{a^2}{\rho^2}\right)\sin2\varphi
\end{aligned}\right\} \tag{4-16}$$

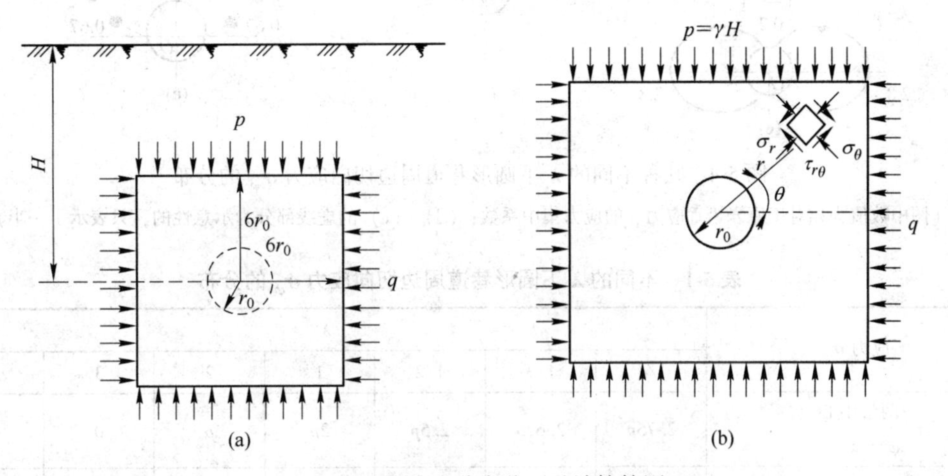

图5-3 围岩应力分布范围及计算简图

（a）深埋硐室围岩应力的影响范围；（b）围岩应力计算简图

讨论如下：

（1）$\lambda = 1$ 时，即为图5-1（b）中 $p = q$ 的情况，式（4-16）变为

$$\sigma_{\varphi} = p(1 + a^2/r^2), \quad \sigma_{\rho} = p(1 - a^2/r^2), \quad \tau_{\rho\varphi} = 0$$

即为式（5-1），是岩体处在静水压力状态的情况。因此，轴对称情况为一般圆形巷道围岩

应力分布的特例。

(2) $r = a$ 时，$\sigma_\rho = \tau_{\rho\varphi} = 0$，代入 $q = \lambda p$ 有

$$\sigma_\varphi = (1 + \lambda)p + 2(1 - \lambda)p\cos2\varphi \tag{5-4}$$

显然，$\lambda < 1$ 时，在巷道横轴位置（$\varphi=0°$）有最大压应力，而在竖轴位置（$\varphi=90°$）有最小压应力。

使竖轴（$\varphi=90°$）恰好不出现拉应力的条件为：$\sigma_\varphi = 0$。由式（5-4）有

$$\sigma_\varphi = (1 + \lambda)p - 2(1 - \lambda)p = 0$$

从而得 $\lambda = 1/3$。当 $\lambda > 1/3$ 时：$\varphi = 0°$，$\sigma_\varphi = 8p/3$；$\varphi = 45°$，$\sigma_\varphi = 4p/3$；$\varphi = 90°$，$\sigma_\varphi = 0$。

由上述可见，$\lambda > 1/3$ 时竖轴周边不出现拉应力，其中接近 $\lambda = 1$ 时为均匀受压的最有利于稳定的情况；$\lambda = 1/3$ 时竖轴周边恰好不出现拉应力；$\lambda < 1/3$ 时竖轴周边将出现拉应力，其中 $\lambda = 0$ 时拉应力最大，即垂直单向压缩为最不利情况。σ_φ 的分布见图 5-4（a）~（c）和表 5-1。

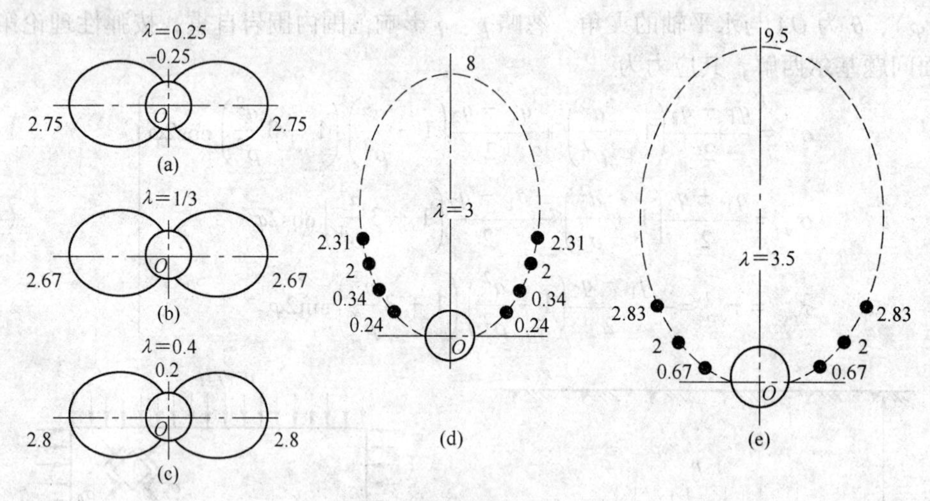

图 5-4　几种不同的 λ 下圆形巷道周边切向应力 σ_φ 的分布

（图中数值为相对于原岩铅垂应力 p 的应力集中系数；(d)，(e) 的虚线部分为示意性的，只表示了一半）

表 5-1　不同的 λ 下圆形巷道周边切向应力 σ_φ 的分布

应力 σ_φ	λ						
	1/4	1/3	1/2	1	2	3	4
两帮中心 $\varphi = 0, \pi$	2.75p	2.67p	2.5p	2p	p	0	−p
顶底板中心 $\varphi = \pi/2, 3\pi/2$	−0.25p	0p	0.5p	2p	5p	8p	11p

(3) $r = a$ 时，$\sigma_\rho = \tau_{\rho\varphi} = 0$，由式（5-4）可知，显然 $\lambda > 1$ 时，在巷道横轴位置（$\varphi=0°$）有最小压应力，而在竖轴位置（$\varphi=90°$）有最大压应力。

同样分析，使横轴（$\varphi=0°$）恰好不出现拉应力的条件为：由式（5-4）有

$$\sigma_\varphi = (1 + \lambda)p + 2(1 - \lambda)p = 0$$

从而得 $\lambda = 3$。当 $\lambda = 3$ 时：$\varphi = 0°$，$\sigma_{\varphi} = 0$；$\varphi = 45°$，$\sigma_{\varphi} = 4p$；$\varphi = 90°$，$\sigma_{\varphi} = 8p$。

由上述可见，$\lambda > 3$ 时横轴周边出现拉应力，其中 λ 越大则横轴周边所受的拉应力越大；$\lambda \leqslant 3$ 时横轴周边不出现拉应力。σ_{φ} 的分布见图 5-4（d）、（e）和表 5-1。

综合（2）与（3）得到，巷道周边不出现拉应力的条件为：$1/3 \leqslant \lambda \leqslant 3$。

（4）主应力情况。由式（4-16），$\tau_{\rho\varphi} = 0$ 时，即 $\sin 2\varphi = 0$，得主应力平面为 $\varphi = 0°$、90°、180°、270°，即水平和铅垂面为主应力平面，主应力平面上只有正应力，没有剪应力，其余截面都有剪应力。

（5）当 $r \to \infty$ 时，式（4-16）则变为

$$\left.\begin{aligned}\sigma_{\rho} &= \frac{p+q}{2} + \frac{q-p}{2}\cos 2\varphi \\ \sigma_{\varphi} &= \frac{p+q}{2} - \frac{q-p}{2}\cos 2\varphi \\ \tau_{\rho\varphi} &= \frac{q-p}{2}\sin 2\varphi\end{aligned}\right\} \tag{5-5}$$

式（5-5）即为极坐标中的原岩应力。

5.2.3　椭圆形巷道围岩的弹性应力

椭圆巷道使用不多，因为其施工不便，且断面利用率较低，但通过对椭圆巷道周边弹性应力的分析，对于如何维护好巷道很有启发。

在单向应力 p_0 作用下（见图 5-5），椭圆形巷道周边任一点的径向应力为 σ_{ρ}、切向应力为 σ_{φ}、剪应力为 $\tau_{\rho\varphi}$，在主平面用极坐标表示，根据弹性力学计算公式可得

$$\left.\begin{aligned}\sigma_{\rho} &= \tau_{\rho\varphi} = 0 \\ \sigma_{\varphi} &= p_0 \frac{(1+m)^2 \sin^2(\varphi+\beta) - \sin^2\beta - m^2\cos^2\beta}{\sin^2\varphi + m^2\cos^2\varphi}\end{aligned}\right\} \tag{5-6}$$

式中，m 为 y 轴上的半轴 b 与 x 轴上的半轴 a 的比值，即 $m = b/a$；φ 为洞壁上任意一点 M 与椭圆形中心的连线与 x 轴的夹角；β 为荷载作用线与 x 轴的夹角；p_0 为外荷载。

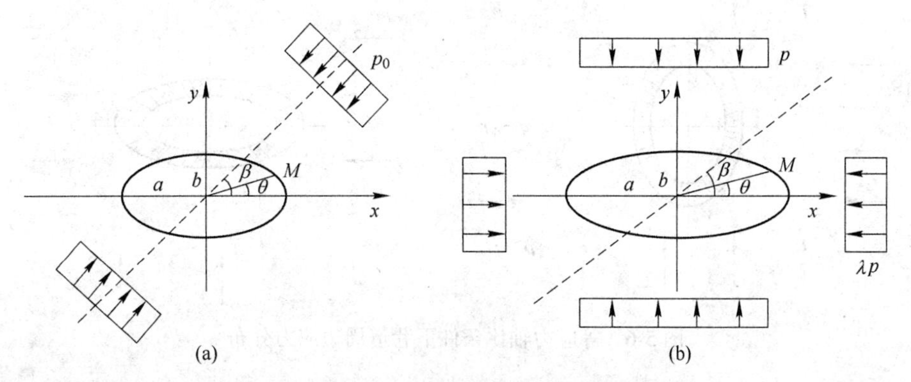

图 5-5　深埋椭圆形巷道的受力状态

（a）椭圆形巷道单向受力状态；（b）椭圆形巷道双向受力状态

若$\beta=0°$, $p_0=\lambda p$，则

$$\sigma_\varphi=\lambda p\frac{(1+m)^2\sin^2\varphi-m^2}{\sin^2\varphi+m^2\cos^2\varphi} \tag{f}$$

若$\beta=90°$, $p_0=p$，则

$$\sigma_\varphi=p\frac{(1+m)^2\cos^2\varphi-1}{\sin^2\varphi+m^2\cos^2\varphi} \tag{g}$$

将式（f）与式（g）相加，求得在原岩应力p、λp作用下，椭圆形巷道周边任一点的切向应力为

$$\sigma_\varphi=p\frac{(1+m)^2\cos^2\varphi-1+\lambda[(1+m)^2\sin^2\varphi-m^2]}{\sin^2\varphi+m^2\cos^2\varphi} \tag{5-7}$$

式（5-7）也可表示为

$$\sigma_\varphi=\frac{p[m(m+2)\cos^2\varphi-\sin^2\varphi]+\lambda p[(2m+1)\sin^2\varphi-m^2\cos^2\varphi]}{\sin^2\varphi+m^2\cos^2\varphi}$$

（1）等应力轴比状态。巷道周边两帮轴心处（$\varphi=0$, π）切向应力为

$$\sigma_{\varphi1}=p\left[\left(1+\frac{2}{m}\right)-\lambda\right]=p\left(1+\frac{2a}{b}-\lambda\right)$$

$$\sigma_{\varphi2}=p[(1+2m)\lambda-1]=p\left[\left(1+2\frac{b}{a}\right)\lambda-1\right]$$

若$\sigma_{\varphi1}=\sigma_{\varphi2}$，则可得

$$\lambda=\frac{a}{b}=\frac{1}{m}=\frac{q}{p} \tag{5-8}$$

即长轴/短轴=长轴方向原岩应力/短轴方向原岩应力。

满足式（5-8）的轴比称为等应力轴比，即是指椭圆形巷道的轴比等于其所在原岩应力场侧压系数的倒数。在等应力轴比的条件下，椭圆形巷道顶底板中点和两帮中点的切向应力相等，周边切向应力无极值，或者说周边应力是均匀相等的，见图5-6。

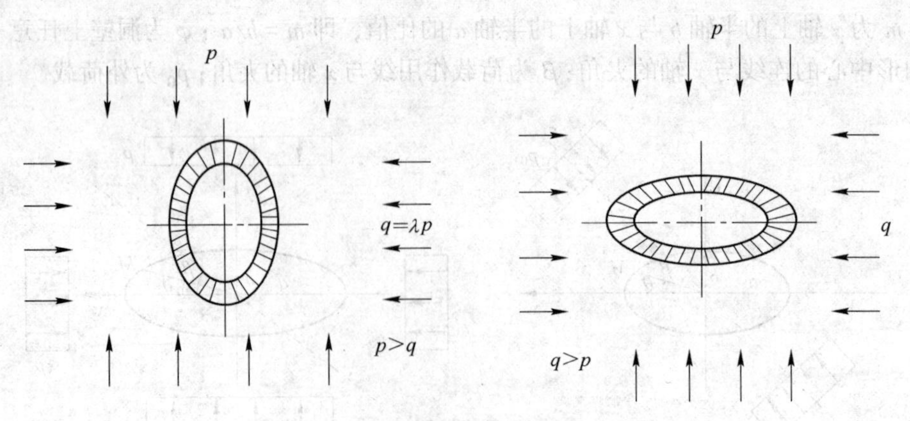

图5-6 等应力轴比条件下巷道周边应力分布

等应力轴比与原岩应力的绝对值无关，只和λ值有关。由λ值，可决定最佳轴比，例如，$\lambda=1$时，$m=1$, $a=b$，最佳断面为圆形（圆是椭圆的特例）；$\lambda=1/2$时，$m=2$, $b=2a$，最

佳断面为 $b = 2a$ 的竖椭圆；$\lambda = 2$ 时，$m = 1/2$，$a = 2b$，最佳断面为 $a = 2b$ 的横（卧）椭圆。

将式（5-8）$\lambda = a/b = 1/m$ 变换为 $m = 1/\lambda$，代入式（5-7），可以证明“等应力轴比周边应力是均匀相等的”，即

$$\sigma_\varphi = p\frac{\left[\frac{1}{\lambda}\left(\frac{1}{\lambda}+2\right)\cos^2\varphi - \sin^2\varphi\right] + \lambda\left[\left(\frac{2}{\lambda}+1\right)\sin^2\varphi - \left(\frac{1}{\lambda}\right)^2\cos^2\varphi\right]}{\sin^2\varphi + \left(\frac{1}{\lambda}\right)^2\cos^2\varphi}$$

$$= p\frac{\lambda^3\sin^2\varphi + \lambda^2\sin^2\varphi + \lambda\cos^2\varphi + \cos^2\varphi}{\lambda^2\sin^2\varphi + \cos^2\varphi}$$

$$= p(1+\lambda)$$

所以，在等应力轴比条件下，σ_φ 与 φ 无关，只与 p 和 λ 有关，周边切向应力为均匀分布状态。显然，等应力轴比对地下工程的稳定是最有利的，故又称之为最优（佳）轴比。

在原岩应力场（p，λp）一定的条件下，σ_φ 随轴比 m 而变化。为了获得合理的应力分布，可通过调整轴比 m 来实现，见表 5-2。当 $m \leqslant 1$，顶底板中点的应力 σ_φ 出现拉应力；$m = 4$ 时，λ 正好等于 $1/m$，巷道两帮中点和顶底板中点应力 σ_φ 都为 $1.25p$，出现等应力轴比状态。

表 5-2　$\lambda = 1/4$ 时椭圆形巷道轴比 m 与 σ_θ 的关系

坑道形状		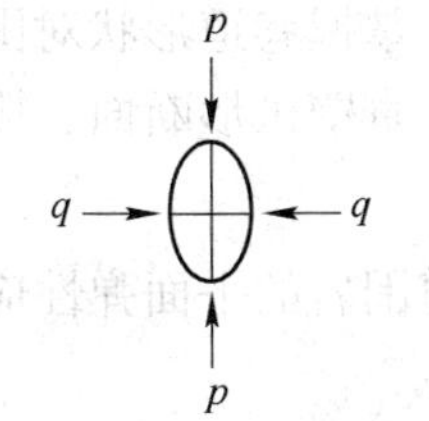				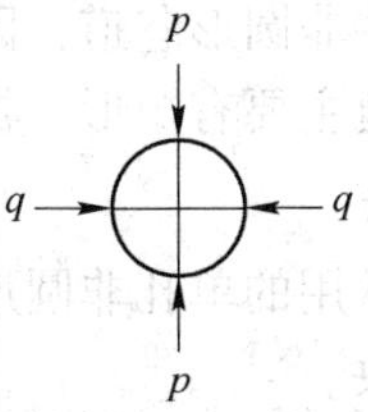	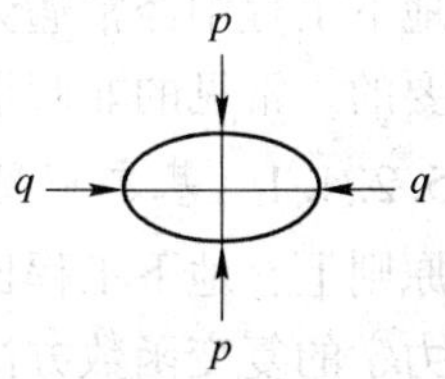			
轴比	水平轴：垂直轴	1 : 5	1 : 4	1 : 3	1 : 2	1	2 : 1	3 : 1	4 : 1	5 : 1
	m	5	4	3	2	1	$\frac{1}{2}$	$\frac{1}{3}$	$\frac{1}{4}$	$\frac{1}{5}$
σ	两帮中点	$1.15p$	$1.25p$	$1.42p$	$1.75p$	$2.75p$	$4.7p$	$6.75p$	$8.75p$	$10.75p$
	顶底板中点	$1.75p$	$1.25p$	$0.75p$	$0.25p$	$-0.25p$	$-0.5p$	$-0.5p$	$-0.63p$	$-0.65p$

（2）零应力（无拉力）轴比。当不能满足等应力轴比时，可以退而求其次。岩体抗拉强度最弱，若能找出满足不出现拉应力的轴比，即零应力（无拉力）轴比，也是很不错的。

周边各点对应的零应力轴比各不相同，通常首先满足顶点和两帮中点这两要害处实现零应力轴比。

1）对于两帮中点有 $\varphi = 0°$、π，$\sin\varphi = 0$，$\cos\theta = \pm 1$，将其代入式（5-7），得

$$\sigma_\varphi = 2p/m + (1-\lambda)p$$

当 $\lambda \leqslant 1$ 时，$\sigma_\varphi \geqslant 0$ 恒成立，故不会出现拉应力。当 $\lambda > 1$ 时，无拉应力条件为 $\sigma_\varphi \geqslant 0$，即 $2p/m + (1-\lambda)p \geqslant 0$，则

$$m \leqslant 2/(\lambda - 1)$$

上式取等号时，称为 $\lambda > 1$ 时的零应力轴比，即 $m = 2/(\lambda - 1)$。

2）对于顶底板中点，由 $\varphi = \pi/2$、$3\pi/2$，$\sin\varphi = \pm 1$，$\cos\varphi = 0$，代入式（5-7）得

$$\sigma_{\varphi} = p\lambda(1 + 2m) - p$$

当 $\lambda \leqslant 0$ 时，即铅垂单向受压状态或铅垂受压同时水平受拉状态，顶底板中点应力 $\sigma_{\varphi} = -p$ 或 $\sigma_{\varphi} = p\lambda(1 + 2m) - p$，处于受拉状态；当 $\lambda \geqslant 1$ 时，$\sigma_{\varphi} = p\lambda(1 + 2m) - p = p(\lambda - 1) + 2mp\lambda > 0$ 恒成立，故不会出现拉应力；当 $1 > \lambda > 0$ 时，无拉应力条件为 $\sigma_{\varphi} \geqslant 0$，即有 $p\lambda(1 + 2m) - p \geqslant 0$，则

$$m \geqslant (1 - \lambda)/(2\lambda)$$

因此，零应力（无拉力）轴比为：

$$\left.\begin{aligned} &当 0 < \lambda < 1 时 \qquad m = (1 - \lambda)/(2\lambda) \\ &当 \lambda > 1 时 \qquad m = 2/(\lambda - 1) \end{aligned}\right\} \tag{5-9}$$

总之，要结合工程条件选择巷道断面形状，避免出现拉应力。无论布置采场还是巷道，都应该遵循“椭圆的长轴与最大主应力方向一致”，且满足等应力轴比条件式(5-8)。如果椭圆的长轴不能与最大主应力方向完全一致，可以退而求其次，按式（5-9）确定无拉力轴比。1960 年于学馥教授在他的专著《轴变论》中首次提到椭圆轴比与应力分布的关系，并应用于地下工程的施工方案设计中。国外在 1978 年才提出这一问题。

5.2.4 矩形和其他形状巷道周边弹性应力

地下工程中经常遇到一些非圆形巷道，因此，掌握巷道形状对围岩应力状态影响是非常重要的。常见的非圆形巷道主要有矩形、梯形、直壁拱形断面、椭圆等。

5.2.4.1 基本解题方法

原则上，地下工程比较常用的单孔非圆形巷道围岩的平面弹性应力分布问题，都可用弹性力学的复变函数方法解决。

5.2.4.2 矩形断面巷道的应力分布规律

矩形断面巷道围岩应力的计算比较复杂，此处从略。由实验和理论分析可知，矩形巷道围岩应力的大小与矩形形状（高宽比）和原岩应力（λ）有关。现以断面高宽比为 1/3、$\lambda < 1$ 的巷道为例，说明矩形断面巷道应力分布的一般规律，见图 5-7（a）。

作为平面问题，围岩中任意一点都有两个主应力 σ_1 及 σ_3，$\sigma_1 = k_1 p = k_1 \gamma H$，$\sigma_3 = k_3 q = k_3 \lambda \gamma H$，其中 k_1、k_3 为应力集中系数（k = 次生应力/原岩应力）。在影响半径以外，$k = 1$。若忽略岩体自身重力，则应力分布图形对称于 x 轴及 y 轴。为了视图方便，只绘出 σ_1 及 σ_3 的半边图形，表示 x 轴及 y 轴上各点的应力及拐角点应力。从图 5-7 中可以看出，矩形断面巷道围岩应力分布具有如下特征：

（1）顶底板中点水平应力在巷道周边出现拉应力，越往围岩内部，应力逐渐由拉应力转化为压应力，并趋于原岩应力 q。

（2）顶底板中点垂直应力在巷道周边为 0，越往围岩内部，应力越大，并趋于原岩应力 p。

（3）两帮中点水平应力在巷道周边为 0，越往围岩内部，应力越大，并趋于原岩应力 q。

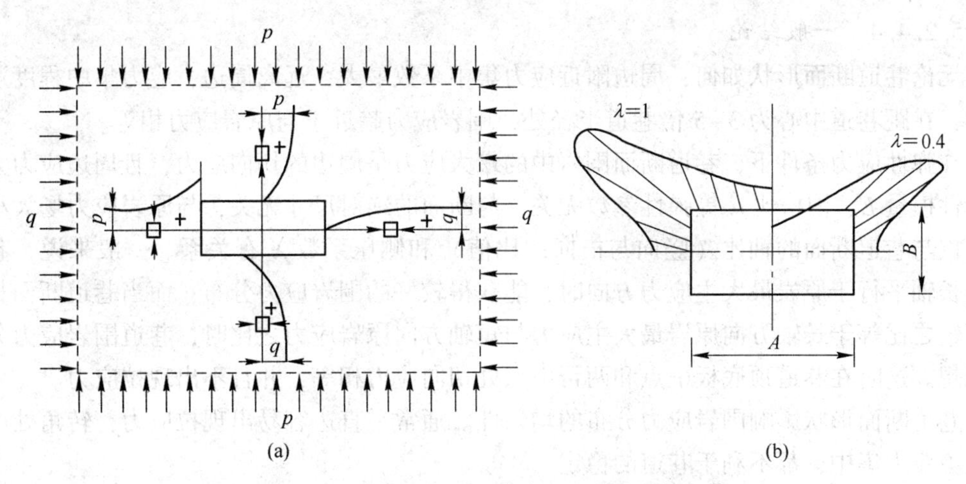

(a) (b)

图 5-7 矩形断面巷道围岩应力分布的一般规律

(a) 四周应力分布；(b) 拐角点应力分布

(垂直原岩应力 $p = \gamma H$，水平原岩应力 $q = \lambda p$，容重 γ，埋深 H，侧压系数 $\lambda = \mu/(1-\mu)$，$A:B=1.8:1$)

(4) 两帮中点垂直应力在巷道周边最大，越往围岩深部应力逐渐减小，并趋于原岩应力 p。

(5) 巷道四角处应力集中最大，其大小与曲率半径有关。曲率半径越小，应力集中越大，在角隅处可达 6~8。

下述为在不同位置和不同轴比 m 下求矩形巷道周边顶、底板和两帮中点处的 σ_φ。计算结果（见表 5-3）表明：在矩形巷道的两帮中点，λ 很小时出现拉应力，且轴比越大拉应力越大；随 λ 增大，拉应力减小，压应力增大；等应力轴此时最好，巷道周边顶、底板及两帮中心处于等压状态。

表 5-3 矩形断面巷道周边切向应力 σ_φ 与 λ 和轴比的关系

λ	0		0.25		0.5		0.75		1	
轴比 \ 位置	顶底板中点	两帮中点	顶底板中点	两帮中点	顶底板中点	两帮中点	顶底板中点	两帮中点	顶底板中点	两帮中点
1:5	1.10p	−0.71p	0.96p	−0.16p	0.72p	0.44p	0.48p	1.04p	0.25p	1.65p
2:3	1.34p	−0.71p	1.09p	−0.23p	0.85p	0.31p	0.6p	0.84p	0.36p	1.38p
1	1.47p	−0.8p	1.27p	−0.44p	1.07p	−0.06p	0.87p	0.3p	0.67p	0.67p
3:2	2.15p	−0.98p	1.96p	−0.62p	1.76p	−0.31p	1.57p	0.07p	1.32p	0.36p
5:1	2.42p	−0.94p	2.32p	−0.64p	2.03p	−0.36p	1.84p	−0.16p	1.65p	0.25p

矩形断面巷道受力状态差，顶板受拉应力作用容易破坏，但施工方便，断面利用率高。为了改善受力状态，常用梯形断面巷道，这样可以减小顶板跨度，增大顶角的曲率半径。

5.2.4.3 拱形断面巷道的应力分布规律

由实验和分析可知，拱形巷道应力分布形式主要取决于 λ 值，其次是跨高比。λ 值较小时，顶底板出现拉应力。跨高比减小，碉顶及碉底拉应力减小，压应力增大。

5.2.4.4　一般结论

无论巷道断面形状如何，周边附近应力集中系数最大，远离周边，应力集中程度逐渐减小，在距巷道中心为3~5倍巷道半径处，围岩应力趋近于与原岩应力相等。

在弹性应力条件下，巷道断面围岩中的最大应力是周边的切向应力，且周边应力大小和弹性模量E、泊松比μ等弹性参数无关，与断面的绝对尺寸无关，与原岩应力场大小无关，仅与巷道断面的轴比（竖向与横向的比值）和侧压系数λ有关系。一般来说，巷道断面长轴平行于原岩最大主应力方向时，能获得较好的围岩应力分布；而当巷道断面长轴与短轴之比等于长轴方向原岩最大主应力与短轴方向原岩应力之比时，巷道围岩应力分布最理想。这时在巷道顶底板中点和两帮中点处切向应力相等，并且不出现拉应力。

巷道断面形状影响围岩应力分布的均匀性。通常平直边容易出现拉应力，转角处产生较大剪应力集中，都不利于巷道的稳定。

巷道影响区随巷道半径的增大而增大，相应地应力集中区也随巷道半径的增大而增大。如果应力很高，在周边附近应力超过岩体承载能力时产生的破裂区半径也将较大。

上述特征都是在假定巷道周边围岩完整的情况下才具备的。在采用爆破方法开挖的巷道中，由于爆破的松动和破坏作用，巷道周边往往不是应力集中区，而是应力降低区，此区域又叫爆破松动区。该区域的范围一般在0.5m左右。

5.2.4.5　巷道稳定性判断

上面总结了岩体处于弹性状态时，各种断面巷道的应力分布状态。当围岩某点应力超过屈服极限时，则该点岩体就进入塑性状态。从围岩应力分布规律可知，在巷道周边上某些点的应力为极值，也就是说，只要对这些点的应力作弹性分析，就可以确定围岩是否处于弹性状态，从而避免大量计算工作。对圆形和椭圆形断面，巷道周边上的应力极值点为：$\varphi = n\pi/2$，$n=0, 1, 2, 3, \cdots, n$。矩形断面的极值点则为顶板及两帮中点和巷道的四个角。

5.3　有内压巷道围岩与衬砌的应力弹性计算

设一弹性厚壁筒，内径为ρ_i，外径为R，内压为p_i，外压为p_a，由弹性理论拉梅解式(4-12)，在距中心为ρ处的任一点的径向应力和切向应力为

$$\left.\begin{aligned}\sigma_\rho &= \frac{\rho_i^2(R^2-\rho^2)}{\rho^2(R^2-\rho_i^2)}p_i + \frac{R^2(R^2-\rho^2)}{\rho^2(R^2-\rho_i^2)}p_a \\ \sigma_\varphi &= -\frac{\rho_i^2(R^2+\rho^2)}{\rho^2(R^2-\rho_i^2)}p_i + \frac{R^2(\rho_i^2+\rho^2)}{\rho^2(R^2-\rho_i^2)}p_a \\ \tau_{\rho\varphi} &= 0\end{aligned}\right\} \tag{5-10}$$

5.3.1　内压引起的巷道围岩附加应力

将隧道围岩看成厚壁筒，见图5-8，由拉梅解可得由隧道充水后产生的内压在围岩内距中心为ρ处的任一点所引起的附加应力为

$$\left.\begin{aligned}\sigma_{\rho} &= \frac{\rho_{\mathrm{i}}^{2}(R^{2}-\rho^{2})}{\rho^{2}(R^{2}-\rho_{\mathrm{i}}^{2})}p_{\mathrm{i}} + \frac{R^{2}(R^{2}-\rho^{2})}{\rho^{2}(R^{2}-\rho_{\mathrm{i}}^{2})}p_{a} \\ \sigma_{\varphi} &= -\frac{\rho_{\mathrm{i}}^{2}(R^{2}+\rho^{2})}{\rho^{2}(R^{2}-\rho_{\mathrm{i}}^{2})}p_{\mathrm{i}} + \frac{R^{2}(\rho_{\mathrm{i}}^{2}+\rho^{2})}{\rho^{2}(R^{2}-\rho_{\mathrm{i}}^{2})}p_{a}\end{aligned}\right\} \tag{a}$$

因为内径为$\rho_{\mathrm{i}}=a$，外径为$R=\infty$，外压为$p_a=0$，见图5-9，化简式（5-11），得到内压p_{i}在围岩内距中心为ρ处的任一点所引起的附加应力为

$$\left.\begin{aligned}\sigma_{\rho} &= \frac{a^{2}}{\rho^{2}}p_{\mathrm{i}} \\ \sigma_{\varphi} &= -\frac{a^{2}}{\rho^{2}}p_{\mathrm{i}} \\ \sigma_{\rho\varphi} &= 0\end{aligned}\right\} \tag{5-11}$$

所以，在硐周边处，所引起的附加应力为$\sigma_{\rho}=p_{\mathrm{i}}$，$\sigma_{\varphi}=p_{\mathrm{i}}$，$\sigma_{\rho\varphi}=0$。

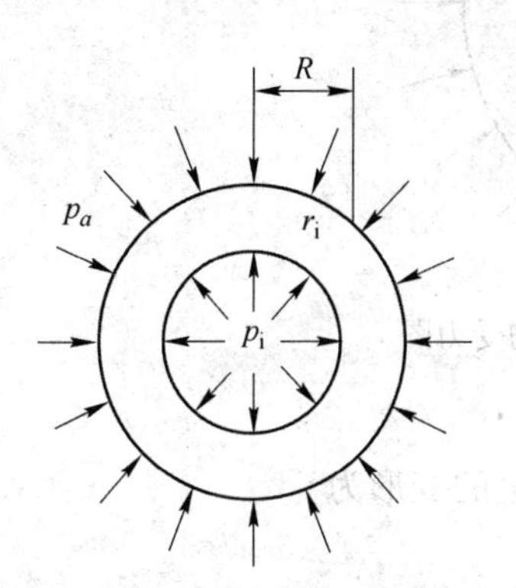

图5-8　厚壁圆筒受力图

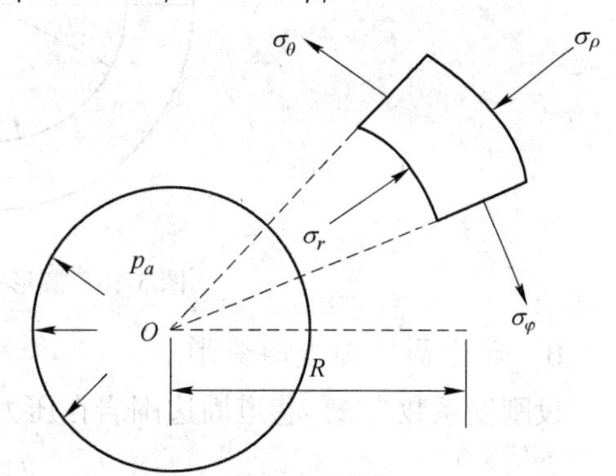

图5-9　围岩内附加应力计算

原岩应力为$p(\lambda=1)$时，有内压的水工隧道中围岩的应力为

$$\left.\begin{aligned}\sigma_{\rho} &= \frac{a^{2}}{\rho^{2}}p_{\mathrm{i}} + p\left(1-\frac{a^{2}}{\rho^{2}}\right) \\ \sigma_{\varphi} &= -\frac{a^{2}}{\rho^{2}}p_{\mathrm{i}} + p\left(1+\frac{a^{2}}{\rho^{2}}\right) \\ \sigma_{\rho\varphi} &= 0\end{aligned}\right\} \tag{5-12}$$

5.3.2　内压引起无裂隙围岩与衬砌的附加应力计算

5.3.2.1　刚度系数法求衬砌的应力

A　衬砌外周边的径向位移

设混凝土衬砌的内径为ρ_{i}，外径为a，围岩对衬砌的压力为p_a，内压为p_{i}，见图5-10，混凝土的弹性模量和泊松比分别为E_{c}和μ_{c}，混凝土衬砌内距巷道中心为ρ处的径向位移为u，由弹性理论有

$$\frac{u}{\rho} = \frac{1+\mu_{\mathrm{c}}}{E_{\mathrm{c}}}[(1-\mu_{\mathrm{c}})\sigma_{\varphi} - \mu_{\mathrm{c}}\sigma_{\rho}]$$

将式（5-10）代入，得到衬砌内距巷道中心 ρ 处的任一点位移为

$$u=\frac{(1+\mu_c)a}{E_c}\left[\frac{(1-2\mu_c)a^2+\rho^2}{\rho^2(a^2-\rho_i^2)}p_i\rho_i^2-\frac{(1-2\mu_c)\rho^2+\rho_i^2}{\rho^2(a^2-\rho_i^2)}p_a a^2\right]$$

当 $r=a$ 时，即得到衬砌外周边的位移为

$$u_a=\frac{(1+\mu_c)a}{E_c}\left[\frac{2(1-\mu_c)p_i}{t^2-1}-\frac{(1-2\mu_c)t^2+1}{t^2-1}p_a\right] \tag{b}$$

式中，$t=a/\rho_i$。

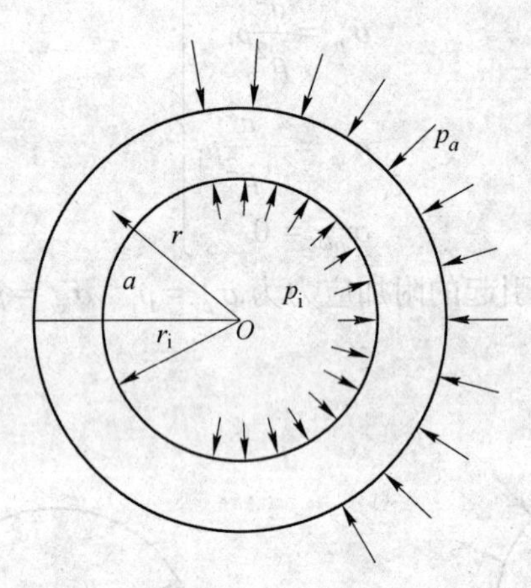

图 5-10　圆形有压巷道衬砌受力图

B　巷道周边围岩的变形

设刚度系数为 k，巷道周边围岩在压力作用下发生的变形为

$$u_a=p_a/k \tag{c}$$

C　变形协调

巷道周边围岩变形与衬砌变形相等，即式（b）与式（c）相等，则有

$$p_a/k=\frac{(1+\mu_c)a}{E_c}\left[\frac{2(1-\mu_c)p_i}{t^2-1}-\frac{(1-2\mu_c)t^2+1}{t^2-1}p_a\right]$$

进一步求得

$$\frac{p_a}{p_i}=\frac{2a(1-\mu_c^2)k}{E_c(t^2-1)+ka(1+\mu_c)[(1-2\mu_c)t^2+1]}$$

令 $p_a/p_i=k_1$，则 $p_a=k_1p_i$，将 p_a、p_i 代入由内压 p_i 所引起的附加应力公式（a），得到混凝土衬砌内距巷中心为 ρ 处的任一点的附加应力为

$$\left.\begin{aligned}\sigma_\rho&=\left[\frac{\rho_i^2(a^2-\rho^2)}{\rho^2(a^2-\rho_i^2)}+\frac{a^2(\rho^2-\rho_i^2)}{\rho^2(a^2-\rho_i^2)}k_1\right]p_i\\ \sigma_\varphi&=\left[-\frac{\rho_i^2(a^2+\rho^2)}{\rho^2(a^2-\rho_i^2)}+\frac{a^2(\rho_i^2+\rho^2)}{\rho^2(a^2-\rho_i^2)}k_1\right]p_i\end{aligned}\right\} \tag{d}$$

由于是平面应变问题，故轴向应力为

$$\sigma_z=\mu_c(\sigma_\varphi+\sigma_\rho) \tag{5-13}$$

5.3.2.2 内压分配法求围岩应力

设内压通过衬砌传递到围岩上的压力为 p_a，$p_a = \lambda p_i$，λ 为内压分配系数。假设衬砌与围岩紧密接触，设围岩的弹性模量为 E，泊松比为 μ，由弹性力学得围岩内半径为 ρ 处的径向应变为

$$\varepsilon_\rho = \frac{1-\mu^2}{E}\left(\sigma_\rho - \frac{\mu}{1-\mu}\sigma_\varphi\right) = \frac{du}{d\rho}$$

在 $\rho = a$ 处，即巷道壁面：$\sigma_\rho = p_a$，$\sigma_\varphi = -p_a$，因此，有

$$\varepsilon_\rho = \frac{1-\mu^2}{E}\left(\sigma_\rho - \frac{\mu}{1-\mu}\sigma_\varphi\right) = \frac{1+\mu}{E}p_a = \frac{du}{d\rho}$$

对 u 积分，求得巷道壁面围岩位移为

$$u = \frac{(1+\mu)a}{E}p_a \tag{e}$$

由式（b）与式（e）相等，得

$$\lambda = \frac{p_a}{p_i} = \frac{2\rho_i^2(1-\mu_c^2)E}{E_c(1+\mu)(a^2-\rho_i^2) + E(1+\mu_c)[(1-2\mu_c)a^2+\rho_i^2]} \tag{f}$$

求出后，即可按式（5-11）的变换式

$$\sigma_\varphi = -\frac{a^2}{\rho^2}p_i, \qquad \sigma_\rho = \frac{a^2}{\rho^2}p_i$$

求出围岩内任一点由内压所引起的附加应力为

$$\sigma_\varphi = -\frac{a^2}{\rho^2}\lambda p_i, \qquad \sigma_\rho = \frac{a^2}{\rho^2}\lambda p_i \tag{5-14}$$

5.3.3 内压引起有裂隙围岩与衬砌的附加应力计算

设围岩有径向裂隙，见图5-11，其深度为 d，沿岩石表面的径向压力可假定为

$$p_\rho = \frac{\rho_i}{\rho}p_i$$

具体可表示为

$$\left.\begin{aligned} \sigma_{\rho(\rho=a)} &= p_a = \frac{\rho_i}{a}p_i \\ \sigma_{\varphi(\rho=a)} &= 0 \end{aligned}\right\} \tag{5-15}$$

在裂隙岩体任一深度处（$\rho < d$）

$$\sigma_\rho = \frac{\rho_i}{\rho}p_i \tag{5-16}$$

在裂隙岩体外边界处（$\rho = d$），压力为

$$\left.\begin{aligned} p_d &= \frac{\rho_i}{d}p_i \\ \sigma_\varphi &= 0 \end{aligned}\right\} \tag{5-17}$$

由式（5-11）得围岩内任一点（$d < \rho < \infty$）应力为

$$\left.\begin{aligned}\sigma_{\rho}&=p_d\frac{d^2}{\rho^2}=\frac{\rho}{d}p_{\mathrm{i}}\times\frac{d^2}{\rho^2}=\frac{\rho_{\mathrm{i}}d}{\rho^2}p_{\mathrm{i}}\\\sigma_{\varphi}&=-p_d\frac{d^2}{\rho^2}=-\frac{\rho_{\mathrm{i}}d}{\rho^2}p_{\mathrm{i}}\end{aligned}\right\}\tag{5-18}$$

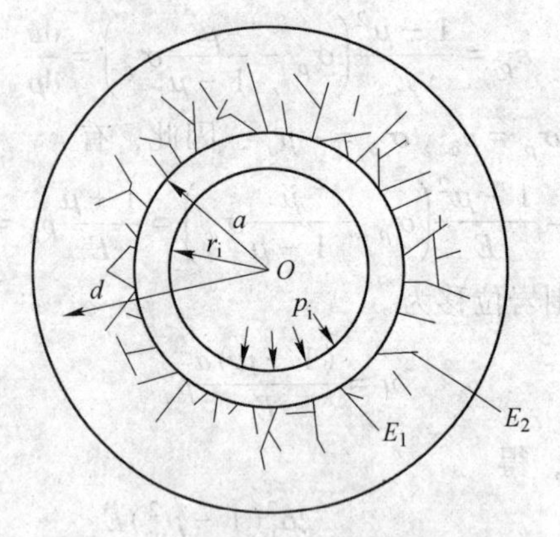

图 5-11 有裂隙围岩中圆形有压衬砌巷道

习 题

5-1 分析论述题。

5-1-1 判断巷道围岩的稳定性是以原岩应力为准，还是以次生应力为准？为什么？

5-1-2 举例说明什么条件下和什么形式的巷道属于轴对称问题。

5-1-3 侧压系数 λ 对圆形巷道围岩的应力分布有什么影响？

5-2 计算题。

5-2-1 设有一深埋圆形巷道，半径 R_0，围岩为均值、各向同性的无限弹性体，原岩的初始应力为 p_0，侧压系数为 1，围岩满足三类方程（忽略围岩自重）：

平衡方程 $\dfrac{\mathrm{d}\sigma_{\rho}}{\mathrm{d}\rho}+\dfrac{\sigma_{\rho}-\sigma_{\varphi}}{\rho}=0$

几何方程 $\varepsilon_{\rho}=\dfrac{\mathrm{d}u}{\mathrm{d}\rho},\quad \varepsilon_{\varphi}=\dfrac{u}{\rho}$

本构方程 $\begin{cases}\varepsilon_{\rho}=\dfrac{1-\mu^2}{E}\left(\sigma_{\rho}-\dfrac{\mu}{1-\mu}\sigma_{\varphi}\right)\\\varepsilon_{\varphi}=\dfrac{1-\mu^2}{E}\left(\sigma_{\varphi}-\dfrac{\mu}{1-\mu}\sigma_{\rho}\right)\end{cases}$

求：(1) 围岩内应力；(2) 确定巷道的影响范围。

6 ANSYS 有限元分析

近年来，随着市场不断地开放，企业竞争压力也随之增加。随着市场的国际化，产品质量的提升与企业体质的改善成为企业生存的基础。产品质量的提升，可通过提升产品设计能力与加强管理来进行。在提升设计能力方面，除了加强人员的训练外，也可使用计算机辅助分析的技巧来改善。

6.1 计算机辅助分析概论

计算机辅助分析是运用计算机快速运算的能力，来进行产品设计开发的一种技巧。通过核对计算机快速运算而得到结果，以实现产品设计的不断改善。

计算机是一种具有快速运算能力的机器，因此常被设计工程师用来计算分析其设计的产品，进而达到辅助设计分析的目的。当使用计算机辅助分析的技巧时，设计工程师可在计算机上模拟物体在受到外力影响后所产生的应力及应变情形，并可计算此物体在动态方面（如共振频率等）或其他方面的特性。从所分析的特性数据中，设计工程师可判断此产品设计的可行性。利用计算机辅助分析的技巧，设计工程师可在计算机上快速验证产品的设计，从而加快产品上市的时间，提升产品生产时的合格率与产品的质量。目前此技巧已获得企业的认同并被广泛采用。

ANSYS 是目前在工业上常使用的计算机辅助分析软件包。它能同时分析物体受到静力、动力、热传导及流力等多重物理现象影响时的变化，常被使用在电子封装、微电机、汽车、航天及医学工程等多个领域。因此，当物理的模型在软件中建立完成并网格化后，只需附加适当的条件，即可直接使用有限元法来计算，进而了解所建立的模型或产品的特性。

6.2 有限元法简介

有限元法在工业界的应用已超过一百年以上的历史。从 matrix structural analysis 的方法发展开始，首先应用于 Beam 及 Truss 为主的钢构上，此后将理论引用至各个物理领域，例如热传导、流力等。现阶段，有限元法已经可以应用到许多物理领域。因此，为了方便了解，本书在解释时，将以结构力学为主。

例如，一悬臂梁，当其尾端受到外力作用时，此结构将产生变形。若将外力删除，则悬梁将回到原来的位置。假设在变形量很小的情况下，观察并记录尾端变形量与外力的关系，可发现尾端变形量与外力呈线性关系，此现象恰好符合胡克定律：

$$\boldsymbol{F} = \boldsymbol{K} \cdot \boldsymbol{X} \tag{6-1}$$

式中，$\boldsymbol{F}$ 为外力；$\boldsymbol{X}$ 为位移；$\boldsymbol{K}$ 为结构刚性强度。尾端变形量与外力的关系如图 6-1 所示。

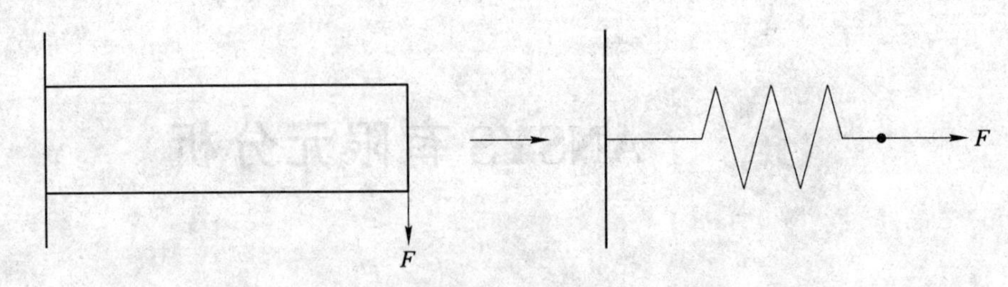

图 6-1 尾端变形量与外力的关系示意图

因此，此物理系统可转换成弹簧和质量点相连接的系统，而弹簧的刚性大小又与悬臂梁的截面及长度有直接关系，如图 6-1 所示。若欲知此悬臂梁尾端受力变形的状况，需知道悬臂梁的截面以及长度与弹簧的刚性关系，进而可求出弹簧的刚性。最后，使用胡克定律来计算，即可轻易达成目标。但此系统只有尾端受力及变形的数据，若想知道悬臂梁中间点变形的情形，只使用一根弹簧的简化系统是不能达成目的的，必须将此悬臂梁系统分解成由两根梁组合而成的新系统。系统一样可以使用胡克定律来进行求解的操作。事实上，在有限元法的计算法则里，是将这些小单元转换成弹簧与质量点相连接的刚性系统，而后使用胡克定律来进行求解。这些小单元在有限元法的专业名词里称为元素（element），而组合成元素的参考点称为节点（node），如图 6-2 所示。

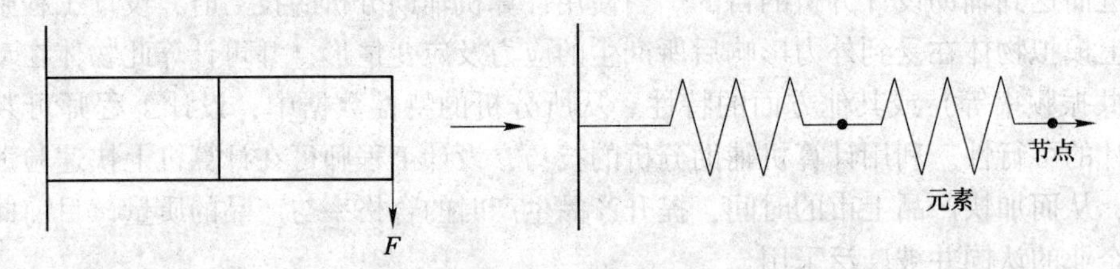

图 6-2 元素与节点

元素为有限元法的核心单元，是由节点组合而成的，存在的形状可以是点、线、面等，例如，质量元素、线、梁元素、管元素、面、体积、薄壳元素等。如图 6-3 所示为点、线、面、体积元素。

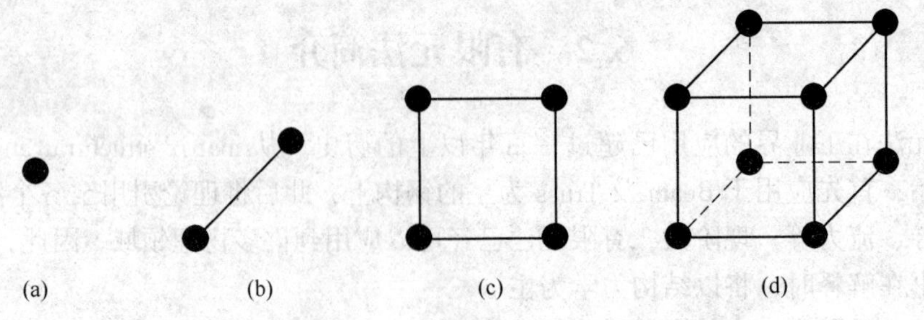

图 6-3 点、线、面、体积元素
（a）点元素；（b）线元素；（c）面元素；（d）体积元素

但是不管它存在的形状如何，计算的形式依然是使用胡克定律来进行求解。至于如何将元素转换成适当的刚性强度矩阵，则又牵涉到不同的假设与数值方法，例如能量法、Rayleigh-Ritz 法等。具体细节在此不再详述，有兴趣的读者可参考专门讨论有限元法理论的书籍。

节点为分布在物理系统中的参考点，也是组合成元素的基本要素。在有限元法里，所有的外力模式（压力除外），都只能作用在这些节点上。因此在系统中，有施以外力的地方，都必须设立节点，才能有效地将外力作用在系统中。另外，因为位移的数据只能从节点上取得，因此系统必须要有足够的节点，否则将无法表现出系统变形的特性。但是节点数量又不能太多，否则在求解时，计算时间将增加许多。这一点是在使用有限元法进行分析时必须要注意的。

通常，每一个节点都有一些被赋予的物理意义，如位移等数据。为了完整地描述这些物理量，在节点上有一些描述这些物理量的变量。这些变量的数量，就是这一节点的自由度（degree of freedom）。从结构力学上来看，一个节点通常包含 UX、UY 及 UZ 三个自由度。如果这一节点是属于薄壳元素，则在这一节点上的自由度除了 UX、UY 及 UZ 三个以外，还包含 ROTX、ROOTY 及 ROTZ 等共 6 个自由度。因此，节点上的自由度通常都跟它所属的元素有关。不同元素的自由度如图 6-4 所示。

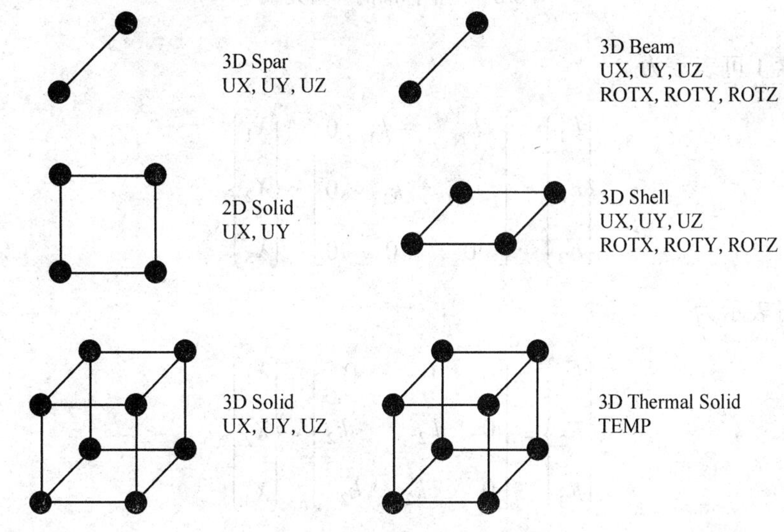

图 6-4　不同元素的自由度

随着节点上自由度的变化，使用胡克定律来进行计算时，也不再是单纯的数值关系，而是向量的矩阵关系。因此，更适合使用计算机来进行系统化的求解。

为了让读者更加了解有限元法的解题过程，下面以一个 3 个自由度的弹簧系统（见图 6-5）来解释整个过程。首先将这个弹簧系统用胡克定律的公式来表示：

$$\boldsymbol{F} = [\boldsymbol{K}] \cdot \boldsymbol{X} \tag{6-2}$$

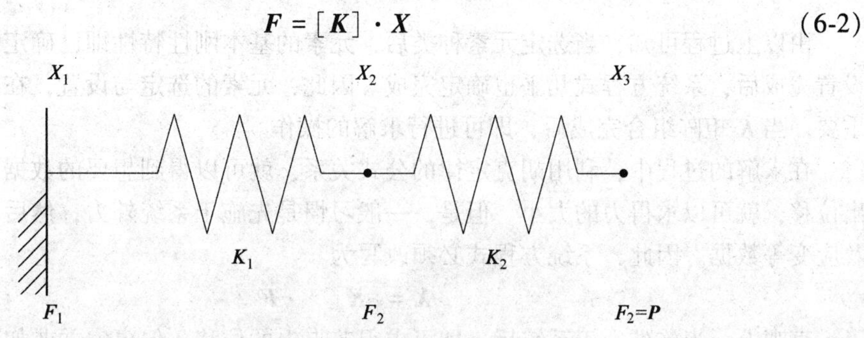

图 6-5　具有 3 个自由度的弹簧系统

在方程式中，$\boldsymbol{F}$ 为外力向量，$\boldsymbol{X}$ 为位移向量，而 $\boldsymbol{K}$ 为整个结构刚性强度矩阵。整个大 $\boldsymbol{K}$ 矩阵是由每一个元素的小 $\boldsymbol{K}$ 矩阵组合而成。只要把每一个元素的小 $\boldsymbol{K}$ 矩阵配合其节点，放入到正确的大 $\boldsymbol{K}$ 矩阵中，就可以组合成整个大 $\boldsymbol{K}$ 矩阵。对于一个标准的弹簧元素（见图 6-6），其外力与位移的关系如式（6-3）所示：

$$\begin{Bmatrix} F_{\mathrm{I}} \\ F_{\mathrm{J}} \end{Bmatrix} = \begin{bmatrix} k_{\mathrm{II}} & k_{\mathrm{IJ}} \\ k_{\mathrm{JI}} & k_{\mathrm{JJ}} \end{bmatrix} \cdot \begin{Bmatrix} X_{\mathrm{I}} \\ X_{\mathrm{J}} \end{Bmatrix} \tag{6-3}$$

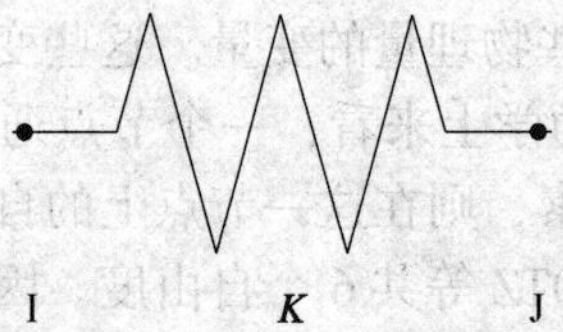

I K J

图 6-6 一个标准的弹簧元素

因此元素 1 可表示为

$$\begin{Bmatrix} F_1 \\ F_2 \\ F_3 \end{Bmatrix} = \begin{bmatrix} k_1 & -k_1 & 0 \\ -k_1 & k_1 & 0 \\ 0 & 0 & 0 \end{bmatrix} \cdot \begin{Bmatrix} X_1 \\ X_2 \\ X_3 \end{Bmatrix} \tag{6-4}$$

元素 2 可表示为

$$\begin{Bmatrix} F_1 \\ F_2 \\ F_3 \end{Bmatrix} = \begin{bmatrix} 0 & 0 & 0 \\ 0 & k_2 & -k_2 \\ 0 & -k_2 & k_2 \end{bmatrix} \cdot \begin{Bmatrix} X_1 \\ X_2 \\ X_3 \end{Bmatrix} \tag{6-5}$$

只要组合每一个元素，即可完成系统方程式为

$$\begin{Bmatrix} F_1 \\ F_2 \\ F_3 \end{Bmatrix} = \begin{bmatrix} k_1 & -k_1 & 0 \\ -k_1 & k_1 + k_2 & -k_2 \\ 0 & -k_2 & k_2 \end{bmatrix} \cdot \begin{Bmatrix} X_1 \\ X_2 \\ X_3 \end{Bmatrix} \tag{6-6}$$

由以上过程可知，当选定元素种类后，元素的基本刚性特性即已确定。而在元素属性设置完成后，系统方程式几乎也确定完成。因此，元素的选定与设置，在有限元法中非常重要。当 $\boldsymbol{K}$ 矩阵组合完成后，即可进行求解的操作。

在求解的过程中，利用胡克定律的公式关系，就可以得到想要的数据。因此，只要给出位移，就可以求得力的大小。但是，一般习惯是先施于系统外力，然后求得位移、应力及应变等数据。因此，系统方程式必须改写为

$$\boldsymbol{X} = [\boldsymbol{K}]^{-1} \cdot \boldsymbol{F} \tag{6-7}$$

直观上，当施外力于系统后，即可求得节点上的位移。但事实并非如此，因为就有限

元法理论而言，当系统未施加任何边界条件时，$\boldsymbol{K}$ 矩阵有一个特性，如式（6-8）所示：

$$\det|\boldsymbol{K}| = 0 \tag{6-8}$$

因此，矩阵 $\boldsymbol{K}^{-1}$ 并不存在。造成这种特性的原因，就物理现象上来看，是因为系统没有被完全拘束住，以至于会产生刚体运动。因此，为了使此方法能够继续执行下去就必须要破坏 $\boldsymbol{K}$ 矩阵的特性，使得 $\det|\boldsymbol{K}| \neq 0$，即要拘束住这个系统，使其不能产生刚体运动。就拘束系统操作而言，就是有限元法里在求解过程中常说的“设置边界条件”。在设置边界条件的操作中，除了要拘束住系统之外，还需要施加外力至系统中，这样才能使系统产生变形。

当设置完边界条件后，系统方程式可以重新改写为

$$\begin{Bmatrix} F_1 \\ 0 \\ P \end{Bmatrix} = \begin{bmatrix} k_1 & -k_1 & 0 \\ -k_1 & k_1 + k_2 & -k_2 \\ 0 & -k_2 & k_2 \end{bmatrix} \cdot \begin{Bmatrix} 0 \\ X_2 \\ X_3 \end{Bmatrix} \tag{6-9}$$

或者

$$\begin{Bmatrix} 0 \\ P \end{Bmatrix} = \begin{bmatrix} k_1 + k_2 & -k_2 \\ -k_2 & k_2 \end{bmatrix} \cdot \begin{Bmatrix} X_2 \\ X_3 \end{Bmatrix} \tag{6-10}$$

$$F_1 = -k_1 \cdot X_2$$

首先，求解得到非拘束点的位移为

$$\begin{Bmatrix} X_2 \\ X_3 \end{Bmatrix} = \begin{bmatrix} k_1 + k_2 & -k_2 \\ -k_2 & k_2 \end{bmatrix}^{-1} \cdot \begin{Bmatrix} 0 \\ P \end{Bmatrix} \tag{6-11}$$

然后，从非拘束点的位移再求得拘束点的反力为

$$F_1 = -k_1 \cdot X_2 \tag{6-12}$$

在求解得到非拘束点的位移时，公式上是以反置矩阵的方式来处理。但是计算机数值计算效率很低，因此必须改用其他方法来解决。传统上，高斯消去法是常用的方法，但是随着科技的进步与计算机硬件成本的不断降低，不断出现新的解法，所以可以使用不同的解法以增加计算效率。但是，每种解法都有其适用性，因此使用时必须要特别注意。

从求解的过程来看，非拘束点的位移是最先求得的数据，因此它被称为 primary data。在 primary data 之后再推导出来的数据，例如反力、应力及应变等数据，则被称为 derived data。primary data 的结果跟节点数据有关，而 derived data 的结果则跟元素数据有关，由此可知，primary data 的准确性跟节点的密度有关，而 derived data 的结果准确性除了受到 primary data 的影响外，还跟元素的特性及细长比有关。因此，在有限元法中，若对结果的准确性有所疑虑，则需注意以上所讲的特性。

综上所述，整个有限元法的处理步骤如下：

（1）选用适当的元素。

（2）将整个物理空间格点化形成元素，并赋予元素适当的属性。

（3）设置边界条件。

（4）选用解题的解法。

（5）组合形成系统方程式并求解。

（6）解读结果。

因此运行软件时，也会根据以上特点来设计其结构。

6.3 ANSYS 软件结构

在结构上，计算机辅助分析软件大都具有前处理器、分析器及后处理器等 3 个基本模块，ANSYS 也不例外。另外，ANSYS 也包含优化设计等特色的模块，如图 6-7 所示。

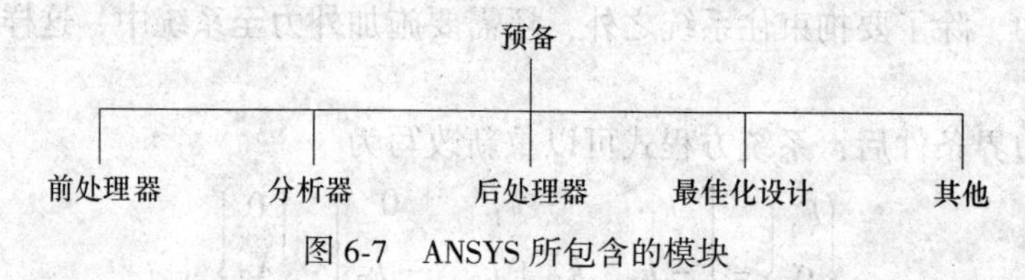

图 6-7 ANSYS 所包含的模块

当进入 ANSYS 的图形操作界面时，即进入软件的初始状态，或称为预备状态（begin level）。所有模块都是在此状态之下独立执行。每两个模块都有其独立的命令，彼此之间不能混用，因此需注意命令与模块之间的关系，尤其是以命令输入方式进行软件操作时，更需特别留心。进入与退出处理器的命令如表 6-1 所示。

当运行完程序，要回到操作系统时，只要在程序的预备状态下运行“/EXIT”，即可回到操作系统。在讨论处理器的特性时，为了方便读者学习，讨论的重点将放在前处理器、分析器及后处理器 3 个基本模块。

表 6-1 进入与退出处理器的命令

类 别	进入命令	退出命令
前处理器	/PREP7	FINSH
分析器	/SOLU	FINSH
后处理器	/POST1	FINSH
Time History Postprocessor	/POST26	FINSH
优化处理器	/OPT	FINSH
IGES 输入处理器	/AUX15	FINSH

6.3.1 前处理器

前处理器在软件中的角色有多种，可以简述如下：

（1）选用适当的元素、定义元素特性及材料性质。

（2）建立被分析物体的实体模型。

（3）产生有限元素模型。

有限元素模型为软件在分析时实际使用的模型数据。它包含了分析时所需要的材料及物理性质等特性，因此建立有限元素模型可视为前处理器最重要的任务。

6.3.1.1 元素的选用、定义元素特性及材料性质

元素的选用属于分析开始的第一项作业，它是最简单也是最难的操作。当元素选用完毕后，就已经决定模型要如何简化与建构，同时也决定了解题与边界条件的可能方式。因此，在元素的选择上要非常谨慎。

ANSYS 元素的种类，以空间的立场来分，包含点元素，例如 MASS21。MASS21 是以一个质量点来代替物理系统中的某一部分，但不需描述细节的结构，如此可以简化元素的使用量。

点元素之上就是线元素，线元素包含梁元素、管元素及 link 元素。其中，梁元素包含 beam3、beam4、beam44、beam54、beam188 及 beam189 等。每一种元素所使用的假设都不一样，有 Euler Beam 或非对称等不同的假设，使用时需注意。若是梁的截面为圆形，则需使用管元素，例如 pipe16、pipe17、pipe18 等以 pipe 为开头的管元素。若是忽略节点上的旋转自由度时，则需使用以 link 开头的 truss 元素，例如 link1、link10 等。link 元素同时也可用来模拟 cable 等结构。

线元素之上就是面元素，薄壳元素即是面元素。薄壳元素包含 shell63、shell93、shell43、shell91 及 shell99 等元素，shell63 为最常使用的元素。使用的理论包含薄壳、厚板及薄膜等理论，因此使用时需注意假设与理论。使用薄壳元素时，结构需取其实体体积中间的平面（middle plane）来做格点化使用的模型平面。因此，必须花一些时间来建构模型平面。但是因为结构经过了简化，因此实际上计算所花费的时间会比全部使用实体元素的时间要短。

面元素之后就是体积元素。体积元素又可区分为真体积元素（solid element）或是以 2D 来模拟 3D 的平面元素（plane element）。平面元素包含 plane42、plane82 等以 plane 开头的元素系列，它所探讨的包含平面应力（plane stress）、平面应变（plane strain）及轴对称（axis-symmetry）等假设特性。使用时需注意要将模型建构在 X-Y 平面上。在进行轴对称分析时，除了要将模型构建在正的 X-Y 平面上，并且只能在 $+X$ 的象限内，还必须以 Y 轴为旋转中心轴。

solid element 包含 solid45、solid95 及 solid92 等以 solid 开头的元素系列，使用时没有太多限制，只要将模型的体积做适当分割，即可将体积格点化，只是 solid45 和 solid95 两种六面体元素，对模型的体积分割有比较严格的要求。

除了以上的元素以外，ANSYS 的元素库中还包含许多元素，例如以 surf 开头的表面现象元素、以 cont 开头的接触元素等。另外，还包含为了针对特殊的材料特性而开发的 visco 开头的元素等。读者只要针对自己所要分析的物理现象，做一些假设与简化，就可以挑选出一些可以使用的元素种类，而进入下一阶段的工作。

当元素选择完毕后，下一阶段的工作就是设置元素的特性，此工作在 ANSYS 里就是设置 real constant。元素的特性会因为元素的种类不一样而有不同的意义，例如薄壳元素的 real constant 代表元素的厚度数据，而梁元素的 real constant 代表元素的截面积和惯性矩等数据。设置时除了要针对元素外也要考虑真实几何模型的特性，如此才能完整地表现出整体结构模型。

当元素的特性设置完成后，紧接着就要考虑材料的性质。在设置材料性质时要先考虑材料在变形后是否会进入塑性变形区而形成材料非线性现象。若要分析热变形与热应力，

同时也要考虑材料性质是否为温度的函数。一般来说，如果不确定是否存在这些非线性现象，则初期以线性材料为主进行考虑。但是必须要在分析完毕后，在后处理器中验证结果，以确定是否违反线性假设。若是违反线性假设，则必须以材料非线性的模式，重新分析一次。

当完成材料性质的输入后，若结构不属于梁元素的分析，则前处理器第一阶段的工作就已经完成。但是结构若是属于梁元素的分析，则必须要再设置截面常数才能进行下一阶段的工作。

6.3.1.2 建立实体模型

实体模型的建立，在前处理器中可被视为阶段性的任务，但是千万不可因为实体模型的建立是阶段性的任务而忽略了实体模型的重要性。实体模型的建立使得设计工程师可以在计算机上看到自己的设计成品，并且可以从不同的视角来观察这个设计成品。如果对某些特定区域的设计有所怀疑，还可以通过软件所提供的旋转、平移、放大、缩小等功能，达到仔细观察设计成品的目的。因此，实体模型的建立，使得设计工程师可以更仔细地观察到自己所设计产品的优缺点。

实体模型建立的来源可以在一般常用的 CAD 软件或 ANSYS 前处理器中自行建立。当来自一般常用的 CAD 软件时，可以经由 IGES 转换而输入 ANSYS，或者经由直接转换界面将 CAD 模型直接转换至 ANSYS 中。使用这种方式时，模型最好先在 CAD 软件中进行简化的工作，再把模型输出，这样才能省掉处理模型的时间。

实体模型直接在 ANSYS 中建立时，从做法上来区分，可分为两种。这两种分别是从上而下（top-down）和从下而上（bottom-up）。在从上而下的做法上，必须先建立一些基础几何单元，如方块、圆柱体等。然后，再将这些基础单元以堆积木的方式，通过布尔运算的技巧组合成最后的实体模型。以这种方式建立的实体模型，一般来说属于比较规则形状的物体。至于比较复杂的物体往往需要再运用另外一种由下而上的技巧。在由下而上的做法上，则必须先定义一些物体上的重要参考点（key point），然后再从点连接成线，由线组合成面，此后再由面合并成一个体积，最后由体积再组合成完整的实体模型。在以上的组合过程中，往往也需要用到布尔运算的技巧，才能完成最后的实体模型，例如，运用这种从下而上的技巧所建成的风扇叶片的实体模型。虽然实体模型建立的方式可区分为以上所述说的两种，但是在实际应用中大部分实体模型都是综合运用以上两种方法所生成的。

6.3.1.3 产生有限元素模型

当实体模型建立完成之后，接下来就是要将实体模型网格化而建立有限元素模型。实体模型的网格化，可使用软件所提供的自动网格产生器（mesh generator）。在使用自动网格产生器之前，只需指定网格的大小、密度等，形成之后就可以直接使用。在使用自动网格产生器之后，实体模型就可以转换成有限元素模型。若用户对所产生的有限元素模型并不满意，也可清除所产生的有限元素模型而保留原来的实体模型。当要产生新的有限元素模型时，只需输入新的参数，然后再重新运用自动网格产生器即可产生新的有限元素模型。

实体模型网格化的技巧可分为自由网格（free mesh）和规则网格（mapped mesh）两种。在自由网格的技巧上，实体模型的要求并没有太多的限制，只需指定网格的大小、密度等，形式之后就可以直接使用。而在规则网格的技巧上，则对实体模型有比较严格的要求。几何体积必须要符合一定的要求，否则无法将体积格点化。因此，必须花费很多时间将实体模型做细部切割，如此才能完成格点化的工作。严格来说，使用规则网格建立的模型，相对于自由网格建立的模型，其计算出来的结果比较严谨、准确。而自由网格建立的模型，则有快速和方便等优点。

有限元素模型的产生，除了可由实体模型转换而来以外，另外一种产生的方式是直接产生方式。以直接的方式产生有限元素模型时，首先必须先定义节点的位置，然后再从节点组合成有限元素模型。以此模式来产生有限元素模型时，一般来说，此模型的几何结构都比较简单。当有限元素模型产生后，前处理器的任务即可告一段落。

6.3.2 分析器

在 CAE 软件的设计概念上，此部分为最重要的核心部分。前处理器所产生的有限元素模型，将在此模块中设置边界条件并进行分析。因此，分析器在软件中的执行角色可以简述如下：

(1) 确定分析类型及其解法选项。

(2) 设置拘束边界条件。

(3) 设置外力或能量源的边界条件。

(4) 设置输入/输出控制与求解。

6.3.2.1 确定分析方式及解法选项

当有限元素模型在前处理器中完成后，基本上已可组成如下的动态方程式：

$$[\boldsymbol{M}]\{\dot{x}\} + [\boldsymbol{C}]\{\ddot{x}\} + [\boldsymbol{K}]\{x\} = \{\boldsymbol{F}\} \tag{6-13}$$

当不考虑动态方程式中的 $[\boldsymbol{M}]$ 矩阵和 $[\boldsymbol{C}]$ 矩阵时，则可以形成静态方程式：

$$[\boldsymbol{K}]\{x\} = \{\boldsymbol{F}\} \tag{6-14}$$

因此当进入分析器后，首先必须先确定是要使用动态方程式或静态方程式，以及使用何种方式来求解动态方程式。例如，求解振动模态或求解瞬时分析，在 ANSYS 中默认是要进行静态分析，而后求解静态方程式。当决定完解题方式后，同时也要设置相关选项，这样才算完成分析器中第一阶段的任务。

6.3.2.2 设置拘束边界条件

设置拘束边界条件是在破坏刚性矩阵的 singularity，如此才能进行静态方程式的求解。但是在求解动态分析时，则不一定要设置拘束边界条件。

拘束边界条件的设法，可以拘束整个平面或整条线，也可以拘束一些节点，此时最好是利用结构的对称平面。但是不管如何设置，重要的是要尽量符合实际结构的真实状况，过度拘束反而容易造成结果的偏差。

6.3.2.3 设置外力或能量源的边界条件

一个物理系统假如没有输入任何能量源，则此系统将无任何变化。因此，在第二阶段的边界条件设置上，必须输入能量或外力的边界条件。外力的边界条件包括单点力和压力等。当施加外力在结构上时必须要注意的是，外力必须要作用在节点上，否则此力就不能正确地作用在有限元素模型上。施加单点力在结构上时，需注意在施力点会形成奇异性

(singularity)，因此在讨论应力结果时就必须要排除这一点的应力结果。如果要避开这一现象，最好改用压力的边界条件。压力的边界条件包括点压力、线压力和面压力等多种，可以随实际结构的真实状况来施加。

6.3.2.4 设置输入/输出控制与求解

当一切边界条件设置完成后，就可以进行求解的操作，此时可以设置一些输入/输出控制以决定是否要输出所有的结果，或者只输出某部分数据。此后就可以求解，求解完毕的结果会输出到扩展名为 RST 的文件中。若是有新的边界条件，也可以继续设置并进行求解，新的结果会附加在原来的结果文件中。当所有的求解操作都完成后，就完成了分析器的角色。

6.3.3 后处理器

后处理器最主要的任务是将分析的结果以图形或文字的形式表现出来，以供判断分析之用。在文字输出的信息方面，包含节点及元素的变形量、应力及应变等数据。对构造简单的物体来说，所提供的文字信息或许已经足够。但对复杂的物体而言，庞大的文字信息反而造成用户无所适从的感觉，因此往往需要在图形信息中，利用颜色深浅变化的情形而了解到物体的应力应变分布情形。

事实上，在后处理器中将结果以图形信息输出的方式进行处理，已成为一般商用软件的共同方式。因此，大部分软件在后处理器中也已将重点放在图形信息输出的方式。图形信息输出的方式，除了利用颜色深浅变化的情形外，也可以用等高线图的方式。另外，对结构上的每一点来说，因为所产生的应力、应变值为张量，所以也可以用向量的方式来描述每一点，向量的长短代表应力应变值的大小，而向量的方向则代表主要应力应变的方向。

在 ANSYS 后处理器中，除了提供文字与图形显示方面的功能之外，它还可以提供类似电子表格方面的功能，这个电子表格就是所谓的 element table。在这个电子表格中，用户可以很容易地处理所运算出来的数据。因此，关于结构疲劳寿命的问题以及结构安全系数的部分，都可以在这个电子表格中计算。

此外，在后处理器中，还可以将物体受不同但单纯的外力情形下的结果，组合成物体受到复杂外力作用时变化的情形，这种做法称为 load case combine。每一种单纯外力情形称为 load case，因此在后处理器中，可以很轻易地考虑到物体受到各种复杂外力作用的情形，并能预知在此外力作用下结构变形及应力应变等状况，同时也能计算疲劳寿命及结构的安全系数。

后处理器除了输出结果外，另一个重要的任务是验证结果。验证的第二项工作是验证结果有没有违反原先在前处理器中设置的假设。首先，从最大应力值来判断其值是否大于降幅强度，若是大于降幅强度，则结构已经违反材料线性假设，因此结果有问题，必须要重新处理。然后，要判断结构的位移量是否过大而产生几何非线性。若是，则结果一样有问题，必须要重新计算。另外，在后处理器中也要观察应力梯度的变化，如此才能判断结构格点的密度是否足够。总之，后处理器最重要的角色在于验证结果，用户必须要谨慎才能得到正确的结果。

采用 ANSYS 程序进行工程分析的一般流程如图 6-8 所示。

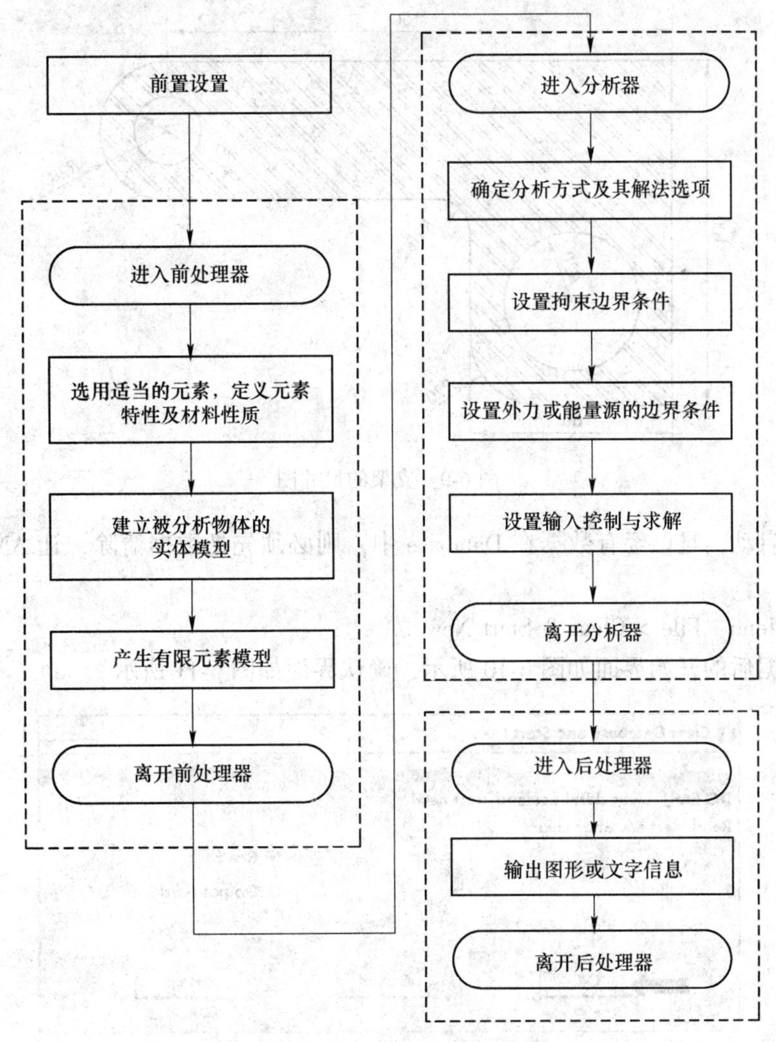

图 6-8 ANSYS 分析处理作业流程图

6.4 悬壁支架受非均布荷载

6.4.1 问题分析

一个固定于墙壁上的支架（见图 6-9）长度单位是 mm，厚度为 10mm，材料为钢，固定在左端面，假设此支架的上方受到非均布力共 40N（参见 6.4.6 节压力型负载分布），则最后的变形量应是多少？

以钢材所做成的支架支持 40N 的力，先假设是一个线性问题，即认为此支架不会因受此力而产生永久变形甚至断裂。当然任何假设都有可能会错，可以在分析完成后再来讨论这个假设有无问题。而此模型在 *Z* 方向的任一截面都是相同的，因此可将其简化为 2D 平面的结构静力分析。

单击“开始”按钮后，选择“程序” > ANSYS > Interactive 来启动 ANSYS。如果

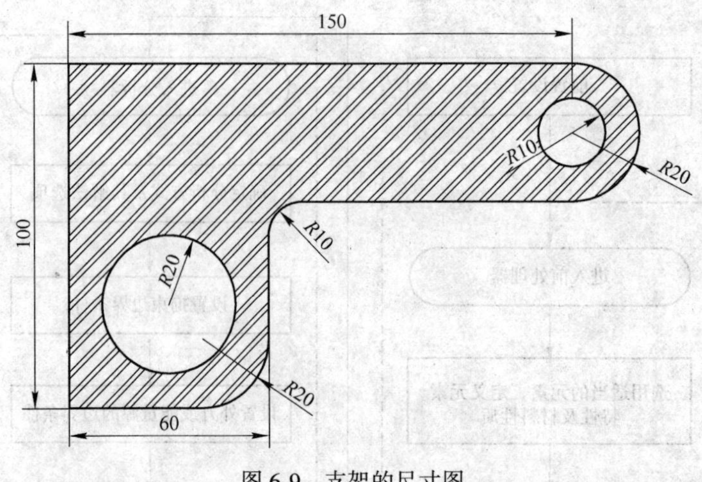

图 6-9 支架的尺寸图

ANSYS已经启动，且已经有数据在 Database 中，则必须先把数据清除，让 ANSYS 回到初始的状态。

Utility Menu：File > Clear & Start New...

清除数据后的开始界面如图 6-10 所示，确认界面如图 6-11 所示。

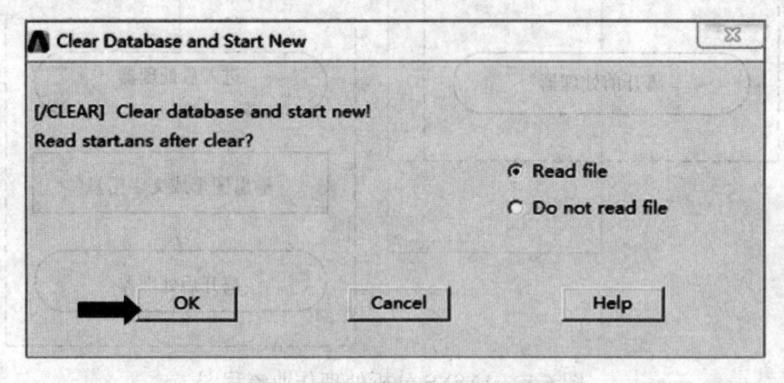

图 6-10 清除数据的开始界面

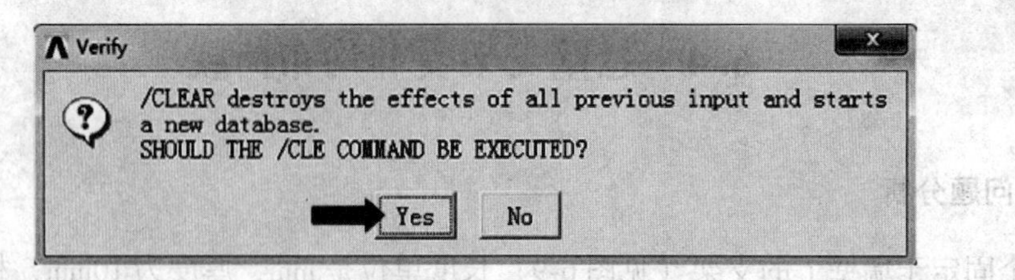

图 6-11 确认界面

此时如果不想分析时所产生的文件覆盖之前的文件，则必须更改 Jobname，让接下来 ANSYS 所产生的文件都以新 Jobname 为主文件名。

Utility Menu：File > Change Jobname...

将文件名定为 support，ANSYS 不支持中文且对长文件名的支持也不完整，所以当输入文件名或文本路径的命令时，不要输入中文或者使用空格符，再将 New log and error files？的部分选为 Yes，表示连命令记录文件和错误信息文件也要换成新的文件，如图 6-12所示。

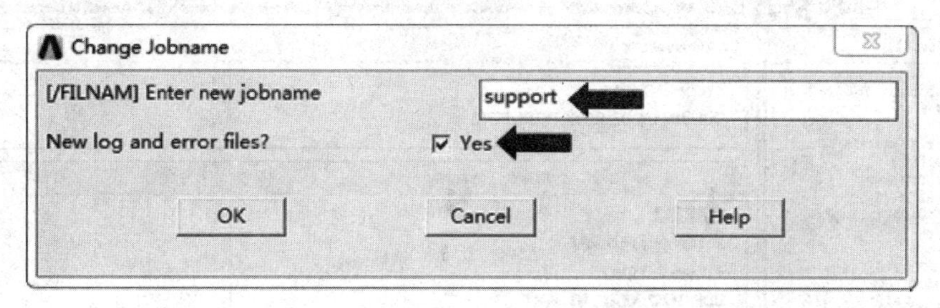

图 6-12　Change Jobname 对话框

为了使人们容易了解分析的目的，可在图的左下角加上文字说明。

Utility Menu：File > Change Title...

用户可以自行决定要加上怎样的说明，但不能输入中文，如图 6-13 所示。

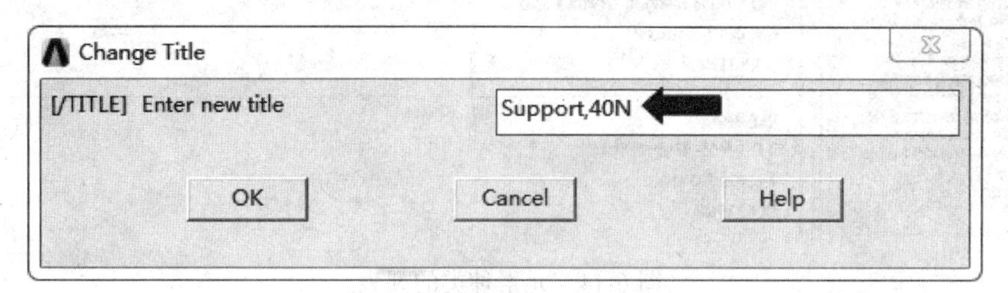

图 6-13　Change Title 对话框

然后就可以选择 Main Menu：Preprocessor，进入前处理工作。

6.4.2　设置元素属性

元素的属性共有 5 种，分别是元素的种类（element type）、元素的特性参数（real constant）、材料性质（material property）、元素的坐标系统（element coordinate system）和截面编号（section number）。这里将只讨论前 3 种，后两种只有在一些特殊情况才会用到，比如梁单元和壳单元就必须定义截面编号。元素属性的设置只要在建立起有限元素模型之前先设置好即可，并未规定一定要先完成此步骤才可进行其他步骤，只是习惯上先完成此步骤，以方便以后的操作。

6.4.2.1　设置元素的种类

指定元素种类的目的是为了针对所做的分析选定一个适当的元素，以求得精确的结果，ANSYS 提供了约 150 种元素，每一种元素都有其适用的分析方式以及一种特定的编号，并在编号前加入说明文字，如 plane42、shell63、solid45 等。刚开始使用 ANSYS 时常有的疑问就是怎样知道要选用哪个元素。用户可以在 Online Help 找到一些说明，选择 Utility Menu：Help > Help Topics > Mechanical APDL > ANSYS Element Reference > Element Classifications > Summary of Element Types，其中包括所有 ANSYS 元素的简单说明及图形。由前面的问题分析已了解到现在要进行的是一个 2D 平面的结构分析，因此只要先找到适用于 2D 平面的结构分析元素即可。元素种类的列表如图 6-14 所示。

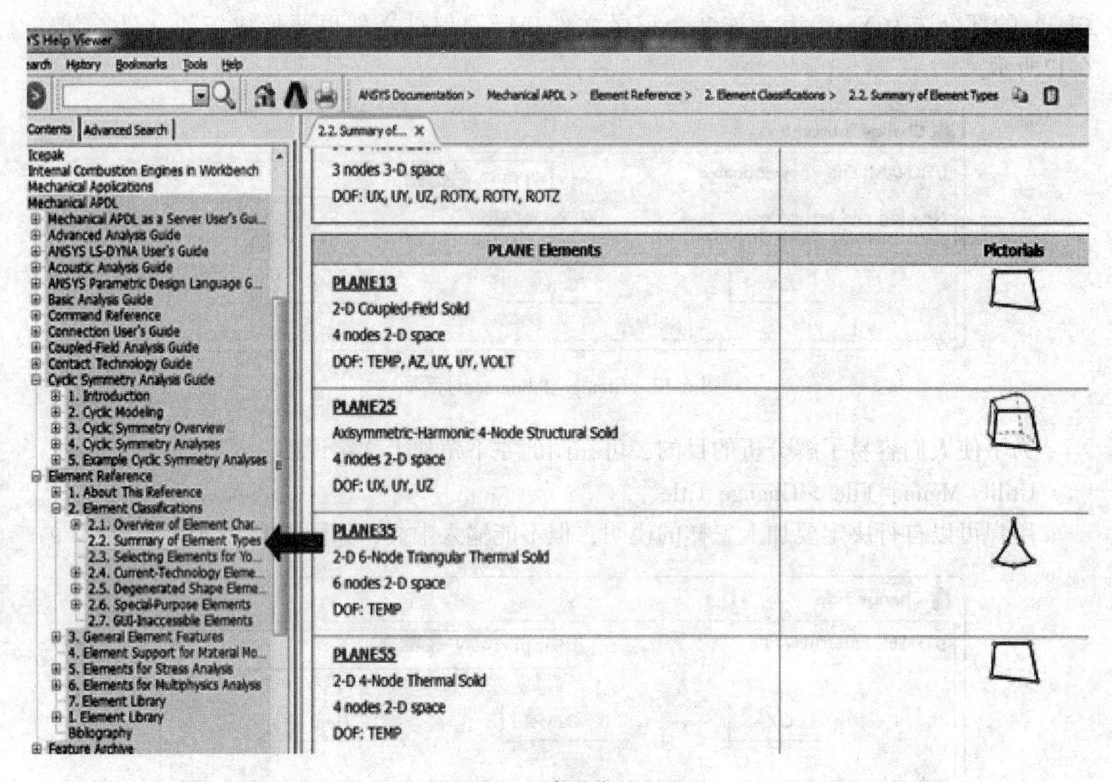

图 6-14 元素种类的列表

要了解元素的特性及使用范围，可直接在图形上双击鼠标左键，或在 Input Window 中输入“help, xx”（“xx”表示元素的编号）。根据图 6-14 可发现在 Structural 2-D Solid 的类别中，有 9 种元素可供选择，其中 plane25 及 plane83 为轴对称分析时所使用，plane145 及 plane146 为 P-Method 的元素。一般来说，除非几何形状过于复杂无法产生网格外，为了分析结果的可靠性，会选用四边形的元素，因此最后剩下 plane42、plane82、plane182、plane183 可供选择。事实上在这个分析中，4 种元素都可以使用，因为这是一个线性小变形的结构分析，习惯上会使用 plane42 或 plane82。plane182 及 plane183 是根据 plane42 及 plane82 所衍生出的元素，基本的功能是相同的。

当分析的物体材料是超弹性体或一些特殊的材料假设时，18X 系列的元素则是一个比较正确的选择。plane42 及 plane82 的差别在于 plane42 只有 4 个节点，而 plane82 有 8 个。在相同元素大小的前提下，以线性为例，选择 42 可节省一些运算时间，但选择 82 的准确率会比较高。一般称 plane82 这种有中间节点（middle node）的元素为 higher-order 元素，只有在端点才有节点的元素称为 lower-order 元素。在这个分析中决定使用 plane42。

另外，参考别人所做过的分析也常是一个决定使用何种元素的好方法。ANSYS 的 verification manual 有一些简单的范例可做参考，里面几乎有所有元素的使用范例。决定了之后可将元素加入 Database，以供日后使用。

Main Menu：Preprocessor > Element Type > Add / Edit / Delete...

元素种类管理选项如图 6-15 所示，元素类型选择对话框如图 6-16 所示。

图 6-15 是用来管理按下列元素种类的选单，要增加一种元素种类可单击“Add”按

钮。左边方框中所列的是不同的元素功能，如果设置了 Preferences，则 ANSYS 会将不需要用到的元素种类隐藏起来。右边方框是可使用的元素，图 6-16 中的 Element type reference number 则是所指定的元素参考号码，参考号码与之前所提到的元素编号是不一样的，用户切勿混淆。在网络化（mesh）时，可使用参考号码来指定所使用的元素，选择好后只要单击“OK”按钮即可增加一种元素种类。如果要增加的种类不止一种，则可以单击“Apply”按钮，增加后窗口仍在，元素参考号码会自动加 1，完成后会多出一种 Element type。如果选择错误，可单击图 6-17 中的“Delete”按钮将其删除。

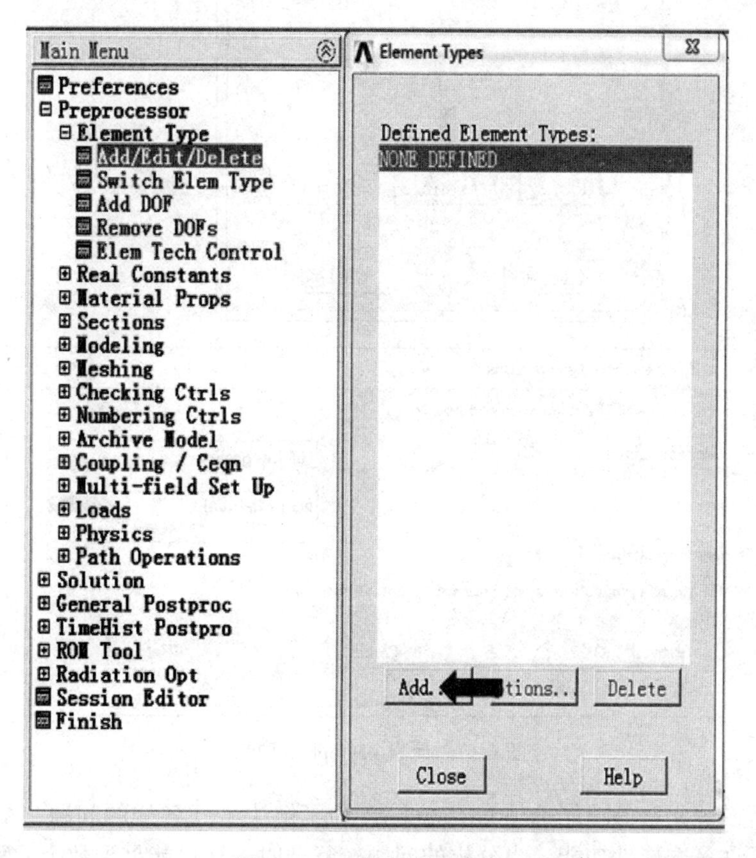

图 6-15　元素种类管理选项

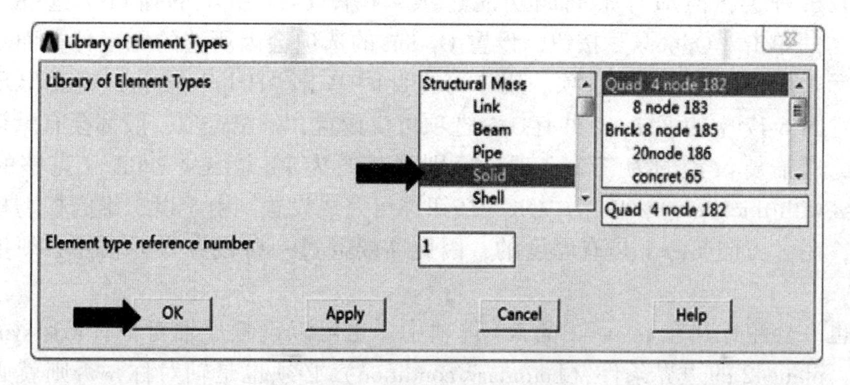

图 6-16　元素类型选择对话框

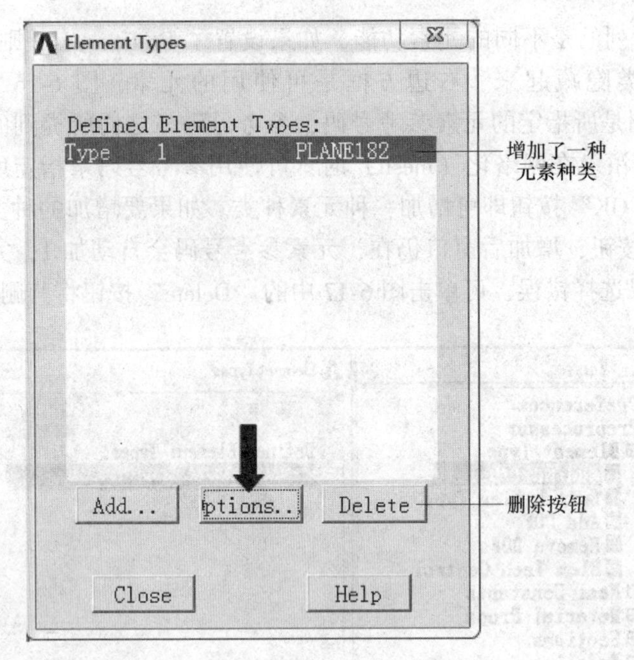

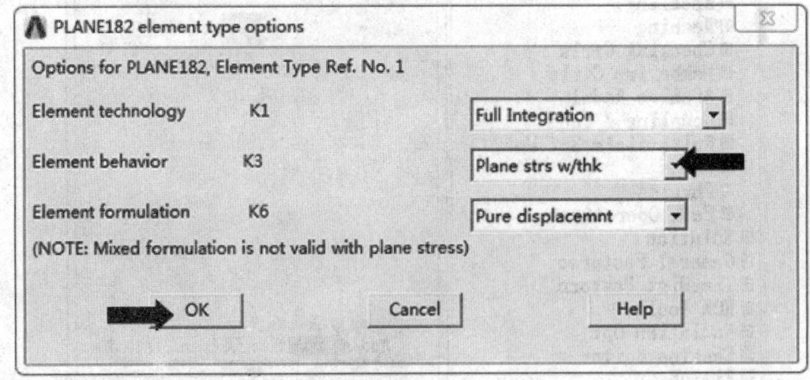

图 6-17 元素 key option 窗口

下面还需设置元素的功能选项 key option。为了解决各式各样的问题，ANSYS 在各种元素里增加了许多选择性功能，当分析的问题较复杂时，即可能见到数个元素参考号码指向同一种元素种类，但却有不同的功能选项。在图 6-17 所示的窗口中选择“Type 1 PLANE42”并单击“Options”按钮，设置 Option 的选项会因所选的元素种类而不同，因为每一种元素都有自己不同的选项。用户可在此时单击“Help”按钮，就会出现该种元素的说明。图 6-17 中的 plane42 共有 5 个选项可供设置，每个选项一般都会有默认值。此次分析中，所需要设置的为三个选项，分别将其改为 Plane strs w/thk（完整的原文是 Plane stress with thickness），单击“OK”按钮即可完成设置。由于以二维的模型模拟三维的对象时，在 Z 方向实际上是有厚度的，因此需要通过一些设置告诉软件必须把厚度考虑进去。

用户也许会注意到在 plane42 的 K3 选项中，也可以设置成轴对称（axis-symmetry）。如果这样，plane42 的边界条件（boundary condition）必须也是轴对称，否则就必须使用 plane25 或 plane83。

要完成以上设置元素种类的步骤，其实只要两个命令——ET 和 KEYOPT，用户慢慢就会发现使用命令未必比用鼠标慢。

6.4.2.2 设置元素的特性参数（Real Constant）

Real Constant 的设置大多是用在一些简化或特殊用途的元素种类上，通过 Real Constant 把省略掉的几何特征以数值的方式表现出来，例如梁元素（beam）就需要通过 Real Constant 把梁的转动惯量、截面积等截面上的性质定义出来。又如，弹簧元素（spring）则需要通过 Real Constant 定义出弹性系数。因为这一类的元素在建立模型时，一般都会将其简化成一条线段。如果没有利用特性参数去描述，软件就无法模拟出物理特性，而薄壳元素（shell）则需要定义出厚度。

简化是分析一开始就要做的工作，除了可以缩短建立模型的时间外，也可减少计算机的计算时间，这一点在模型复杂或分析状况复杂时尤其重要。

由于是以 2D 平面的元素模拟 3D，所以要指定厚度。

Main Menu：Preprocessor > Real Constants > Add/Edit/Delete...

设置 Real Constant 时需指定其所对应到的元素种类是哪一个，图 6-18 会根据所选的

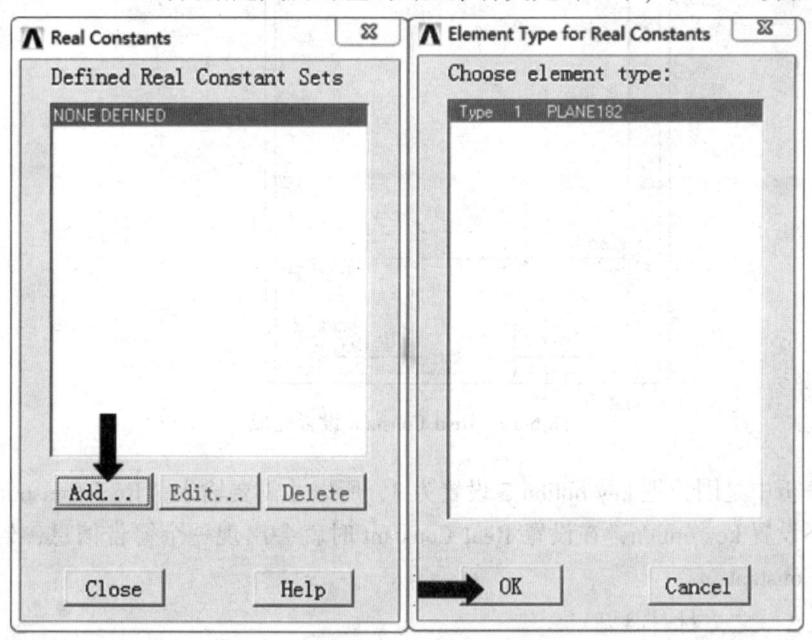

图 6-18 设置 plane42 的特性参数

元素种类不同而不一样。在本范例中只使用一种元素，Plane42 的 Real Constant 只有一个项目——Thickness，填入 10，表示厚度为 10mm。使用的单位跟建立模型所使用的单位是一致的，ANSYS 不会去检查用户所使用的单位，一旦决定好所使用的单位后，在任何地方输入数据都必须注意单位的一致性。完成后就会多出一组 Real Constant，需要注意的是 ANSYS 并不会去帮用户记录哪一组 Real Constant 对应到哪一个元素种类，用户要注意配对时不要出现错误。

单击“OK”按钮即可完成设置，此时窗口多了一组特性参数，如图 6-19 所示。如果要进行更改可单击“Edit”按钮，要进行删除则单击“Delete”按钮。

图 6-19　Real Constant 设置完成

此次分析中是因为把 key option 3 设置为 3，所以才需要输入“Real Constant”设置厚度。如果不设置 key option，在设置 Real Constant 时就会出现一个警告信息，告诉用户不需要 Real Constant。

6.4.2.3　定义材料性质

材料性质对分析的影响非常大。一般检测分析准确性时，材料性质准确性占了大部分的原因。设置材料性质时，用户常犯的错误就是单位没有统一，例如建立几何模型时是用厘米，但是在给定材料性质时长度单位却是用米，ANSYS 不会做单位统一的工作，用户必须注意。此次的范例所用的材料为钢。

Main Menu：Preprocessor > Material Props > Material Models...

此次的分析是一个材料线性静态结构应力分析，而钢的材料性质具有等向性，所以需要输入的材料性质项目只有两个——young's modulus 和 poisson's ratio。先在左边窗口中选择 Material Model Number 1，然后在右边窗口选择 Structural > Linear > Elastic > Isotropic（见图 6-20），双击后即会出现一个小窗口要求输入 EX 及 PRXY，即 young's modulus 和

poisson's ratio，如图 6-21 所示。

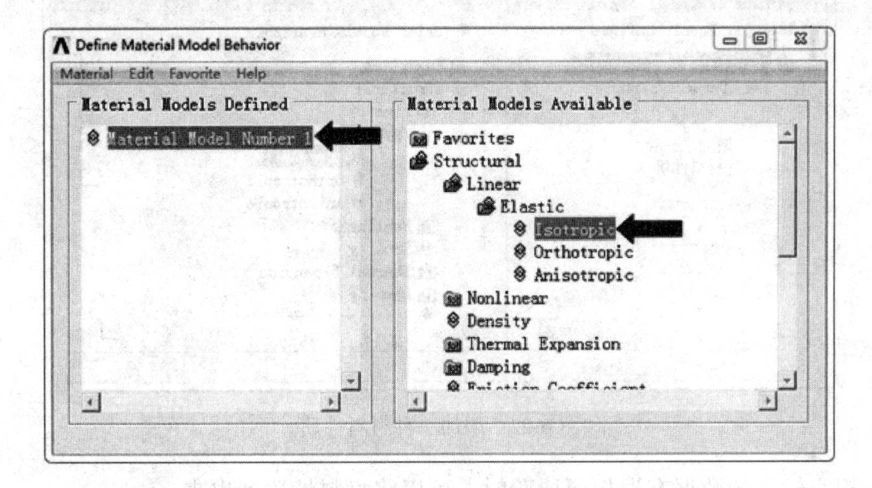

图 6-20 选择材料属性

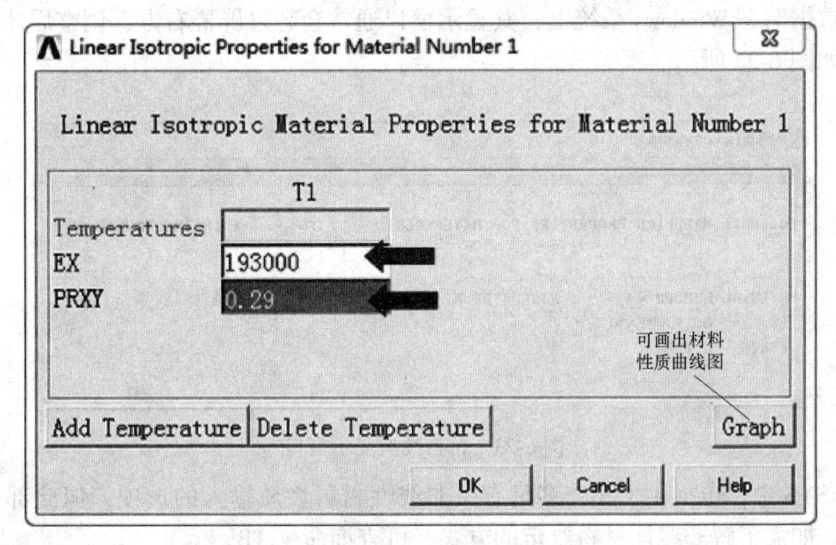

图 6-21 输入 EX 及 PRXY 的值

在 EX 选项输入“193000”，此时的单位是 MPa，PRXY 输入“0.29”，用户可以单击右下角的“Graph”按钮，可以画出材料性质与温度的曲线图。但是因为并未定义两者间的关系，默认为在所有温度下材料性质都相同，所以画出来会是一条直线。完成后单击“OK”按钮即可。

选择 Material > Exit 就可以跳出此窗口。

如果想再增多一组材料性质，可选择 Material > New Model 命令，此时会出现一个窗口要求输入编号。默认情况下，ANSYS 会自动将编号加 1，完成后，重复以上步骤即可再增加一组材料性质（见图 6-22）。此外，也可以直接先选好某一组材料性质中的某些数据，然后选择 Edit > Copy... 命令复制到其他组的数据中，如果要删除它单击“Delete”即可。

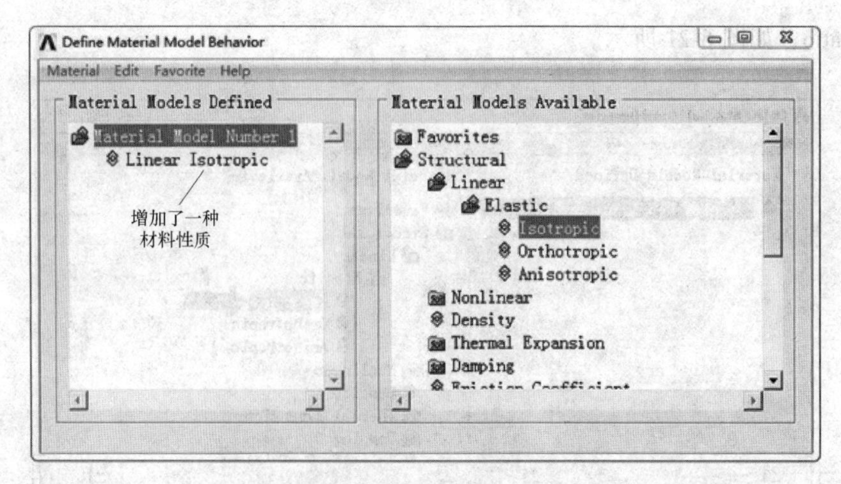

图 6-22 增加一种材料性质

如果担心输入的数据有误想要检验时，可以将材料性质列出来。

Utility Menu：List > Properties > All Materials

列示数据时在 Windows 系统上，其显示窗口通常会超过屏幕右方，调整后才能看到完整窗口，如图 6-23 所示。

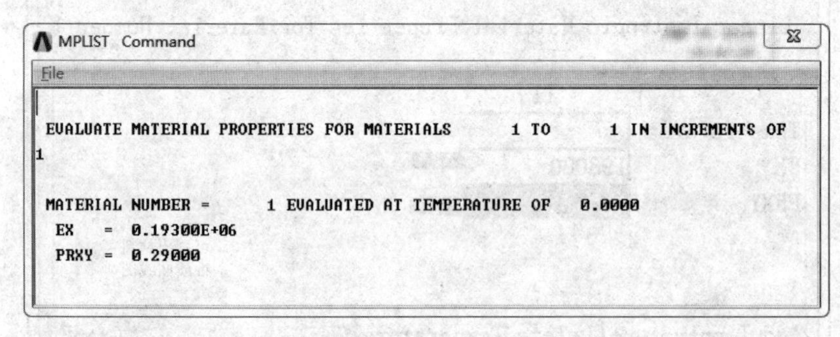

图 6-23 材料性质显示窗口

在 ANSYS 中，也提供了相当多具有关非线性材料性质输入的选项，但此部分本书未进行讨论。如需了解非线性材料给定的方式，可查询命令 TB。

6.4.3 建立实体模型

在开始建立实体模型前必须先了解 ANSYS 建立模型的原则和技巧，以及相关的辅助工具。本节将先介绍 2D 的模型建立方式、坐标系统及部分布尔运算命令。在 ANSYS 中，当用户使用 2D 的元素模拟 3D 的对象时，模型所建立的平面一定要在 *XY* 平面上，否则会无法产生有限元素模型，这是用户要注意的。

6.4.3.1 建立实体模型的基本概念

在建立几何模型前，必须先了解 ANSYS 定义几何模型的原则，ANSYS 所使用的是 geometry base 系统，将实体模型以点（key point）、线段（line）、面积（area）、体积（volume）4 种对象来描述，所以并无一般 CAD 软件所谓的父子关系，4 种对象之间仅有层级关系。线段由两点构成，面积必须由封闭且相连的线段构成，封闭且相连的面积才能构成体积。一旦成为上层对象的一部分，除非先删除上层的对象，否则底层的对象只能被分割不能被删除。例如，假设一个六面的体积，当用户要删除其中一个面时，必须先做删除体积的命令，并留下面积，这时面积才可以删除，否则直接删除面积只会得到一个错误信息说明，说明此面积已经被其他体积所使用无法删除。此外，面积以下的对象也一样不可删除。构成实体模型的对象如图 6-24 所示。

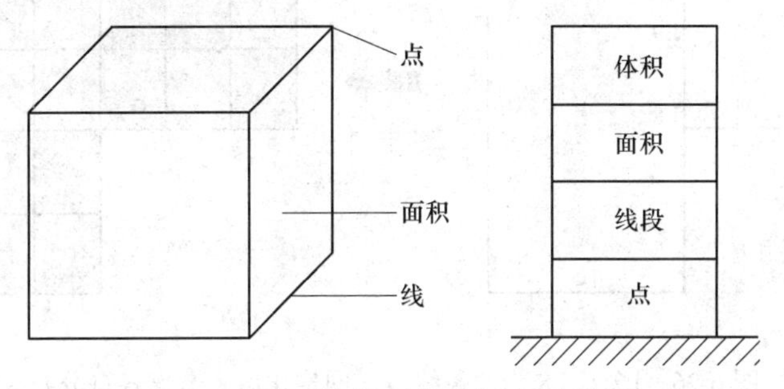

图 6-24　构成实体模型的对象，有层级关系

以下还必须要说明的是共点、共线、共平面的问题。假设当同属性的几何原件共享次一层的几何原件时，表示两个对象是相连的。如果只是相邻在一起或重叠在一起，只要两个对象没有共享任何几何原件，则视为两个不相干的对象。此差异主要在于网格化时，只有相连的两个对象，其元素才会共享中间的节点，数据才能在元素间相互传递。图 6-25 所示为两平面共享 L9 时的情形，图 6-26 所示为 L2 及 L8 两条线段网格化后的情形。

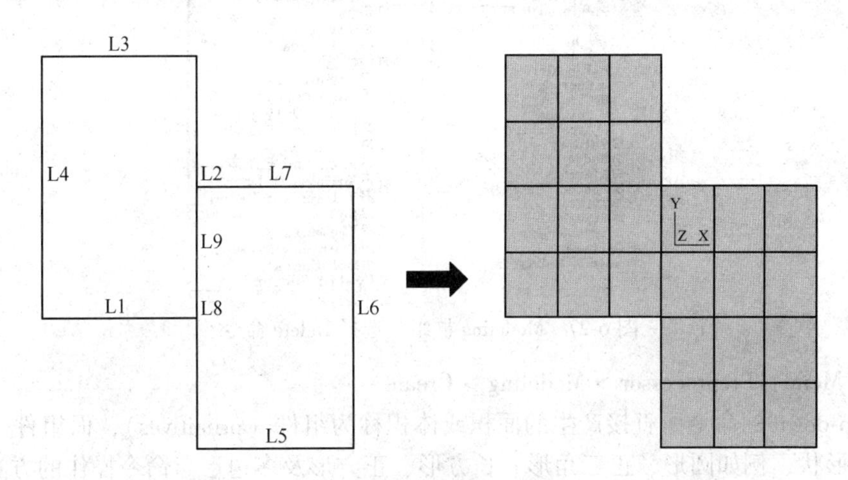

图 6-25　两平面共享 L9，网格化（mesh）后，节点会共享

模型的建立方式分为两种，一种是以简单的几何模型组件相互加减（布尔运算）做出想要的模型，称为 top-down。此种方式在建立模型时，会同时建立所需的组件，例如，当建立一个六面体时，所需的点线面，均会同时建立，所建立的几何形状，也会仅限于命令提供的几种。另一种是建立点，再建线，然后合成面，合成体，称为 bottom-up。此种方式可建立形状较复杂的模型，但是用户就必须花较多的时间去处理，一般建立模型时两种方法都会用到。跟建立实体模型有关的命令都在 Modeling 这个群组里（见图 6-27），在此先以 top-down 的命令为例进行说明。

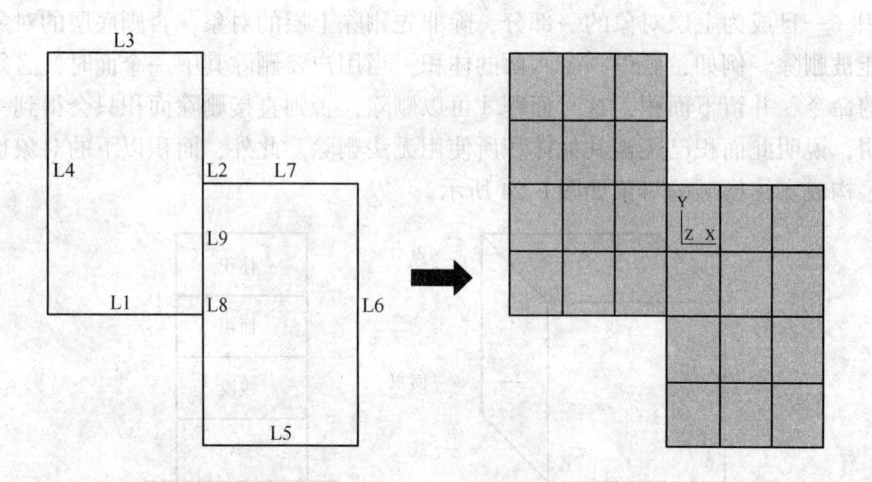

图 6-26 L2 及 L8 为两条线段，网格化后，节点各自分开

图 6-27 Modeling 群组、选择 Delete 命令

Main Menu：Preprocessor > Modeling > Create

以 top-down 的命令所直接产生的面积或体积称为组件（primitives），而组件一般固定只有几种形状，例如圆形、正三角形、长方形、正方形及多边形。命令操作的方式相当简单，下面以建立中空的圆为例进行说明。

Main Menu：Preprocessor > Modeling > Create > Areas > Circle > Annulus

top-down 命令的操作界面如图 6-28 所示。

用户可以直接在 Graphic Window 中单击坐标位置，先选择中心点的位置，然后单击鼠标左键，此时左下角 Pick Window 会显示出坐标位置，移动鼠标决定半径再单击鼠标左键，再移动一次鼠标再单击左键完成。用户也许会觉得很难一次就选中所要的中心位置，但在 ANSYS 中是可以拖曳的，先将鼠标左键按住，再移动鼠标，移到正确位置松开鼠标即可。如果选错想进行更改，可单击鼠标右键。注意此时左边的窗口会从 Pick 选项跳到 Unpick 选项，鼠标光标也会从向上的箭头变成向下的箭头，把鼠标移到

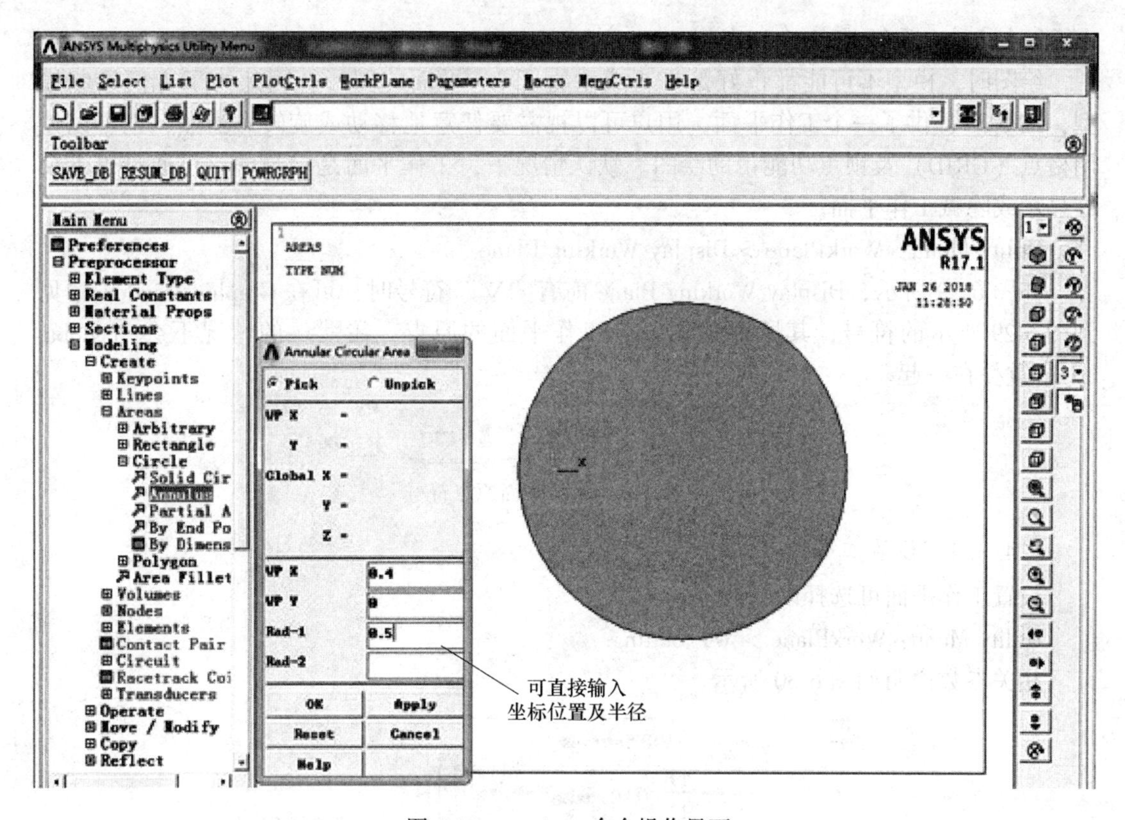

图 6-28 top-down 命令操作界面

刚才的位置，单击左键，即可取消上一次的动作，单击鼠标右键即可在 Pick 与 Unpick 间切换。

建立模型后如果想要删除，必须使用 Delete 命令（见图 6-27）。

Main Menu：Preprocessor > Modeling > Delete

针对不同的对象，ANSYS 提供了不同的删除命令。其中，线段、面积及体积提供了 Only 及 Below 两种方式，差别在于，是否要把几何组件下层的组件一起删除。例如，以 Area Only 的方式删除一个平面，则构成此平面的线段和点将被留下，选择使用 Area and Below，则构成此平面的线段和点将一并被清除。当然，如果有些线段仍被其他面积所使用，则共享的线段将无法被删除。

选择欲删除的方式后，直接在 Graphic Window 中选择所要删除的面积，再单击 Pick Window 里的“OK”按钮即可。

6.4.3.2 坐标系统

任何模型的建立都必须要有一个参考点作为绝对的坐标原点，称为 global origin。而根据此点所建立的坐标系统，称为 global coordinate system。在默认情况下，是卡氏坐标系统，但是为了建立模型，切换坐标系统是必需的。因此，ANSYS 提供两种方式，让用户可以方便地变更坐标系统，一种是 local coordinate systems，这是用户定义的坐标系统，将在稍后的章节讨论；另一种 working plane，可以随用户任意变换位置或转换坐标系，且有一些绘图的辅助功能。

6.4.3.3 工作平面（working plane）

绘图时，模型不可能都正好是平行或垂直于 *XY* 平面的图形，因此为了方便绘制模型，ANSYS 提供了一个工作平面，用户可以视需要任意地移动或旋转。当然，也可以使用格点（GRID）及锁点功能帮助绘图。默认情况下，工作平面是隐藏的，可通过以下命令显示或隐藏工作平面。

Utility Menu：WorkPlane > Display Working Plane

如图 6-29 所示，Display Working Plane 前有“√”符号时，可在 Graphic Window 中见到图 6-29 所示的符号，其所在位置就是工作平面的原点。在默认的情况下会与 global origin 重叠在一起。

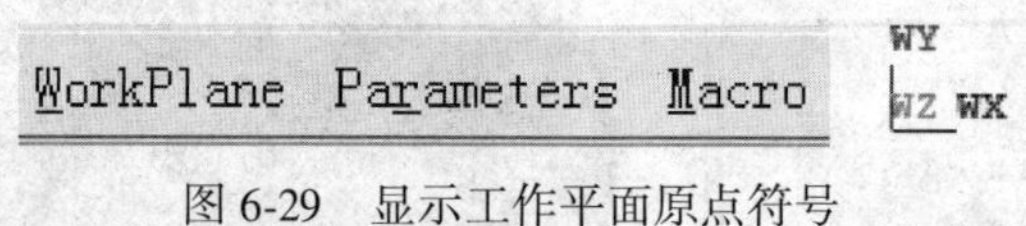

图 6-29 显示工作平面原点符号

6.4.3.4 设置工作平面

设置工作平面可选择以下命令：

Utility Menu：WorkPlane > WP Setting...

相关参数说明如图 6-30 所示。

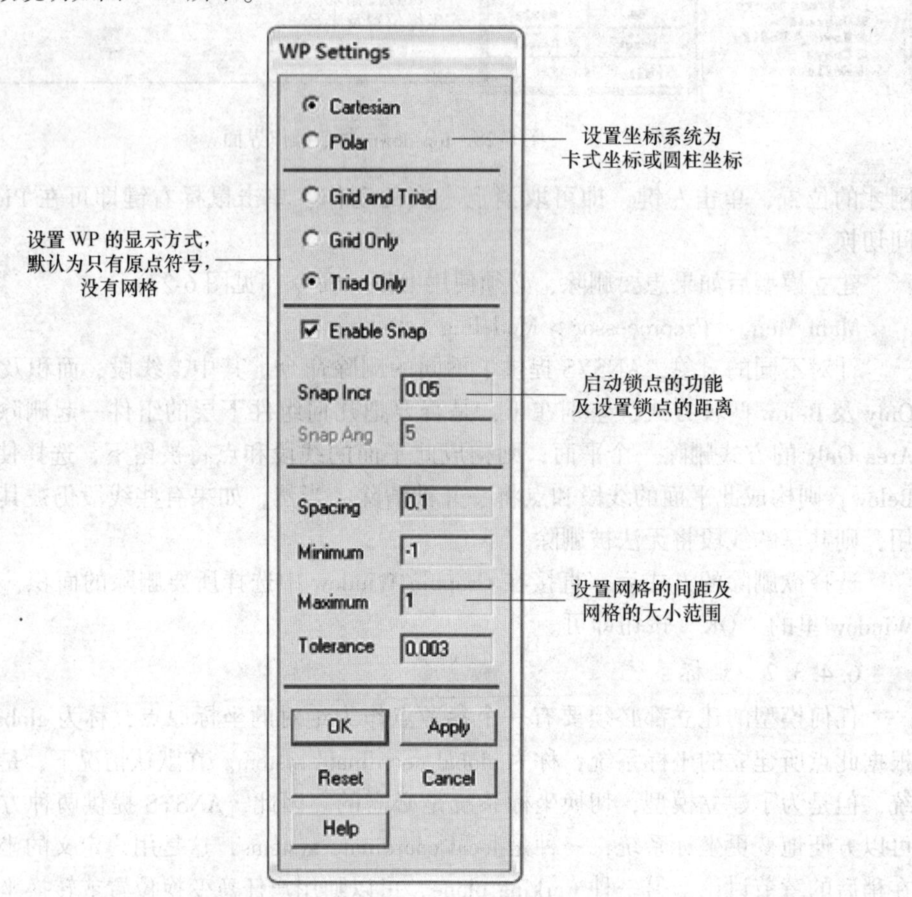

图 6-30 设置工作平面参数

工作平面的锁点功能，只能让鼠标以固定的距离在屏幕上跳动，即启动 Snap 后，用鼠标所选择的坐标位置必是 Snap Incr 的整数倍数。网格上的点并无帮助定位的功能，只能方便用户看出模型的大小，网格的范围也不是工作平面的范围，工作平面是一个无限大的平面。

用户以 top-down 方式建立模型时，命令所参考的坐标系统，都是工作平面，如果用户注意到绘图要选取位置时，窗口中所显示的提示都是 WP。

下面介绍移动工作平面。移动的方式有很多种，在此先介绍使用移动到点上的方式，即工作平面的中心会和点重叠，此方法可免去绘图时还要计算坐标位置的麻烦。

Utility Menu：WorkPlane > Offset WP to > Keypoints

此时，只需要直接在 Graphic Window 选取点，如果选取多个点，则工作平面就会移到这些点的中心。

在 KWPAVE 这个命令中，用户可发现只能指定 9 点，但是使用 GUI 操作时却无此限制，这是因为使用 GUI 操作时 ANSYS 有一组相关命令用于记录用户所单击的对象或位置，搭配使用后，就可以突破命令的限制。

6.4.3.5　布尔运算

布尔运算可以让用户通过几何组件的相互加减做出所需的模型。布尔运算的选项相当多，在此将先介绍面积的相加（add）、相减（subtract）和分割（divide），其他对象的工作方式也都是大同小异。面积相加的示意图如图 6-31 所示。

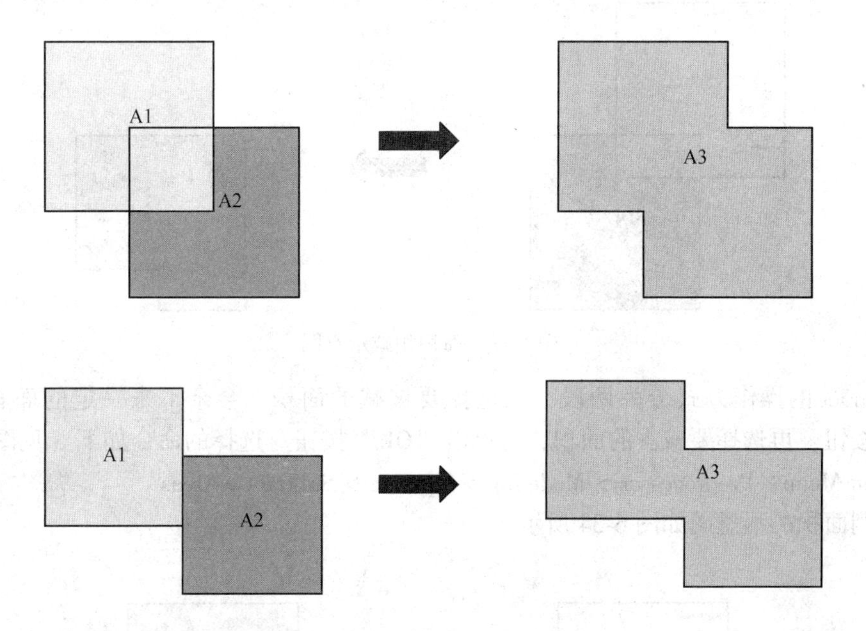

图 6-31　将多个面积相加成单一对象

area add 的操作方式相当简单，只要选取要相加的面积再单击“OK”按钮即可，但是 ANSYS 只能处理平面相加。选择的命令如下（见图 6-32）：

Main Menu：Preprocessor > Modeling > Operate > Add >Areas

面积相减的示意图如图 6-33 所示。

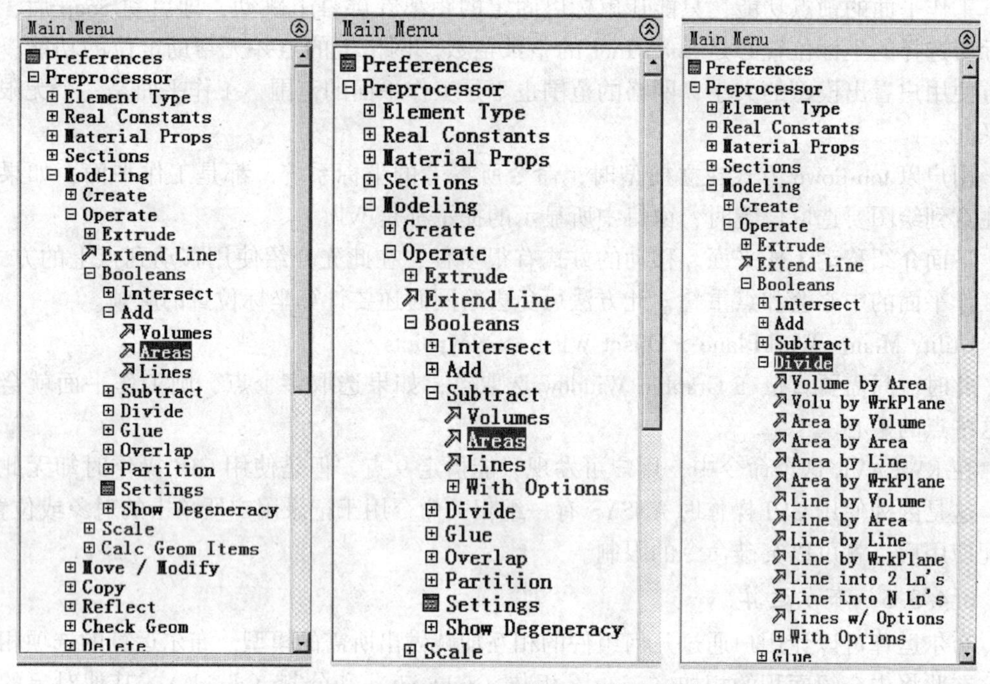

图 6-32 选择相加、相减、相割面积命令

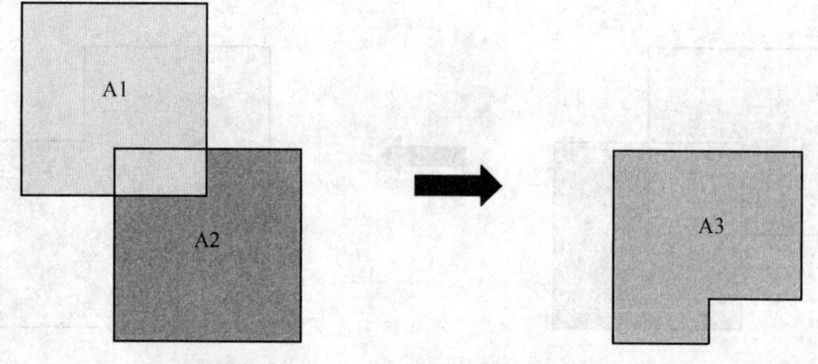

图 6-33 面积相减示意图

subtract 的操作方式分为两段，先选择要被减的面积，会余下来一定的面积，单击“OK”按钮，再选择要减去的面积，再单击“OK”按钮。选择的命令如下（见图 6-32）：

Main Menu：Preprocessor > Modeling > Operate > Subtract >Areas

分割面积的示意图如图 6-34 所示。

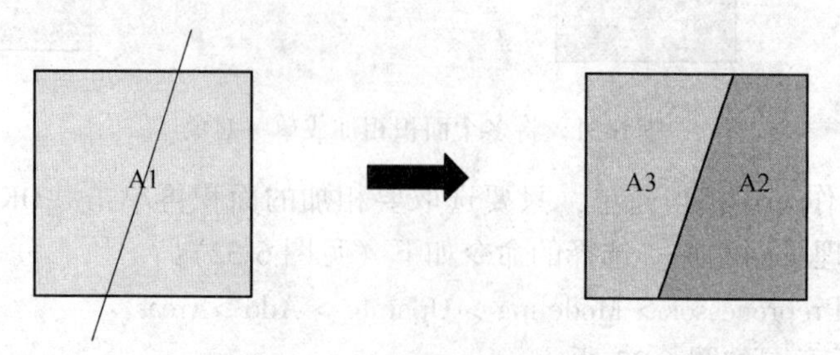

图 6-34 分割面积示意图

分割面积的方式有 4 种，基本上都是大同小异，面积在分割后中间的线段默认是共享的，而作为分割面积的对象，默认会删除掉。

divide 的操作方式和 subtract 基本上相同，先选择要被分割的面积单击“OK”按钮，再选择分割面积的对象，单击“OK”按钮。选择的命令如下（见图 6-32）：

Main Menu：Preprocessor > Modeling > Operate > Divide

subtract 和 divide 所使用的命令的族群其实是相同的，所以当对象是同等级且相重叠时是 subtract，其余皆为 divide。

布尔运算后对象的编号会改变，默认情况下，是将最小的空号指定给新产生的对象。了解 ANSYS 建立模型的原则及工具后，即可开始建立模型。

综上分析，悬臂支架受非均布荷载，ANSYS 的具体操作步骤为：

（1）指定分析范畴为结构分析。Main Menu：Preference > 选中 Structural > OK。设置如图 6-35 所示的对话框。

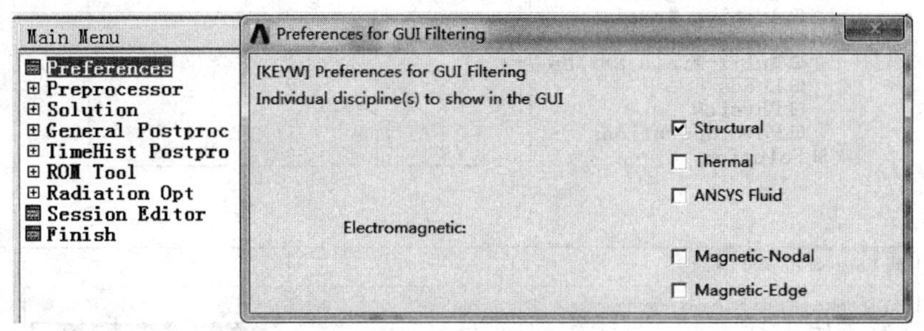

图 6-35 Preference 对话框

（2）定义工作文件名。Utility Menu：File > Change Jobname，在弹出图 6-36 所示的对话框中输入“Support”，单击“OK”按钮。

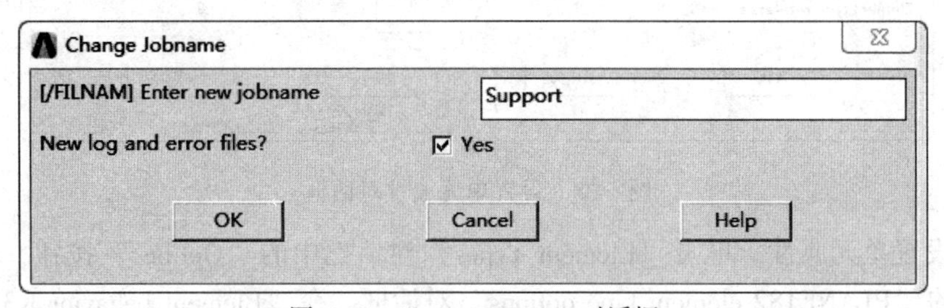

图 6-36 Change Jobname 对话框

（3）定义工作标题。Utility Menu：File > Change Title，在弹出图 6-37 所示的对话框中输入“Support，40N”，单击“OK”按钮。

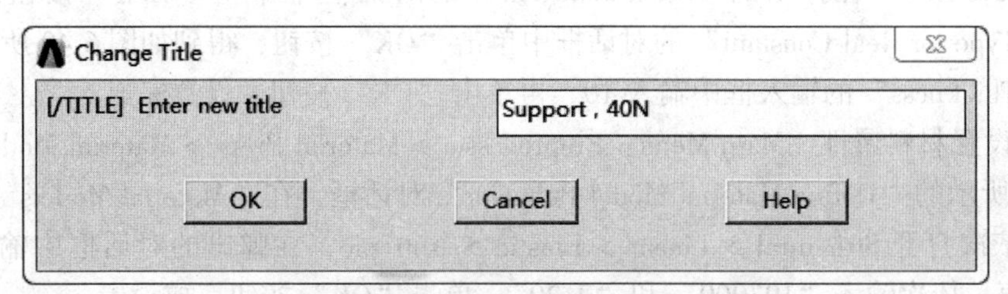

图 6-37 Change Title 对话框

（4）选择单元类型。Main Menu：Preprocessor > Element Type > Add/Edit/Delete > Add，弹出如图 6-38 所示的对话框。在“Library of Element Type”对话框中分别选择“Solid”和“Quad 4node 182”，单击“OK”按钮。

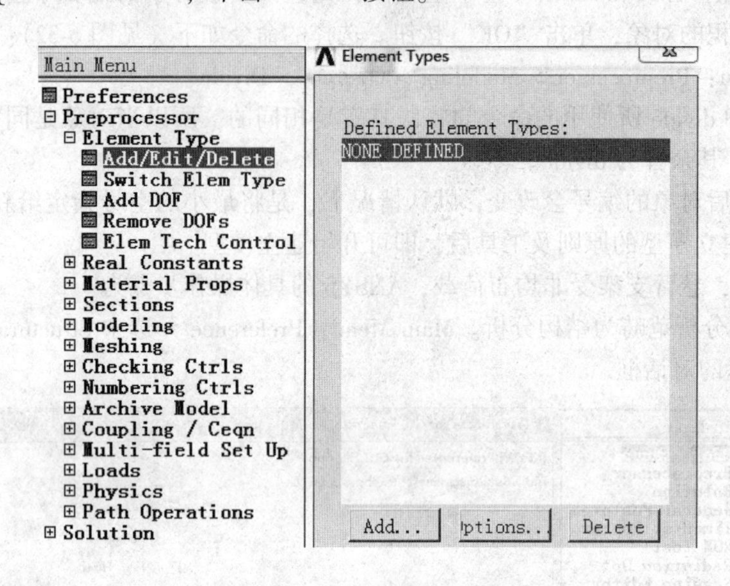

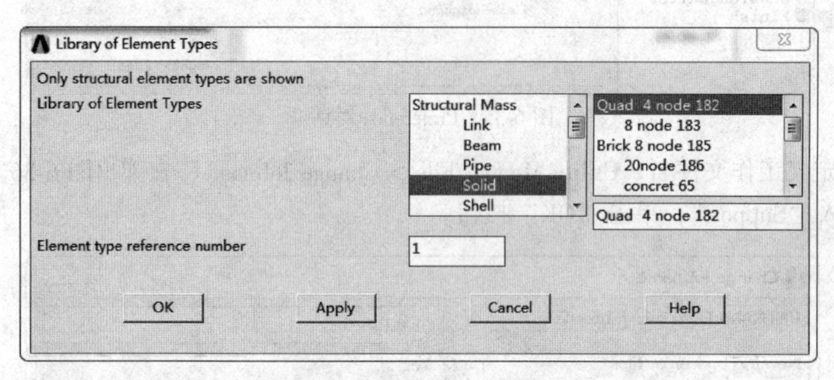

图 6-38　设置单元属性对话框

（5）设置单元属性。单击“Element Types”对话框中的“Options”按钮，弹出如图 6-39 所示的“PLANE182 element type options”对话框，在“Element behavior K3”下拉列表框中选择“Plane strs w/thk”选项，单击“OK”按钮，完成设置。

（6）设置元素的特性参数（real constant）。Main Menu：Preprocessor > Real Constants > Add/Edit/Delete，在弹出的“Real Constant”的对话框中单击“Add”按钮，然后在“Element Type for Real Constant”的对话框中单击“OK”按钮，得到如图 6-40 所示的对话框，在“Thickness”的输入框中输入 10，再单击“OK”按钮，设置完成。

（7）设置材料属性。Main Menu：Preprocessor > Material Props > Material Models，弹出如图 6-41 所示的“Define Material Model Behavior”对话框，在“Material Models Available”列表框中依次打开 Structural > Linear > Elastic > Isotropic，在弹出的对话框中输入 EX 和 PRXY 的值，依次输入“193000”和“0.29”，单击“OK”按钮完成设置。

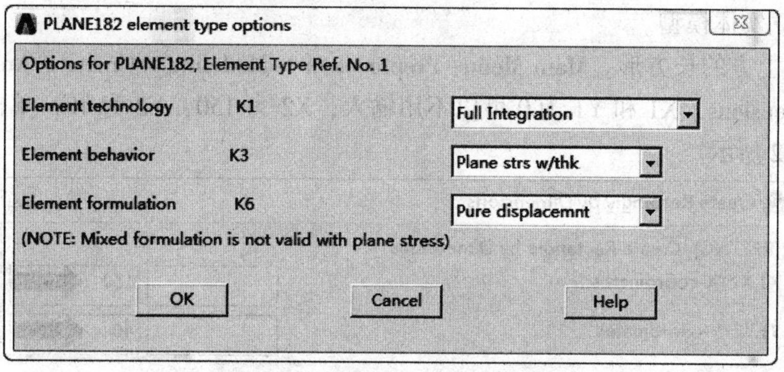

图 6-39 设置单元属性对话框

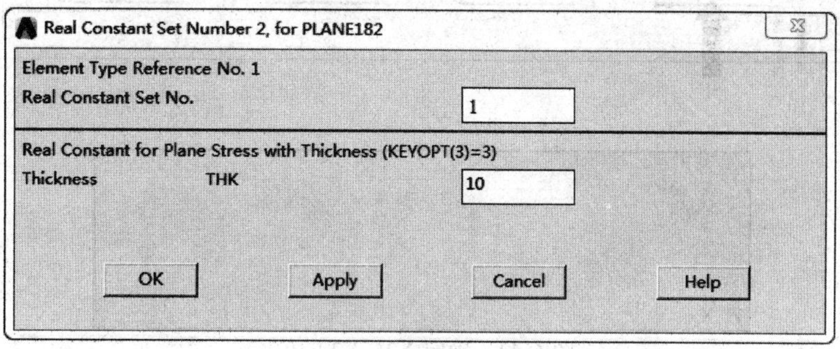

图 6-40 设置 Real Constant

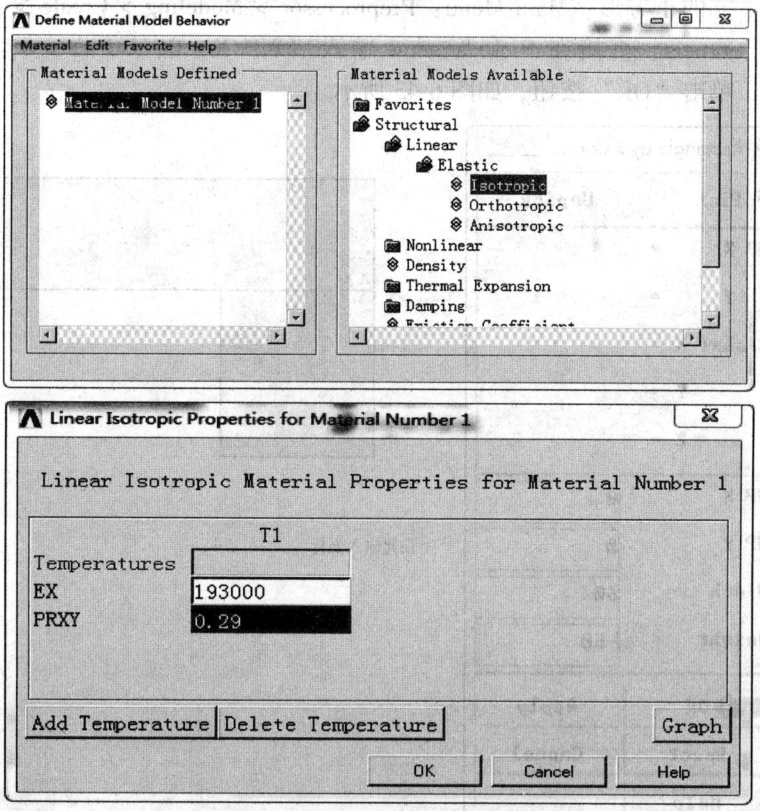

图 6-41 设置材料属性对话框

（8）建立实体模型。

1）建立上方的长方形。Main Menu：Preprocessor > Modeling > Create > Areas > Rectangle > By Dimensions，X1 和 Y1 为 0 可以不用输入，X2 为 150，Y2 为 40，单击“OK”按钮，如图 6-42 所示。

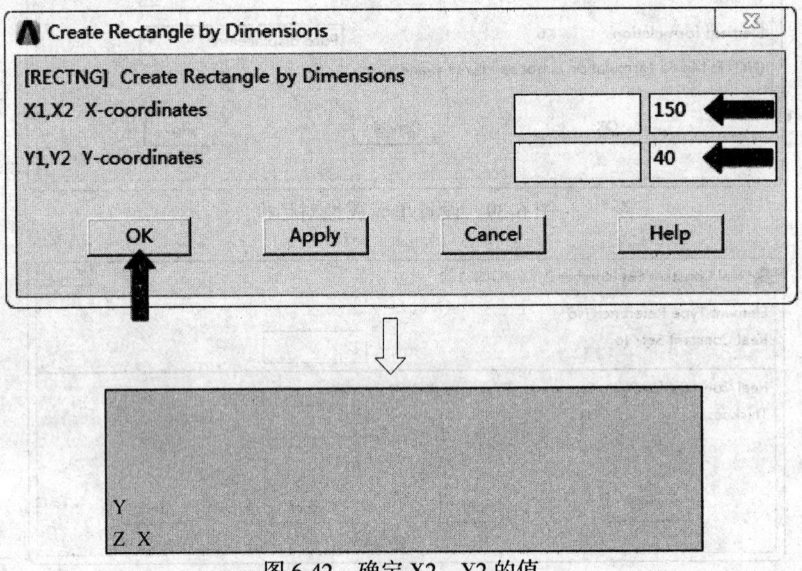

图 6-42 确定 X2、Y2 的值

2）建立下方的正方形。Main Menu：Preprocessor > Modeling > Create > Areas > Rectangle > By 2 Corners，直接在 Pick Window 输入“WP X = 0，WP Y = 0，Width = 60，Height = -60”，单击“OK”按钮，如图 6-43 所示。

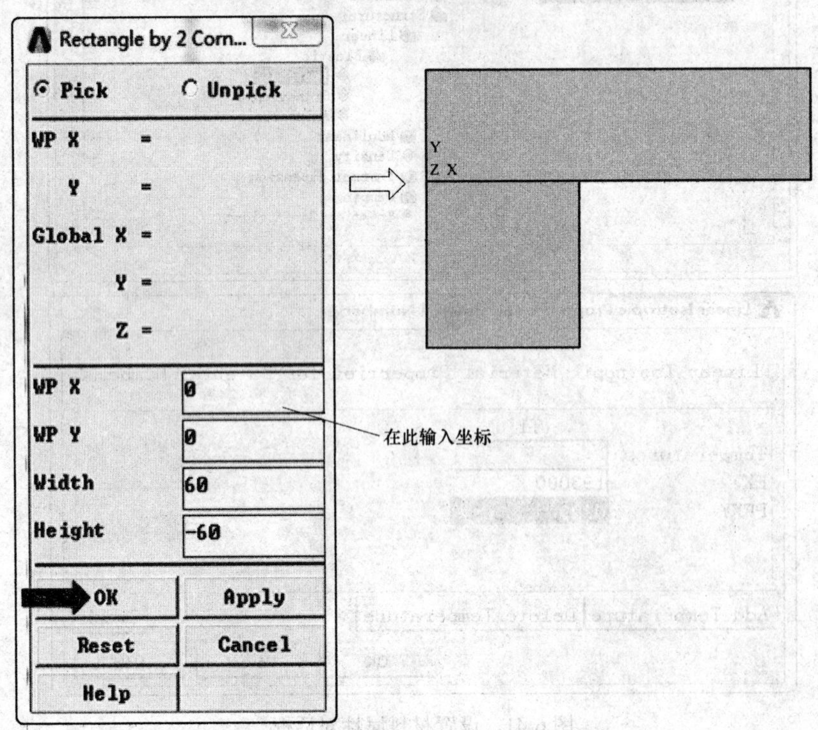

图 6-43 在 Pick Window 中输入坐标值

3）建立右边的半圆形。

①显示工作平面 Utility Menu：WorkPlane > Display Working Plane。

②移动工作平面到上边长方形右边的中心，如图 6-44 所示。

Utility Menu：WorkPlane > Offset WP to > Keypoints，拾取最右边竖直线的两个端点（图中 *A*、*B* 点），单击“OK”按钮，使工作平面移到两点的中心。

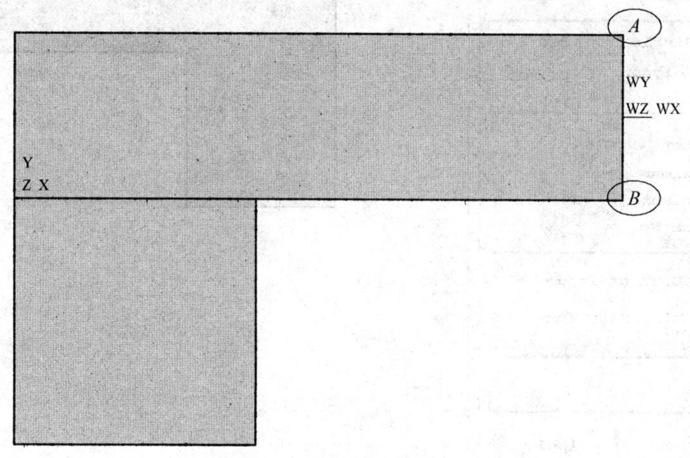

图 6-44 移动工作平面

③建立圆形，如图 6-45 所示。

Main Menu：Preprocessor > Modeling > Create > Areas > Circle > Solid Circle，在弹出的“Solid Circular Area”的对话框中依次输入“WP X = 0，WP Y = 0，Radius = 20”，然后点击“OK”按钮。

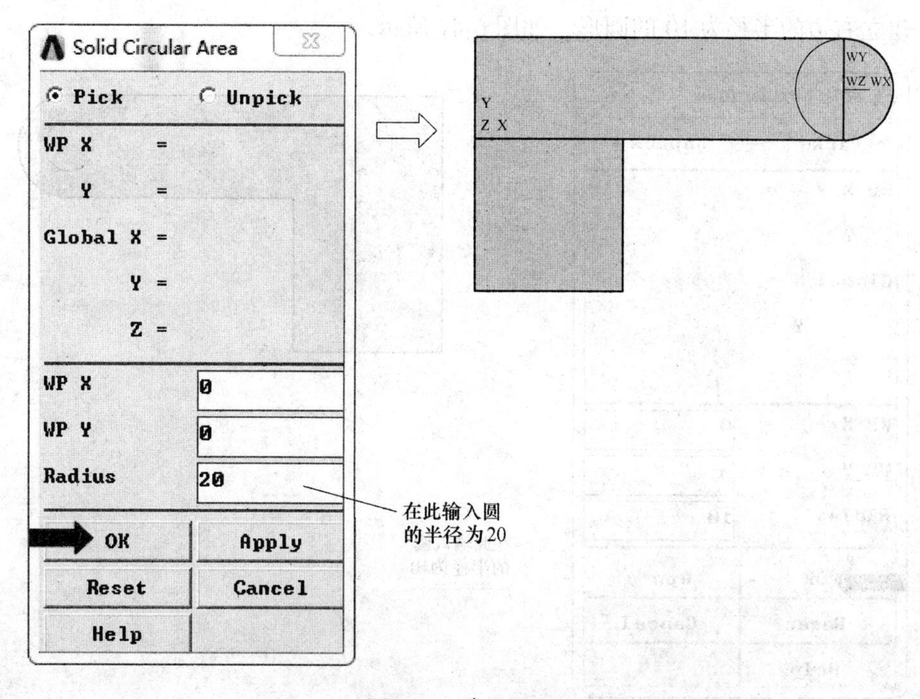

图 6-45 建立圆形

④用布尔运算相加所有的面积。Main Menu：Preprocessor > Modeling > Operate > Booleans > Add > Areas，在弹出的“Add Areas”对话框中单击“Pick All”按钮即可，所有面积会合成一块，如图 6-46 所示。

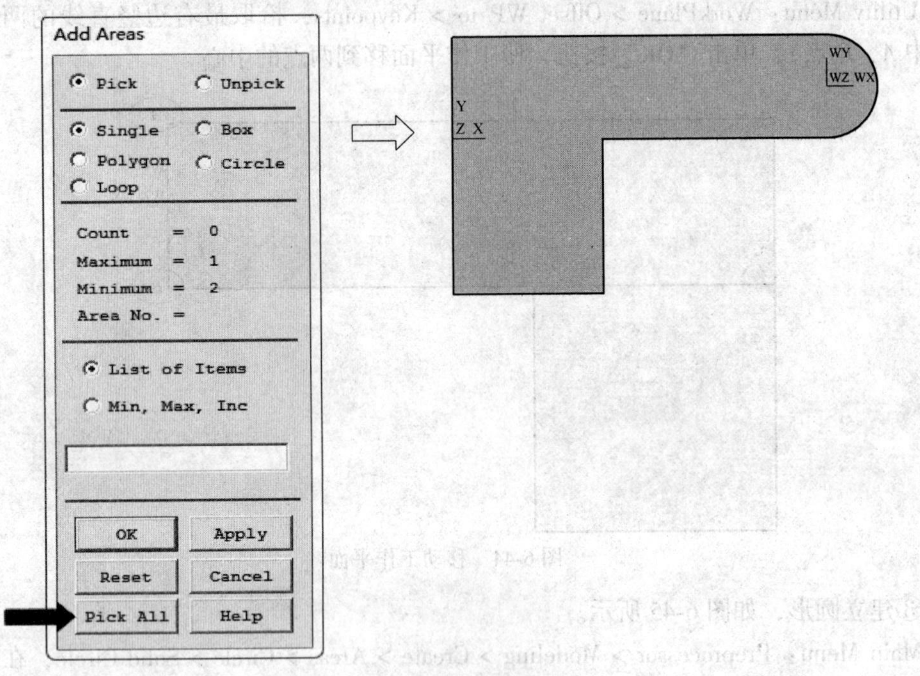

图 6-46　相加所有的面积

4）建立两个圆形孔。

①建立右边的半径为 10 的圆形，如图 6-47 所示。

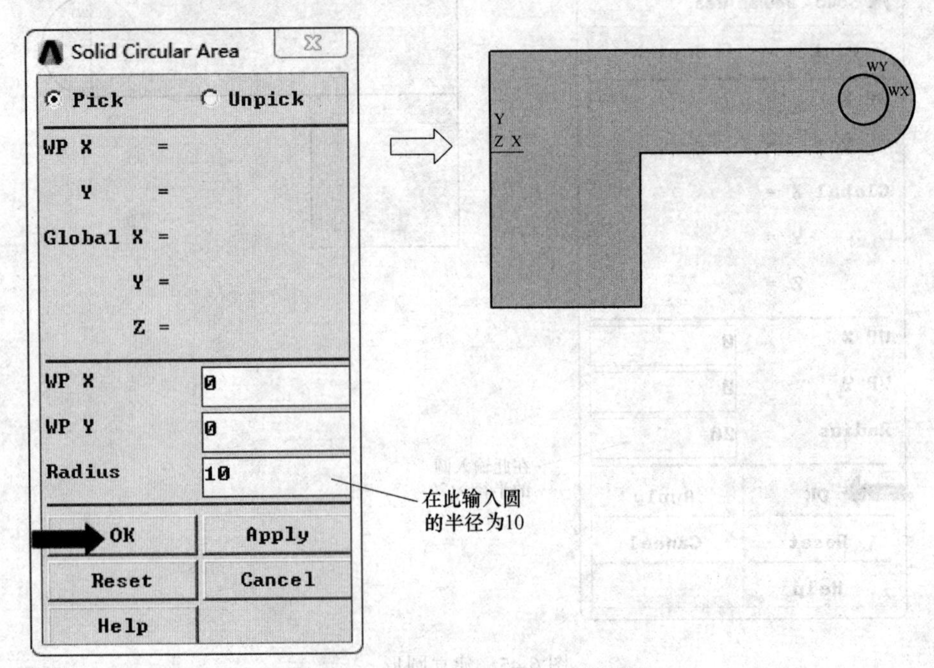

图 6-47　建立右边半径为 10 的圆形

Main Menu：Preprocessor > Modeling > Create > Areas > Circle > Solid Circle，在弹出的“Solid Circular Area”对话框中输入半径为 10，单击“OK”按钮。

②移动工作平面至下边正方形中心，如图 6-48 所示。

Utility Menu：WorkPlane > Offset WP to > Keypoints，然后拾取正方形的 4 个端点（*A*、*B*、*C*、*D*），单击“OK”按钮。

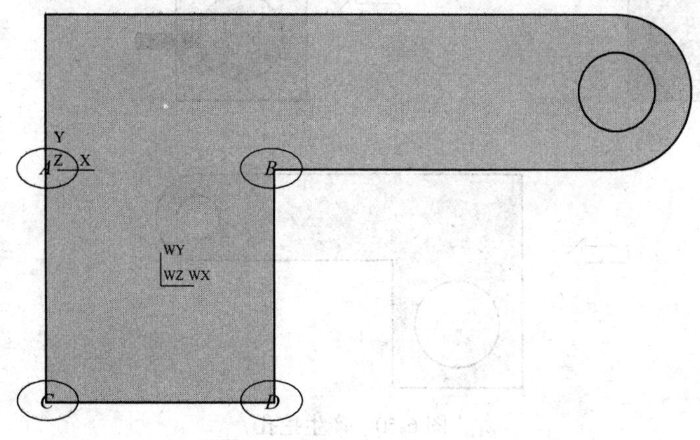

图 6-48　拾取正方形的四个端点

③建立一个半径为 20 的圆形，如图 6-49 所示。

Main Menu：Preprocessor > Modeling > Create > Areas > Circle > Solid Circle，在弹出的“Solid Circular Area”对话框中输入半径为 20，单击“OK”按钮。

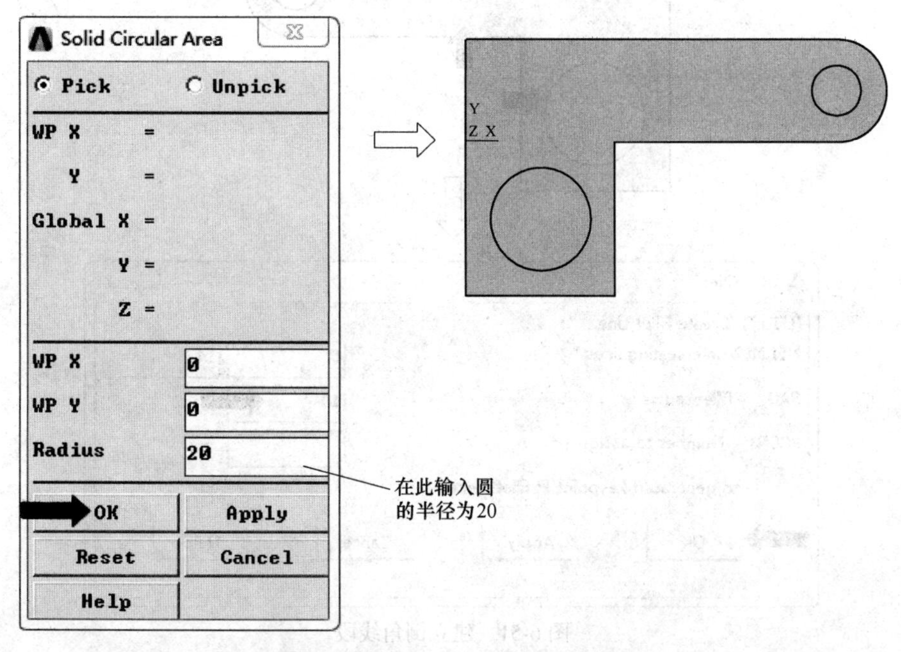

图 6-49　建立半径为 20 的圆形

④使用布尔减运算（Subtract Area）产生挖孔，如图 6-50 所示。

Main Menu：Preprocessor > Modeling > Operate > Booleans > Subtract > Areas，先拾取整

个图形的面积，单击“Apply”按钮，然后拾取两个圆形，再单击“OK”按钮，即可产生挖孔。

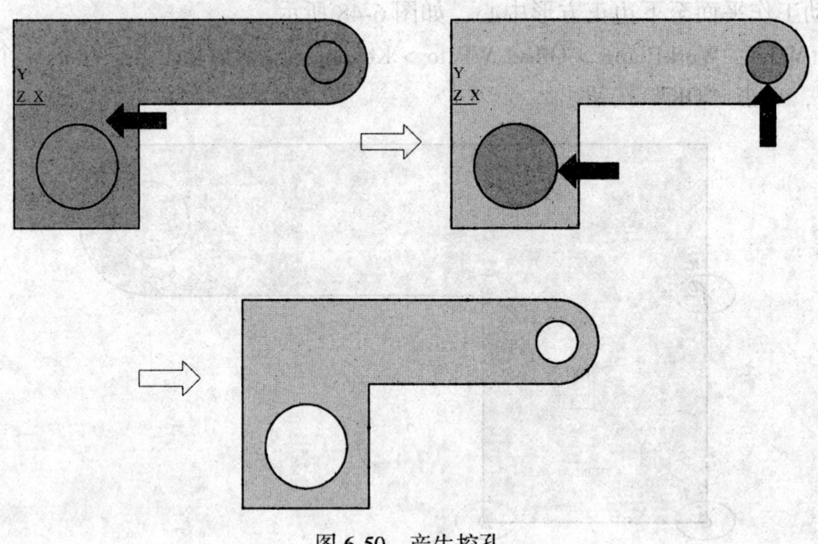

图 6-50 产生挖孔

5）建立图形转弯处的倒角。

①建立倒角的线段，如图 6-51 所示。

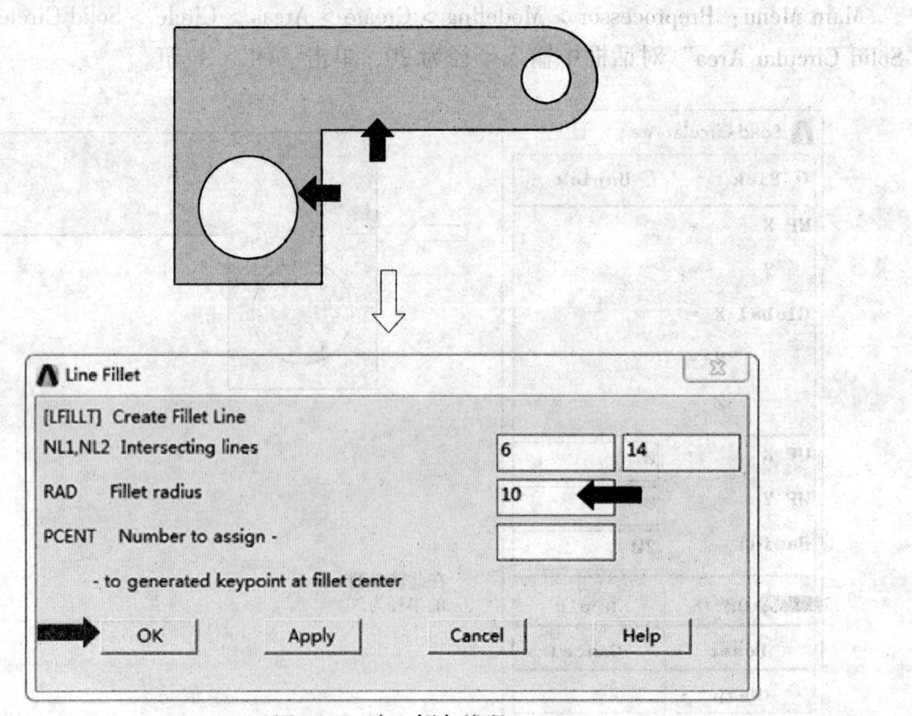

图 6-51 建立倒角线段

Main Menu：Preprocessor > Modeling > Create > Line > Line Fillet，然后拾取内部两条线段，单击“OK”按钮。弹出“Line Fillet”对话框，在“RAD Fillet radius”输入框中输入半径为 10，然后单击“OK”按钮。完成之后，图面上可能无法看清楚，此时，用户可

以使用 Line Plot 查看（Utility Menu：Plot > Lines），如图 6-52 所示。

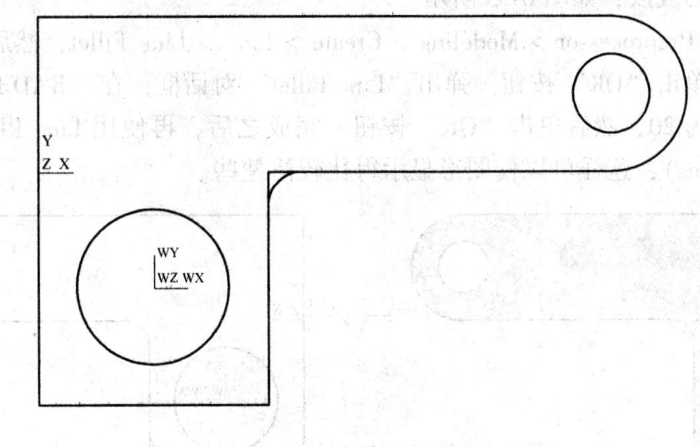

图 6-52　倒角后的结果

②以线段合成面积。Main Menu：Preprocessor > Modeling > Create > Areas > Arbitrary > By Lines，拾取中间的两条直线和一条曲线，然后单击“OK”按钮，如图 6-53 所示。

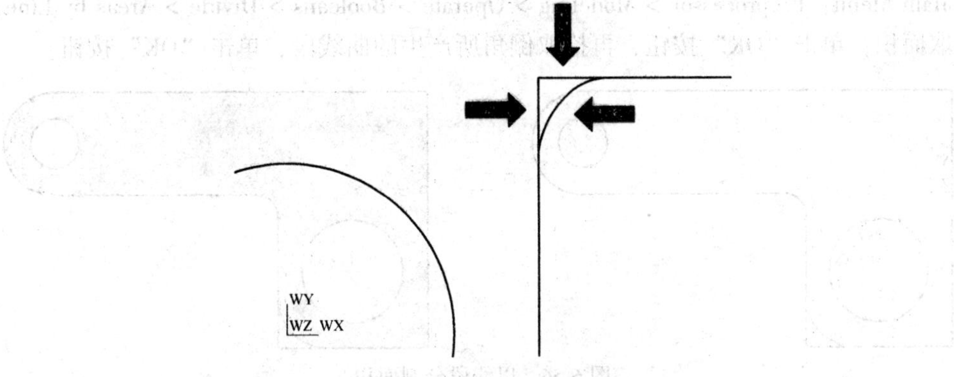

图 6-53　以线段合成面积

③使用 Add Areas 将面积合成一块。Main Menu：Preprocessor > Modeling > Operate > Booleans > Add > Areas，在弹出的对话框中直接单击“Pick All”按钮，得到图 6-54。

图 6-54　完成中间转弯处倒角的建立

6）建立正方形右下方的倒角。

①建立倒角的线段，如图 6-55 所示。

Main Menu：Preprocessor > Modeling > Create > Line > Line Fillet，然后拾取正方形右下角两条线段，单击“OK”按钮。弹出“Line Fillet”对话框，在“RAD Fillet radius”输入框中输入半径为 20，然后单击“OK”按钮。完成之后，再使用 Line Plot 观看（Utility Menu：Plot > Lines），这样可以使图形显示得比较清楚些。

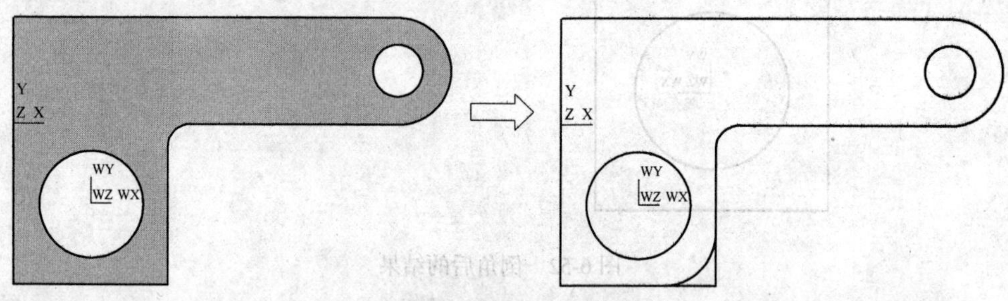

图 6-55 建立倒角的线段

②以线段分割面积，如图 6-56 所示。

Main Menu：Preprocessor > Modeling > Operate > Booleans > Divide > Areas by Line，然后拾取面积，单击“OK”按钮，再拾取倒角所产生的曲线段，单击“OK”按钮。

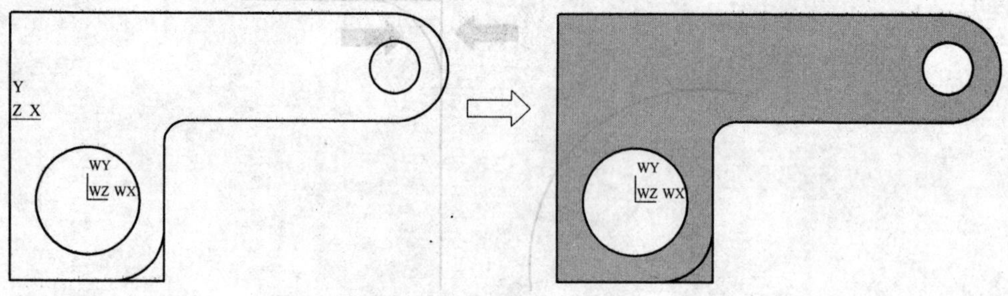

图 6-56 以线段分割面积

③删除面积，如图 6-57 所示。

Main Menu：Preprocessor > Modeling > Delete > Area and Below，然后拾取正方形右下角所要删除的面积，单击“OK”按钮即可。完成之后，再使用 Area Plot 查看（Utility Menu：Plot > Areas），这样可以使图形显示得比较清楚些。

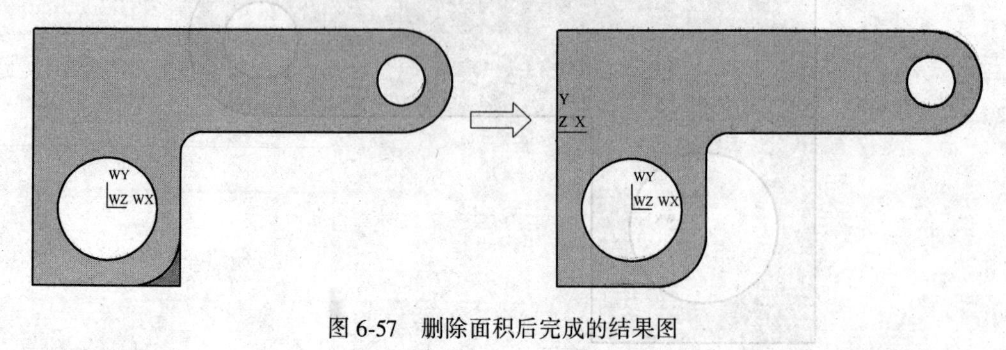

图 6-57 删除面积后完成的结果图

上面（1）~（8）完成了实体模型的建立。

6.4.4 建立有限元素模型

建立有限元素模型的方式大致可分为两种：第一种是直接建立节点（node）及元素（element），此种方法只适合于比较简单或规则的模型；第二种就是先做实体模型再按实体模型产生网格，这种方式可以建立比较复杂的模型，且比较有效率。一般把按实体模型产生有限元素模型的操作称为网格化（mesh）。

网格化前，需先指定好相关属性（element attributes），包括元素种类（element type）、real constant 及材料性质，默认都是使用 1 号。在此次分析中并不需要特别指定，因为就只有一种。

网格化的方式分为两种：一种是由计算机自动产生，称为 free mesh；另一种通过人工设置，产生规则的网格，称为 mapped mesh。在此先介绍面积的 free mesh。此种方式对于初学者来说最方便，但是也因此较难控制元素的质量。

网格化前还需要设置的是元素的大小（element size），ANSYS 中有一项称为 smart size 的技术，将元素的大小简单地分成 10 个等级，网格化时，ANSYS 会根据模型的大小自动产生网格，且在曲线的地方会将元素密度提高，直线时会自动把网格放大。这样做有好处也有坏处，好处是有限元素模型会比较接近实体模型，坏处是在不需要网格太密的地方，也会很密。

Main Menu：Preprocessor > Meshing > MeshTool. . .

网格化元素的设置方法如图 6-58 所示。

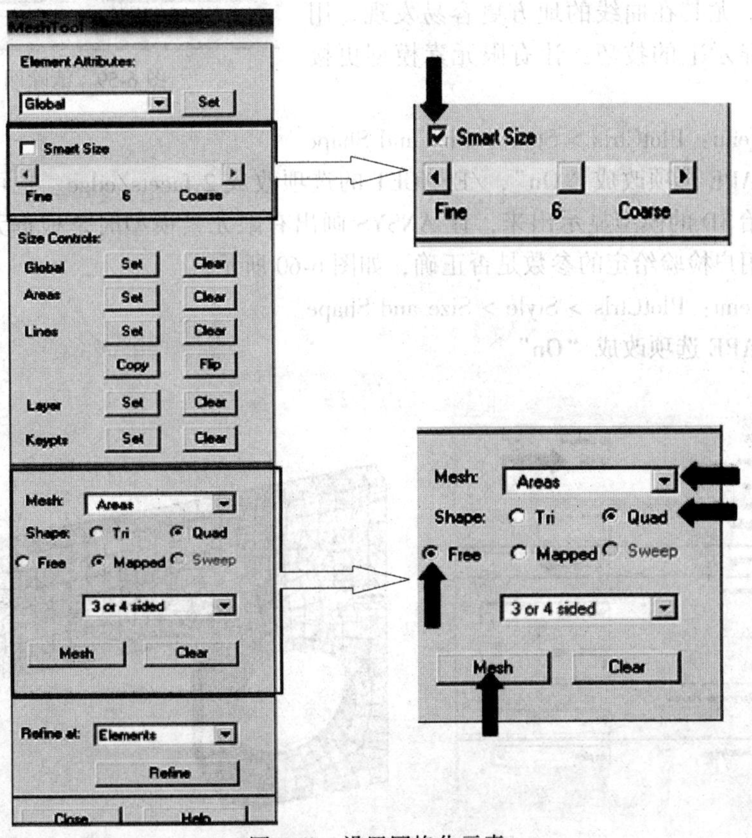

图 6-58 设置网格化元素

ANSYS 将大部分的 Mesh 命令整合于此窗中，选中 Smart Size 复选框，默认是等级 6，在下方的 Mesh 选项中，选择 Areas。Shape 的选项，Quad 表示为四边形，Tri 表示三边形，在此选择 Quad，原因是 plane42 本身就是四边形的元素，且除非实体模型无法以四边形网格化，否则一般情况下均使用四边形。Free 和 Mapped 的选项选择 Free，目的是让 ANSYS 在网格化时如果无法全部以四边形填满，也可以放置一些三边形的元素，单击 Mesh 按钮，再选择 Pick Window 中的 Pick All，即可完成 Mesh，ANSYS 会自动画出元素。仔细观察可以发现所有点的位置均会产生节点于其上，这是 ANSYS 制作网格的原则，所以如想要在某特定位置产生节点，就必须建立点在此位置上。

如果觉得网格建得不好，可重新调整 Smart Size 的等级重复上一次的步骤，ANSYS 会自动询问用户是否要把先前的网格清除掉，再重新网格化。

如果网格化后，想要清除掉，可单击“Clear”按钮，如图 6-59 所示。

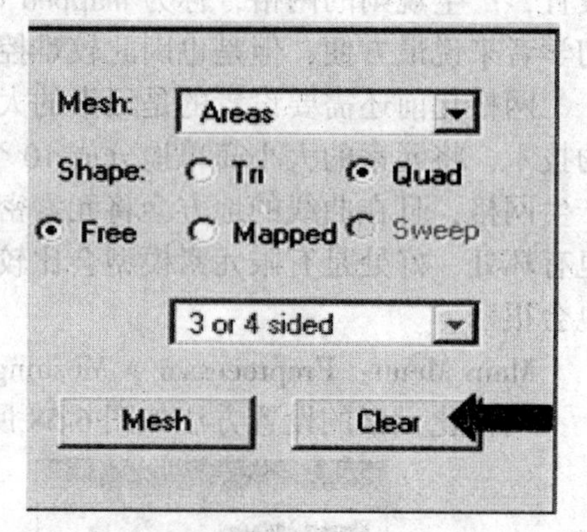

图 6-59　清除网格

选择“Clear”后，直接选取要清除的面积，再单击“OK”按钮即可。

注意：一旦完成 Mesh 后，几何模型就无法更改或使用布尔运算，如果使用命令去更改也只会获得一个警告信息而已。

仔细观察网格，可以发现元素的外框皆是以直线表示的，尤其在曲线的地方更容易发现。用户可以利用显示上的技巧，让有限元素模型更接近实体模型。

Utility Menu：PlotCtrls > Style > Size and Shape

将/ESHAPE 选项改成“On”，/EFACET 的选项改成 2 facets/edge。也可以利用显示的技巧将原始 3D 的模型显示出来，让 ANSYS 画出有限元素模型时是根据元素的特性参数，以方便用户检验给定的参数是否正确，如图 6-60 所示。

Utility Menu：PlotCtrls > Style > Size and Shape

将/ESHAPE 选项改成“On”。

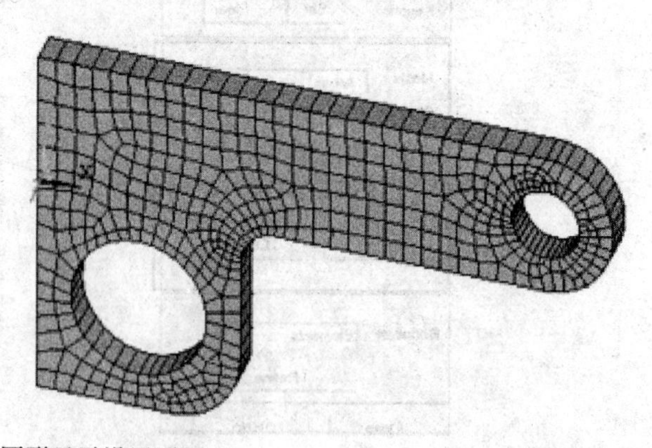

图 6-60　图形显示设置画面

根据上面的分析，在本例题中采用自由划分（free mesh）的方法，建立有限元模型。根据6.4.3节所建立的实体模型，进行网格的划分，形成有限元模型。

ANSYS中的操作步骤如下：

Main Menu：Preprocessor > Meshing > MeshTool，在弹出的“MeshTool”对话框中，勾选“Smart Size”复选框，精度等级显示为4，然后勾选“Quad”“Free”，在点击Mesh按钮，即可完成网格的划分。网格化后的图形如图6-61所示。

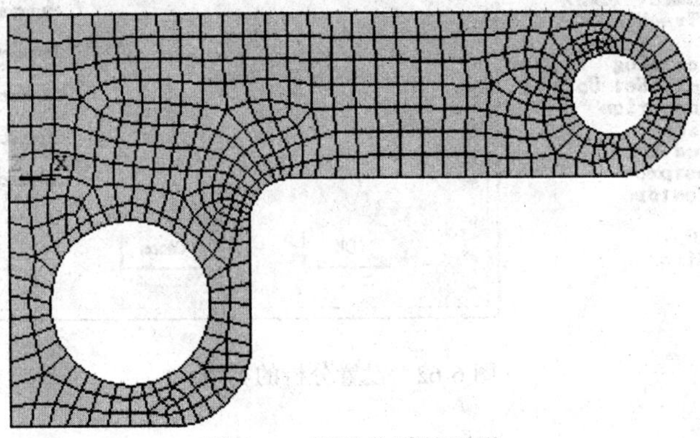

图6-61 网格化后的图形

6.4.5 分析的种类及选项

开始分析时首先要决定分析的种类，告诉计算机要进行何种分析。在结构分析中，分析的种类可分为以下几种。

（1）Static：静态结构分析，用于分析静态结构受力后的变形与应力应变。

（2）Modal：模态分析，用于求得物体的自然振动频率及振形。

（3）Harmonic：用来计算结构在频率空间（frequency domain）下的稳态行为。

（4）Transient：瞬时模拟，模拟物体受力后，应力、应变及位移随时间变化的情形。

（5）Spectrum：频谱分析或随机振动分析。

（6）Substructure：子结构分析。

（7）Buckling：屈曲分析。

随着所分析的物理现象的不同，就会出现不同的分析种类。例如，在热传导分析中只分为两种：

（1）steady-state：稳态的热传导模拟。

（2）transient：瞬时的热传导模拟。

Main Menu：Solution > Analysis Type > New Analysis...

设置分析类型的窗口如图6-62所示。

ANSYS会根据用户所选定的元素种类去判断用户所要模拟的物理现象是哪一种类，然后在分析选单中显示出可以选取的项目。因此，如果是做热传导分析，就会出现与结构分析不一样的窗口。

默认的情况下是Static Analysis。如果是静力分析，可以不用执行此操作，在设置完分析的种类后，还需要设置分析的一些选项，在此因为只是静力分析，所以不需要任何设置。

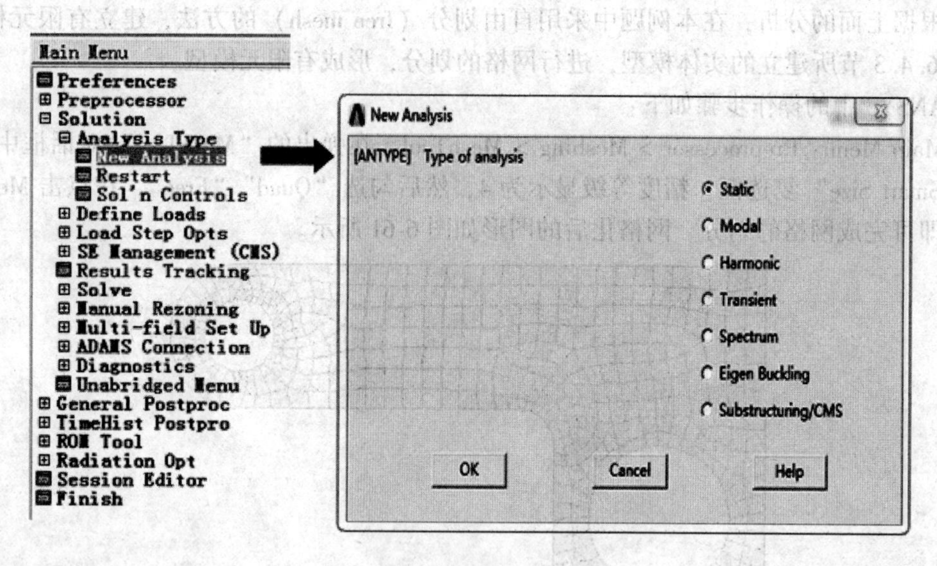

图 6-62 设置分析的类型

6.4.6 边界条件

边界条件的设置在使模型能够充分地反映真实世界中所受到外在因素的影响，因此如何正确地给定边界条件相当重要。根据所分析的物理现象不同，有各种不同的边界条件，如表 6-2 所示。

表 6-2 边界条件

结构分析	位移、集中力、压力、温度（可计算热应力）、重力
热传导分析	温度、热通量、热产生率、热对流
磁场分析	磁场、磁通量、电流密度
电场分析	电位、电流
计算流体力学分析	速度、压力、温度

ANSYS 将边界条件区分为五大类：

（1）自由度的拘束（DOF constraints）。限制节点的自由度变化量为一个定值，例如在结构分析中，如果要限制物体不可移动，可将物体受到拘束的部分节点设置在 X、Y、Z 三个方向上的 DOF 为 0。要在 X 方向移动到 3 单位的距离，则设置 $X=3$；如果未设置则表示节点在此方向可自由移动。如果是热传导分析，则所拘束的边界条件就是温度。

（2）集中式负载（force loads）。集中于单一节点的负载，例如在结构分析中的集中力（force）和力矩，热传导分析中的热量。

（3）表面负载（surface loads）。施加表面的负载，例如结构中的压力、热流中的对流。

（4）内部负载（body loads）。施加于物体内部的负载，例如结构中的温度场、热流中的热产生率。

（5）惯性负荷（inertia loads）。用于结构分析，例如重力加速度、角加速度。

施加边界条件的方式也有两种：

（1）施加于实体模型上，例如点、线、面、体。

（2）施加于有限元素模型上，节点和元素。

一般来说，所有的边界条件最后都会在求解前转移到有限元素模型上，但是施加于实体模型上有一个好处，即如果需要重新网格化时，边界条件不用再重新给定，且选取实体模型的对象比选取网格化元素的对象更方便。

6.4.6.1　自由度的拘束

拘束条件可施加于点、线、面或节点上。此处只介绍施加于线段上的方式，其他方式大同小异，操作方式也相同。下面的例子中，左边是拘束固定不动的。

Solution > Define Loads > Apply > Structural > Displacement > On Lines

直接选取要拘束的线段后，单击“OK”按钮，如图 6-63 所示。

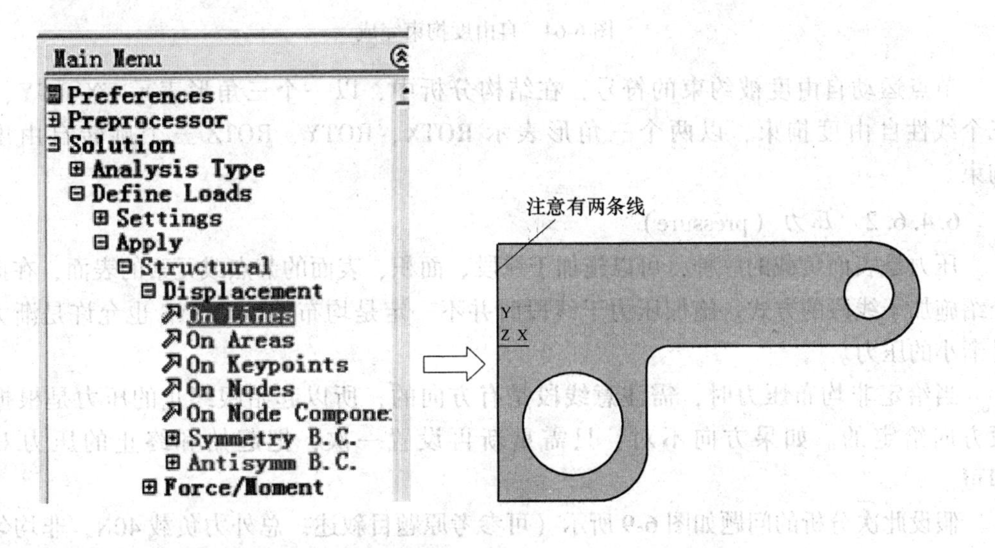

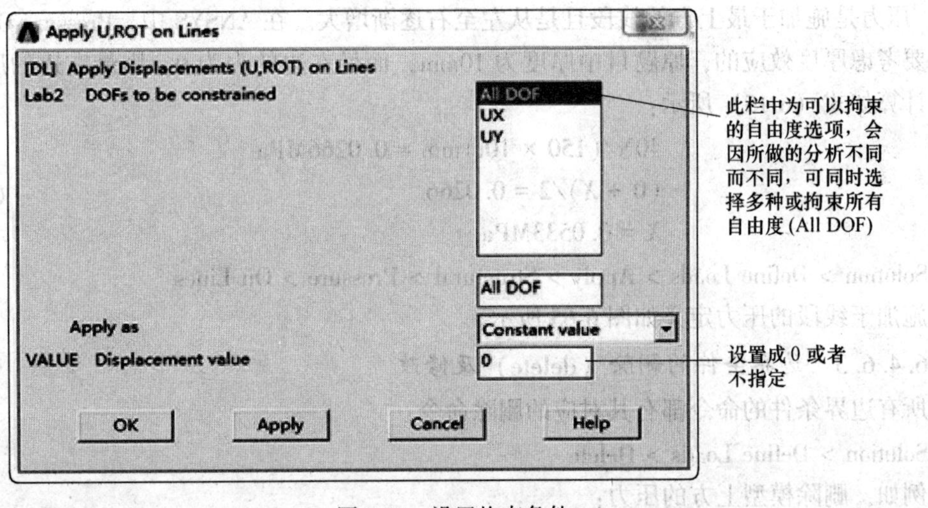

图 6-63　设置拘束条件

完成后的结果如图 6-64 所示。

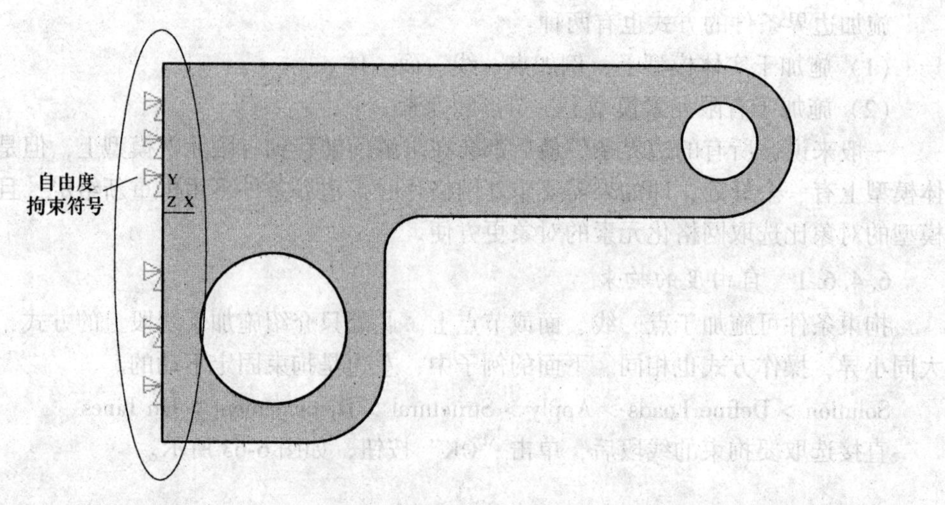

图6-64 自由度拘束完成

节点运动自由度被约束的符号，在结构分析中，以一个三角形表示UX、UY、UZ三个线性自由度拘束，以两个三角形表示ROTX、ROTY、ROTZ三个旋转自由度被拘束。

6.4.6.2 压力（pressure）

压力是表面负载的一种，可以施加于线段、面积、表面的节点或元素的表面，在此先介绍施加于线段的方式。施加压力于线段时并不一定是均布的，ANSYS也允许是渐大或是渐小的压力。

当给定非均布压力时，需注意线段是有方向的，所以起始跟终止的压力是根据线段方向给定的。如果方向不对，只需重新再设置一次，把起始和终止的压力对调即可。

假设此次分析的问题如图6-9所示（可参考原题目叙述，总外力负载40N，非均匀分布），压力是施加于最上方的线段且是从左至右逐渐增大。在ANSYS中，Pressure On Line是需要考虑厚度效应的，原题目中厚度为10mm，而最左边的力为0，则最右边的压力如下，计算如式（6-15）所示：

$$
\begin{aligned}
&40\text{N}/(150\times 10t)\text{mm} = 0.0266\text{MPa}\\
&(0+X)/2 = 0.0266\\
&X = 0.0533\text{MPa}
\end{aligned}
\tag{6-15}
$$

Solution > Define Loads > Apply > Structural > Pressure > On Lines

施加于线段的压力定义如图6-65所示。

6.4.6.3 边界条件的删除（delete）及修改

所有边界条件的命令都有其对应的删除命令：

Solution > Define Loads > Delete

例如，删除模型上方的压力：

Solution > Define Loads > Delete > Structural > Pressure > On Lines，拾取模型上方的直线后，单击“OK”按钮即可完成。

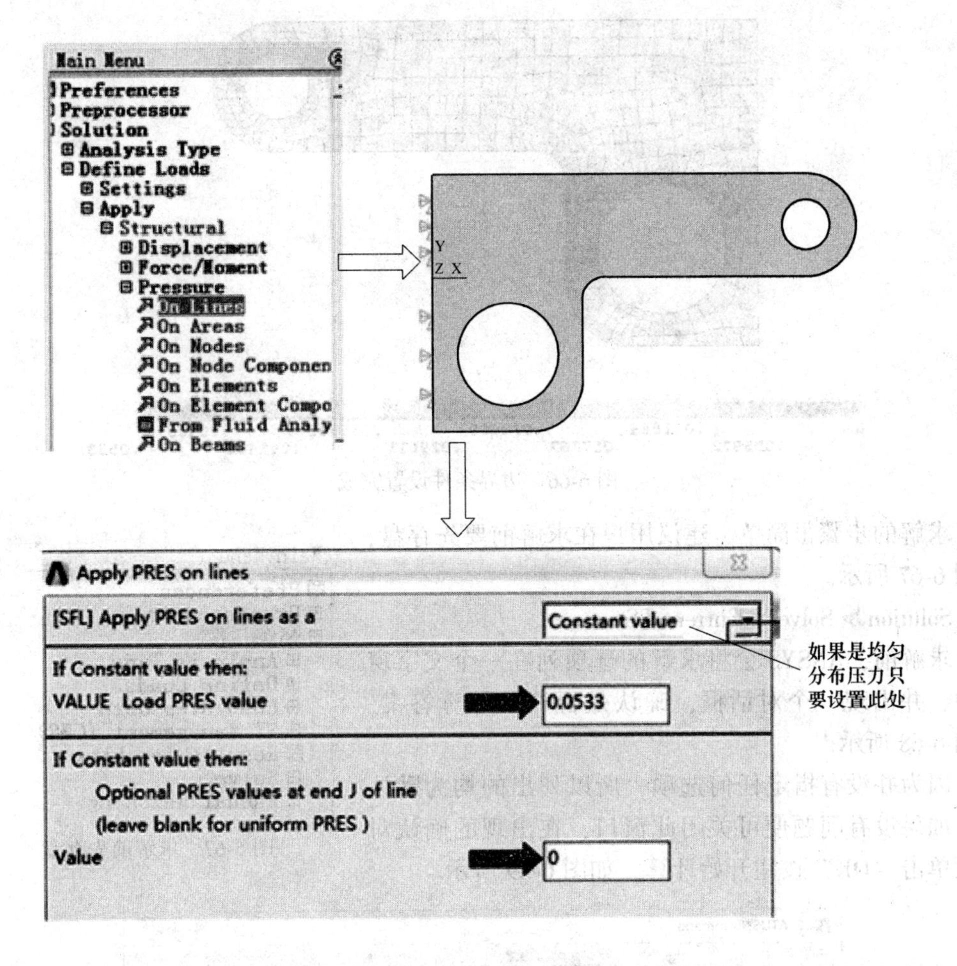

图 6-65 定义施加于线段的压力

当删除实体模型上的边界条件时，ANSYS 同时也会删除在有限元素模型上的边界条件。想要修改已设置好的边界条件只要再重新设置即可，ANSYS 在默认情况下会直接覆盖旧的边界条件。

设置边界条件如下所示：

（1）自由度的约束。Solution > Define Loads > Apply > Structural > Displacement > On Lines，拾取模型左边的两条竖直线，单击“OK”按钮，弹出如图 6-63 所示的对话框，并按如图所示设置自由度约束，设置完成后再单击“OK”按钮即可。

（2）表面负载。Solution > Define Loads > Apply > Structural > Pressure > On Lines，拾取模型最上面的一根直线，单击“OK”按钮。弹出如图 6-65 所示对话框，按如图所示设置的参数，设置完成后再单击“OK”按钮即可。最后完成边界条件的设置如图 6-66 所示。

6.4.7 求解的选项和求解

在静态分析中，并没有求解的选项需要设置，在大部分情况下都可以直接求得答案，但是用户在求解前应注意是否有错误。

0
.005922
.011844
.017767
.023689
.029611
.035533
.041456
.047378
.0533

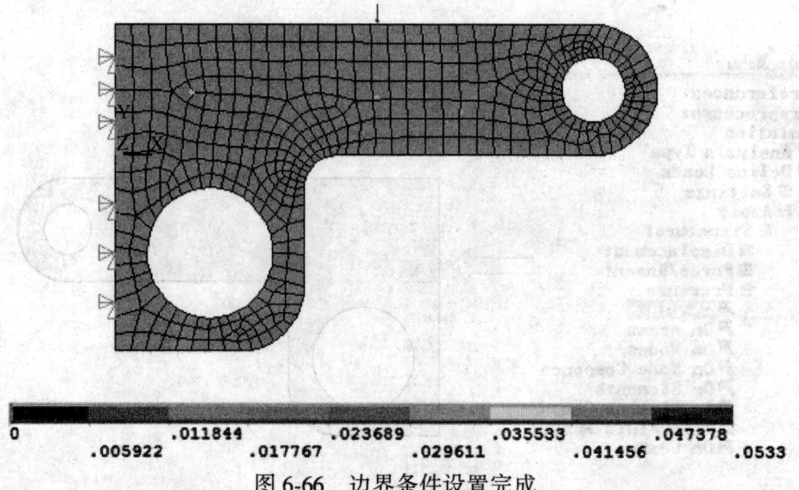

图 6-66　边界条件设置完成

求解的步骤很简单，建议用户在求解前要先存盘，如图 6-67 所示。

Solution > Solve > Current LS...

Main Menu
Preferences
Preprocessor
Solution
Analysis Type
Define Loads
Load Step Opts
SE Management (CMS)
Results Tracking
Solve
Manual Rezoning

图 6-67　求解前先存盘

求解前，ANSYS 会将求解的选项列在一个文字窗口中，并出现一个对话框，确认是否开始计算答案，如图 6-68 所示。

因为并没有指定任何选项，所以列出的均为默认值。如果没有问题便可关闭此窗口，在出现的确认对话框单击“OK”按钮开始计算，如图 6-69 所示。

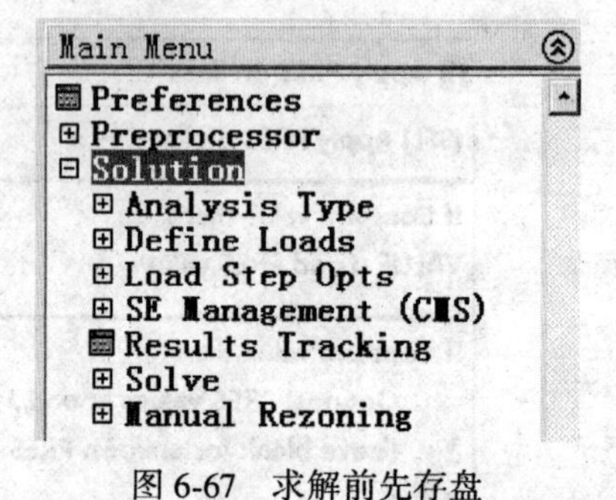

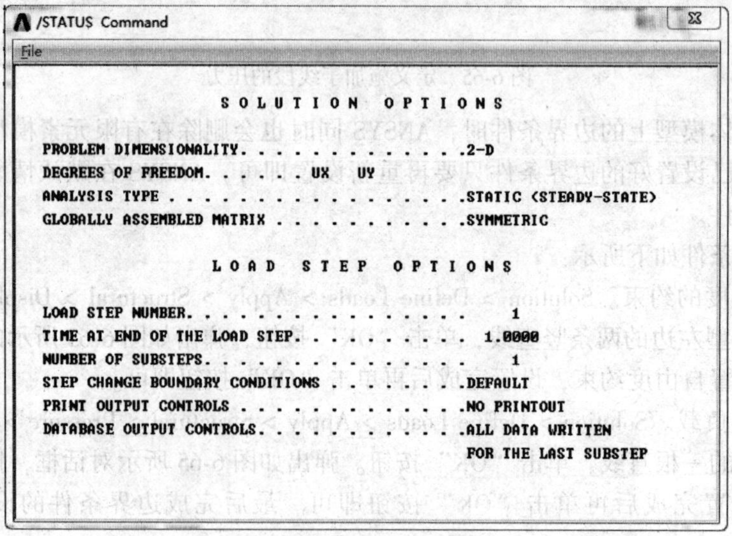

/STATUS Command
File
SOLUTION OPTIONS
PROBLEM DIMENSIONALITY. 2-D
DEGREES OF FREEDOM. . . . . . UX UY
ANALYSIS TYPE . . . . .STATIC (STEADY-STATE)
GLOBALLY ASSEMBLED MATRIX . . . . .SYMMETRIC
LOAD STEP OPTIONS
LOAD STEP NUMBER. 1
TIME AT END OF THE LOAD STEP. 1.0000
NUMBER OF SUBSTEPS. 1
STEP CHANGE BOUNDARY CONDITIONS . . . . .DEFAULT
PRINT OUTPUT CONTROLS . . . . .NO PRINTOUT
DATABASE OUTPUT CONTROLS. . . . . .ALL DATA WRITTEN
FOR THE LAST SUBSTEP

图 6-68　列出求解的选项

此时，ANSYS 会开始将边界条件转换到有限元素模型上，并做一些基本的检查。例如元素的形状，如果产生一些警告信息，则 ANSYS 就会出现一个对话框，再次询问用户是否继续求解。

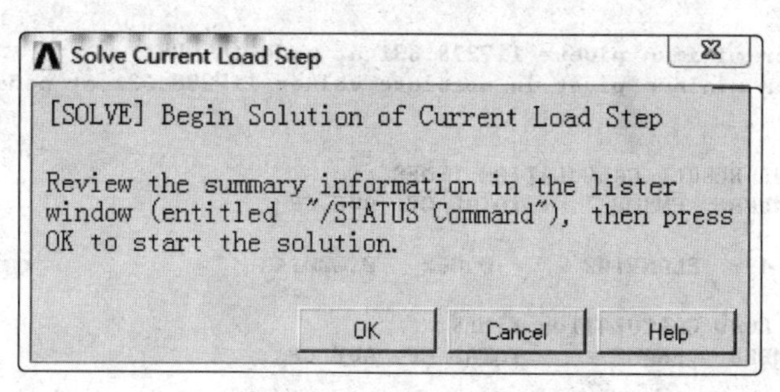

图 6-69　确认开始计算

如果不好的质量元素数量很多，ANSYS 默认只会显示出 5 次相同错误的警告信息，之后的信息只会写入 . err 文件，但是默认情况下 . err 文件只会记录 10000 笔错误及警告信息，所以如果累计的信息超过 10000 笔，就有可能会忽然跳出 ANSYS。

计算结束后会出现如图 6-70 所示的信息。

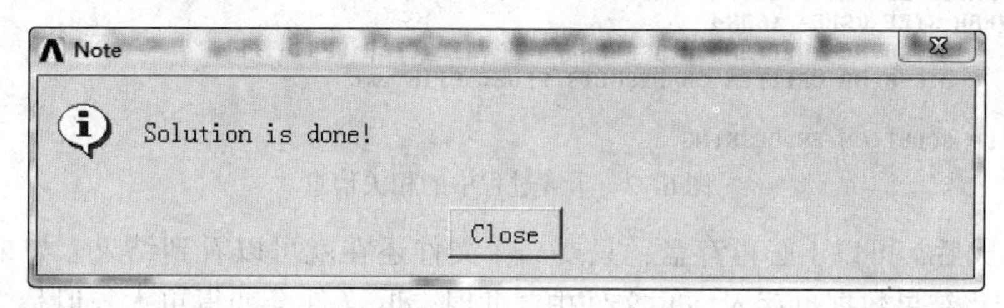

图 6-70　计算后出现的信息

结果一般存于内存中，并产生一个结果文件。此次是结构分析，所以其文件名为 . rst (result of structure)。求解过程示意图如图 6-71 所示。

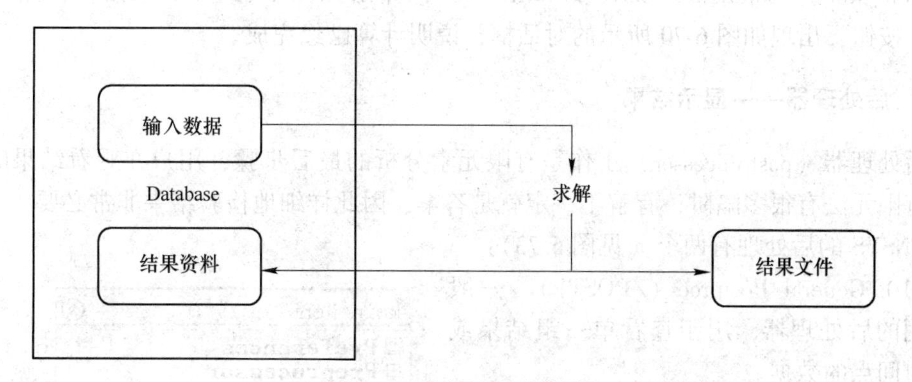

图 6-71　求解过程示意图

在求解的过程中，用户不妨看一下出现在 Output Window 的数据，可以帮助用户得到一些信息，见图 6-72。例如：

(1) 有限元素模型的大小，总共使用了多少个元素和结点。

(2) ANSYS 会先计算出模型的重量，用户可以借此对比模型的单位是否正确或材料性质有无出错。

(3) 求解所花费的时间。

(4) 求解完成后各个文件的大小。

```
Sparse solver minimum pivot= 117298.631 at node 166 UY.
Sparse solver minimum pivot in absolute value= 117298.631 at node 166
UY.

  *** ELEMENT RESULT CALCULATION TIMES
 TYPE    NUMBER   ENAME       TOTAL CP  AVE CP

   1        439  PLANE182      0.062   0.000142

  *** NODAL LOAD CALCULATION TIMES
 TYPE    NUMBER   ENAME       TOTAL CP  AVE CP

   1        439  PLANE182      0.000   0.000000
*** LOAD STEP     1   SUBSTEP     1  COMPLETED.    CUM ITER =      1
*** TIME =   1.00000         TIME INC =   1.00000       NEW TRIANG MATRIX

*** NOTE ***                          CP =       55.224   TIME= 18:51:26
Solution is done!


*** ANSYS BINARY FILE STATISTICS
 BUFFER SIZE USED= 16384
       0.188 MB WRITTEN ON ASSEMBLED MATRIX FILE: file.full
       0.688 MB WRITTEN ON RESULTS FILE: file.rst

FINISH SOLUTION PROCESSING
```

图 6-72　求解过程中的相关信息

求解完成后，可以不必再存盘，只要 . rst 文件还在就可以看到结果。如果此时存盘 ANSYS 就会将结果数据也存入 . db 文件中，此时 . db 文件会变得更大。但是，此时存盘也有好处，只要加载 . db 文件就可以看到结果，不用再指定 . rst 文件。

求解过程如下所示。

Main Menu：Solution > Solve > Current LS，弹出如图 6-69 所示对话框，然后单击“OK”按钮，出现如图 6-70 所示的对话框，说明计算已经完成。

6.4.8　后处理器——显示结果

后处理器（postprocessor）工作是有限元素分析的最后步骤，用户在观看结果时要注意，有限元法有很多陷阱，有解不一定就是答案，因此详细地检验结果非常必要。

ANSYS 的后处理有两个（见图 6-73）：

（1）General Postproc（/POST1）。一般最常用的后处理器，用于查看单一组结果或某一时间点的数据。

（2）TimeHist Postproc（/POST26）。用于查看跟时间有关的数据，例如要看某一节点从 0~5s 间的运动状态。一般用于非线性分析或是瞬时分析。

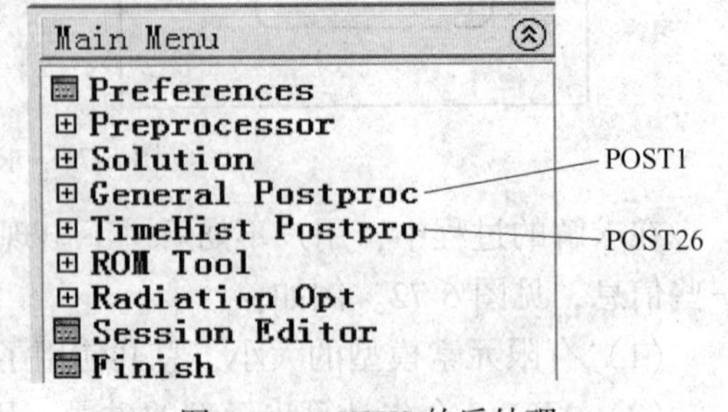

图 6-73　ANSYS 的后处理

一般结构静态分析会看的结果数据有 3 种：变形、应力和应变、反作用力。

（1）变形（deformed shape）。变形指物体在受到外力作用下，产生的变形图，如图 6-74 所示。

Main Menu：General Postproc > Polt Result > Deformed Shape

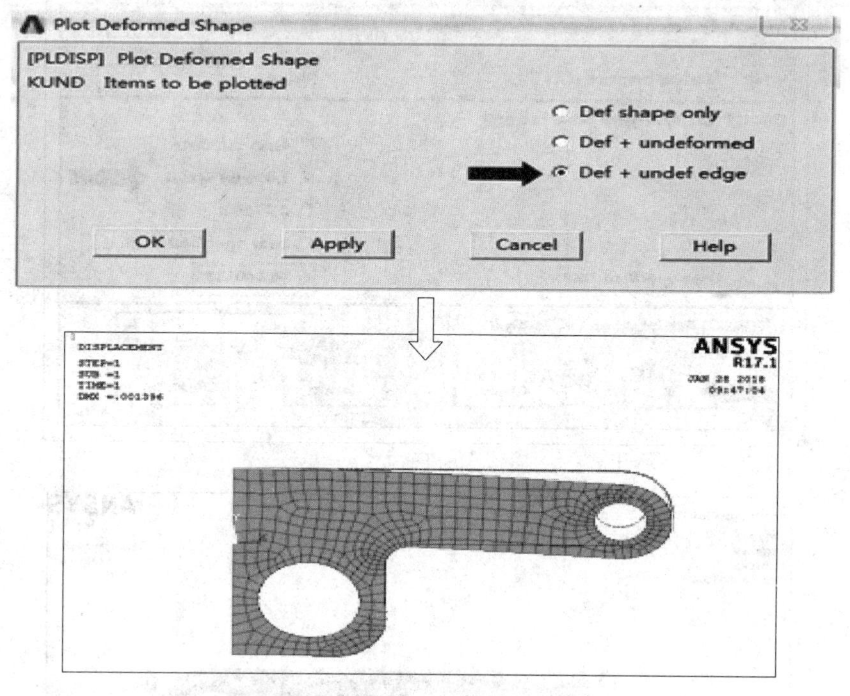

图 6-74 变形图

在图 6-74 中，DMX 代表的是最大的变形量，数值为 0.001396。在静力分析时，画出的变形图并不是实际的变形图，而是根据模型的大小，将变形量乘上一个数值而画出变形图。若仅变更负载数值的大小，则所绘出的变形图将全部一样，其差别仅是显示出的变形量数值大小不同。用户可更改放大倍数的设置，让 ANSYS 画出比实际放大的变形图。如图变形量太小，将看不出变形趋势，如图 6-75 所示。

Uility Menu：PlotCtrls > Style > Displacement Scaling...

ANSYS 还提供了动画功能，可让变形图以动态的方式显示出来，如图 6-76 所示。

Uility Menu：PlotCtrls > Animate > Deformed Shape

动画是由多张图连续播放所产生的，在图 6-76 中，No. of frames to create 是用来设置总共要产生多少张的画面，Time delay 用来设置播放时两张图之间的间隔时间。图 6-77 所示为动画控制对话框，用来控制动画的显示。

ANSYS 会产生一个 Jobname. avi 放置于工作目录（working directory）中，用户可以用 Windows 中的 Media Player 播放。

（2）应力和应变（stress and strain）。显示应力或应变图时，有以下两种方式：

1）Nodal Solution。会将数据在节点的地方做平均（average）处理，所画出来的应力或应变图其数据是连续的。

2）Element Solution。不会做平均，因此数据在元素和元素之间会呈现不连续的情况。

这两种数据显示的方式，是以等高线图的方式利用不同的颜色作为分隔显示出来，在 ANSYS 中称此种方式为 Contour Plot。一般来说，都是以看 Nodal Solution 为准，但是比较

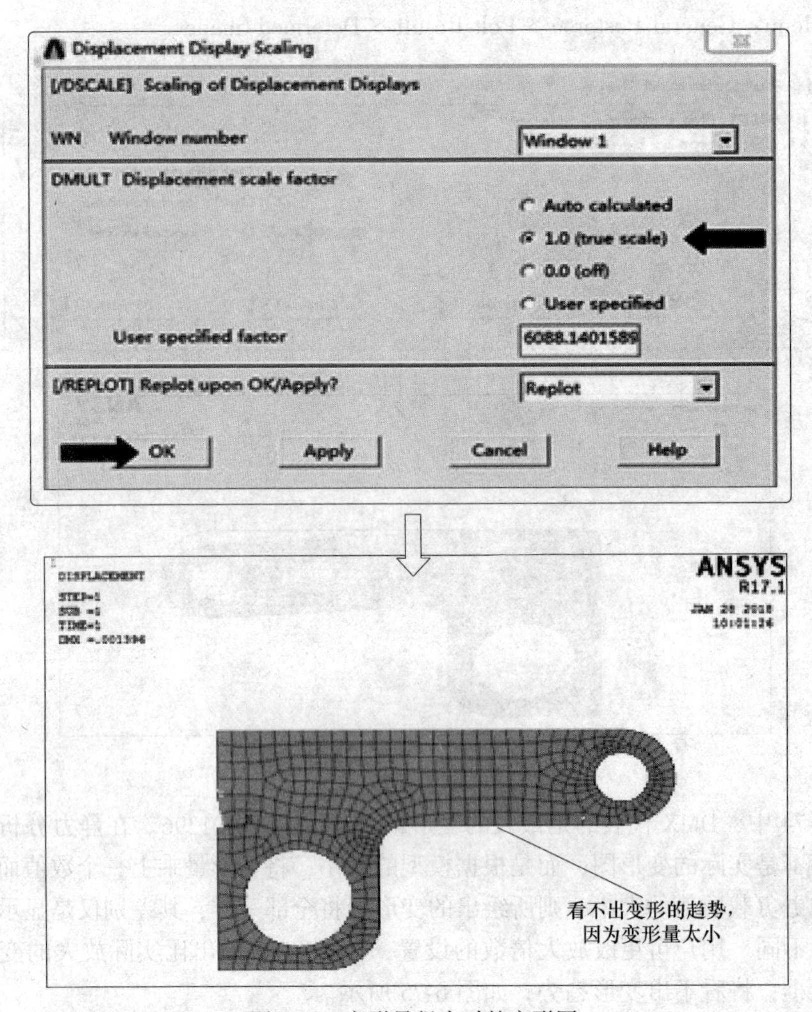

图 6-75 变形量很小时的变形图

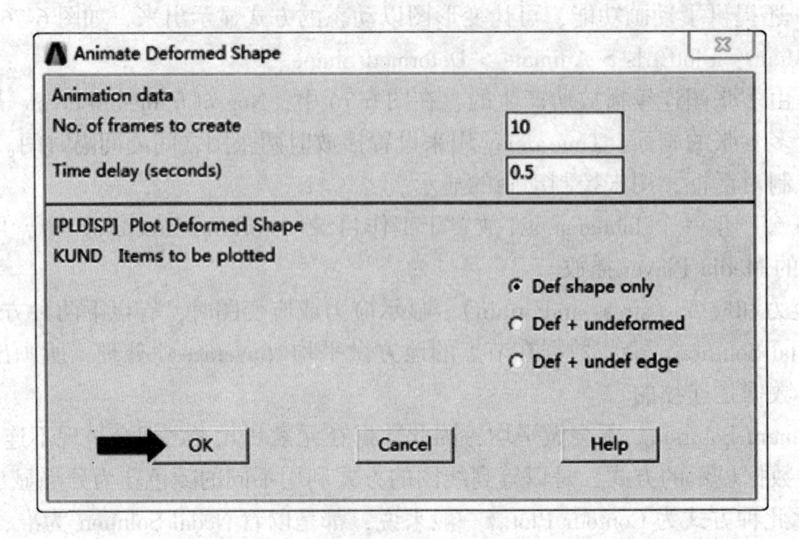

图 6-76 设置动画的帧和间隔时间

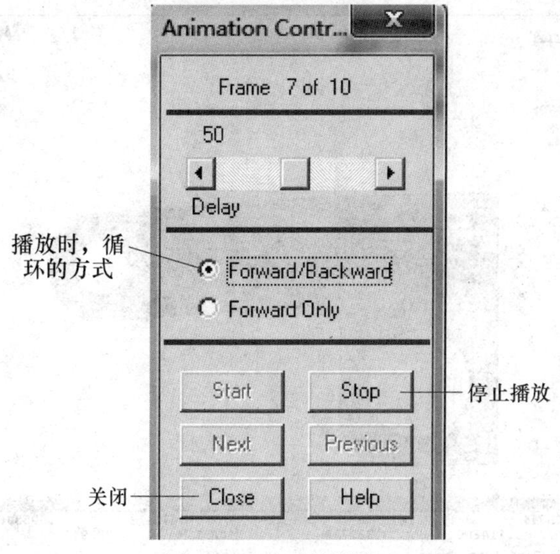

图 6-77 动画控制窗口

两种方式所显示出来的数据，可帮助用户判断分析结果是否正确。理论上，这两种方式显示出来的数据应该接近，如果发现差异过大则表示计算出来的结果还没有收敛或有问题。如何判断分析结果是否正确，将会在以后章节中继续讨论。

1）Nodal Solution。

General Postproc > Plot Results > Contour Plot > Nodal Solution

应力的计算方式有很多种（见图 6-78），根据所使用的材料种类，所看的应力会有所不同，一般金属材料都是检查 von Mises 为准，以了解结构材料是否会降伏（yielding）而发生永久变形。要看应变只要在左边的列表框中选择“Total Mechanical Strain”即可，右边同样可选“von Mises”，结果如图 6-79 和图 6-80 所示。

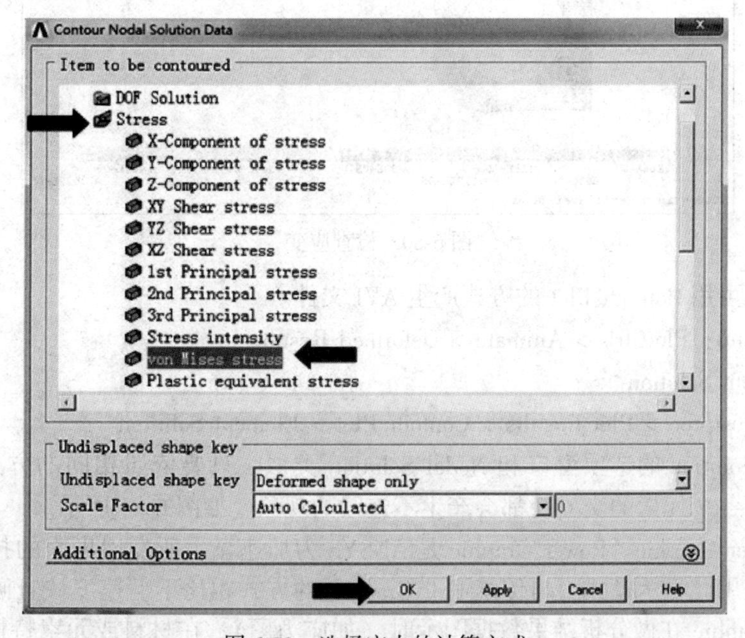

图 6-78 选择应力的计算方式

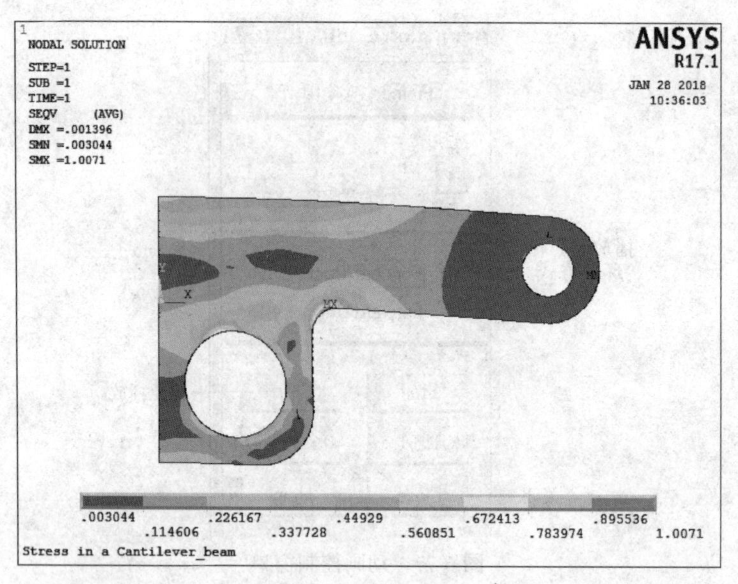

图 6-79 检查应力

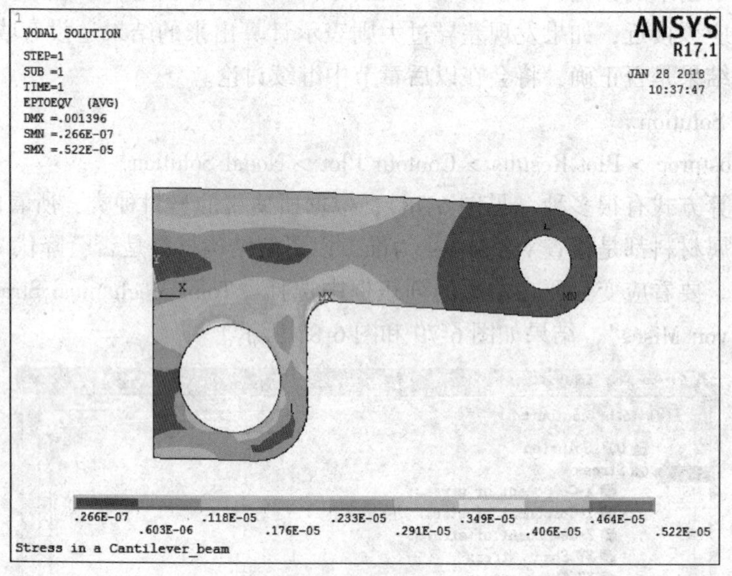

图 6-80 检查应变

此外，也可用 Contour Plot 的方式产生 AVI 文件。

Utility Menu：PlotCtrls > Animate > Deformed Results...

2）Element Solution。

General Postproc > Plot Results > Contour Plot > Element Solution

Element Solution 的选项窗口和 Nodal Solution 类似，只要依照相同的方式操作即可。此时，应力在各个元素的交界处都会产生不连续的现象，如图 6-81 所示。

（3）Power Graphic。Power Graphic 是 ANSYS 为加速显示所发展出来的技术，在默认情况下就是使用此显示模式，与传统 Full Graphic 的方式相比不但速度快且画质更好。注意，Power Graphic 在做分析结果数据图示时（如应力图），在材料或元素特性参数（Real

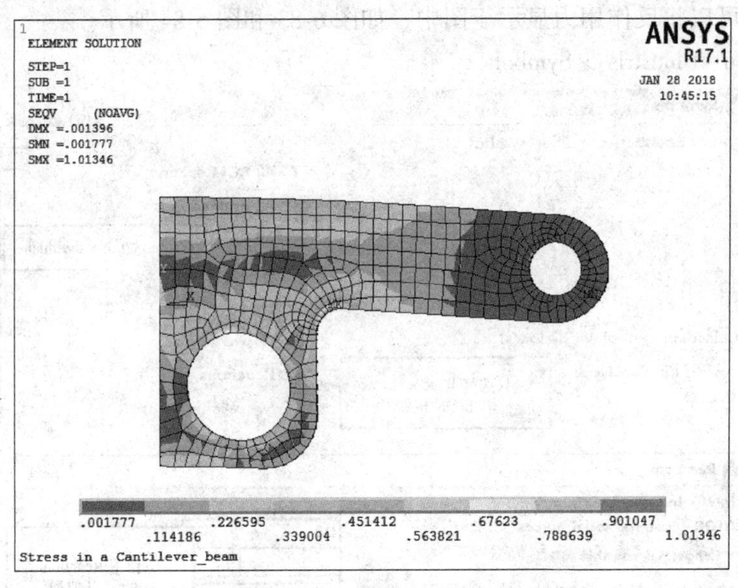

图 6-81　不连续的应力图

Constant）不同的两元素间，不会取平均数值。

要关闭或打开“Power Graphic”，可使用 Toolbar > POWERGRAPH 或以命令/GRAPHICS，FULL 关闭，以命令/GRAPHICS，POWER 启动。

（4）反作用力（reaction force）。用户可利用列示的方式将反作用力列出，ANSYS 会将有反作用的节点列出并汇总。如果分析结果正确，则反作用力应与作用力相等且方向相反。

General Postproc > List Results > Reaction Solution...

或

Utility Menu：List > Results > Reaction Solution...（需先进入后处理器才能用）

列出有产生反作用力的节点，最下方为所有反作用力的汇总，在 Y 方向为 39.975N，这跟所施加的 40N 相当接近。有误差的原因是将力量转为压力时四舍五入所造成的，当然也可能是计算机计算所产生的误差，例如在 X 方向应为 0，但是却是 0.35545e-11，如图 6-82 所示。

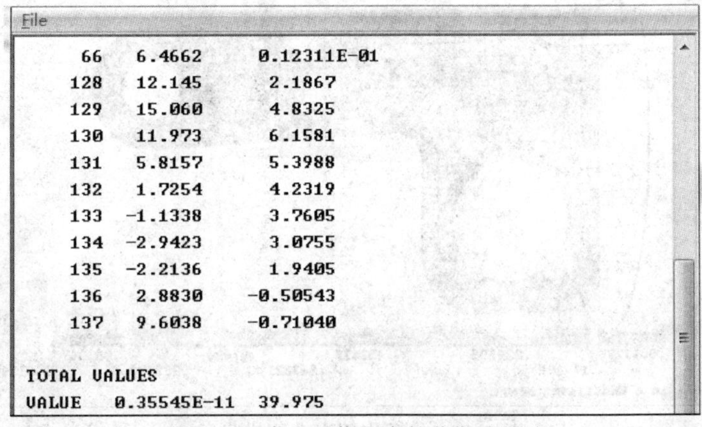
File

66	6.4662	0.12311E-01
128	12.145	2.1867
129	15.060	4.8325
130	11.973	6.1581
131	5.8157	5.3988
132	1.7254	4.2319
133	-1.1338	3.7605
134	-2.9423	3.0755
135	-2.2136	1.9405
136	2.8830	-0.50543
137	9.6038	-0.71040

TOTAL VALUES
VALUE　0.35545E-11　39.975

图 6-82　产生反作用力的节点及汇总

此外，也可以将反作用力显示于图中，如图 6-83 和图 6-84 所示。

Uility Menu：PlotCtrls > Symbols...

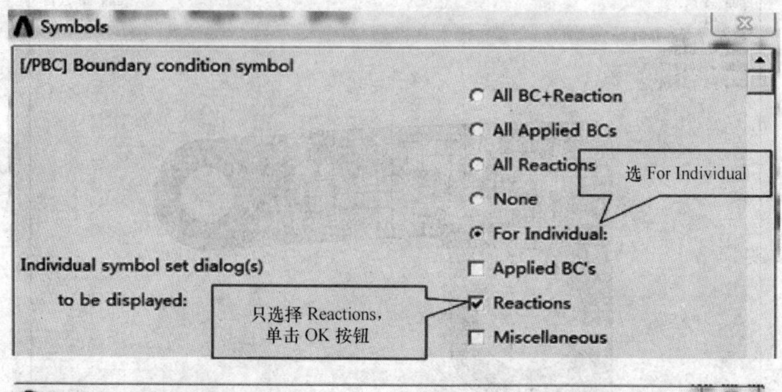

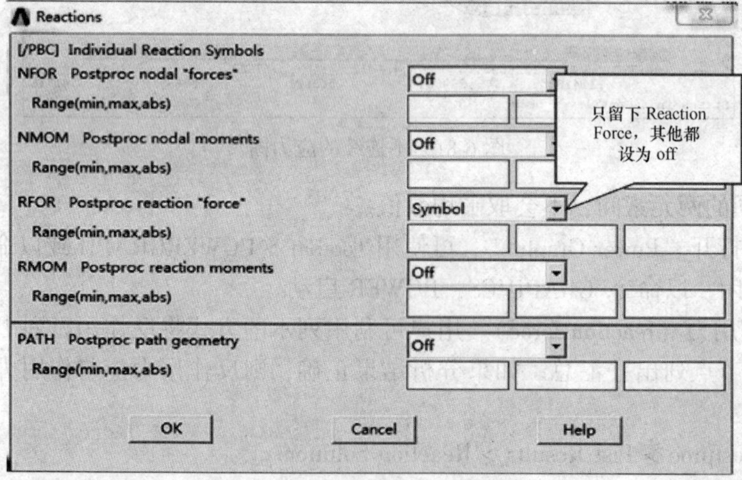

图 6-83 设置反作用力显示于图中

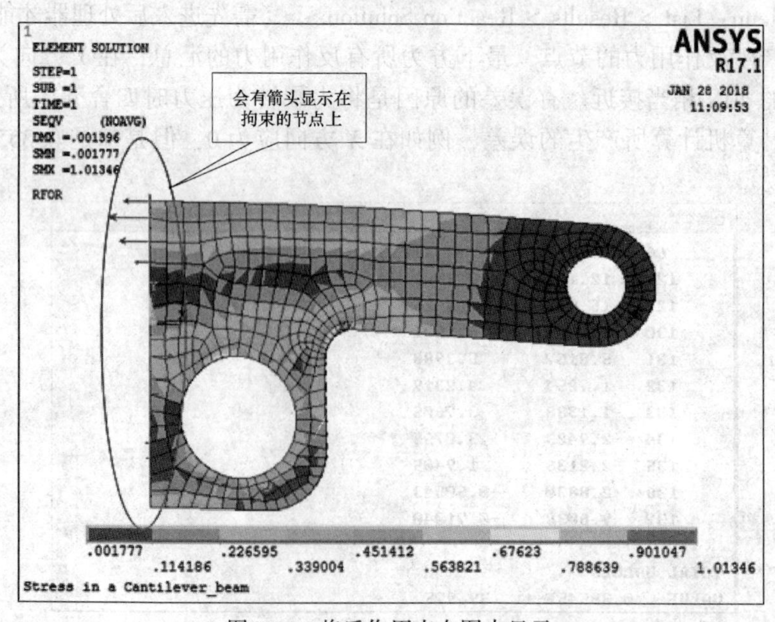

图 6-84 将反作用力在图中显示

6.4.9　结果数据查询

以列示的方式不易了解各点与模型的所在位置，ANSYS 有一项功能可直接在选取节点或元素显示出结果数据。

General Postproc > Query Results

“Element Solu”中只能显示有关“Energy”和误差评估的数据，“Subgrid Solu”和“Nodal Solution”中的数据是一样的，选择“Subgrid Solu”后就会出现类似“Nodal Solution”的选择窗口，如图 6-85 所示。

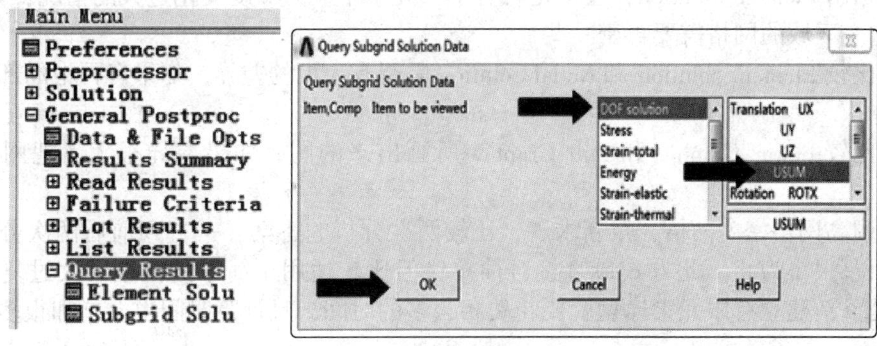

图 6-85　显示结果数据

在图 6-85 中可以先看一下各点的位移量，用户也可自行决定要查询的结果数据，单击“OK”按钮后，立刻会出现“Pick Window”，只要单击屏幕上节点的位置就会显示数据（如图 6-86 所示），也可按住鼠标左键不放使用拖曳的方式。

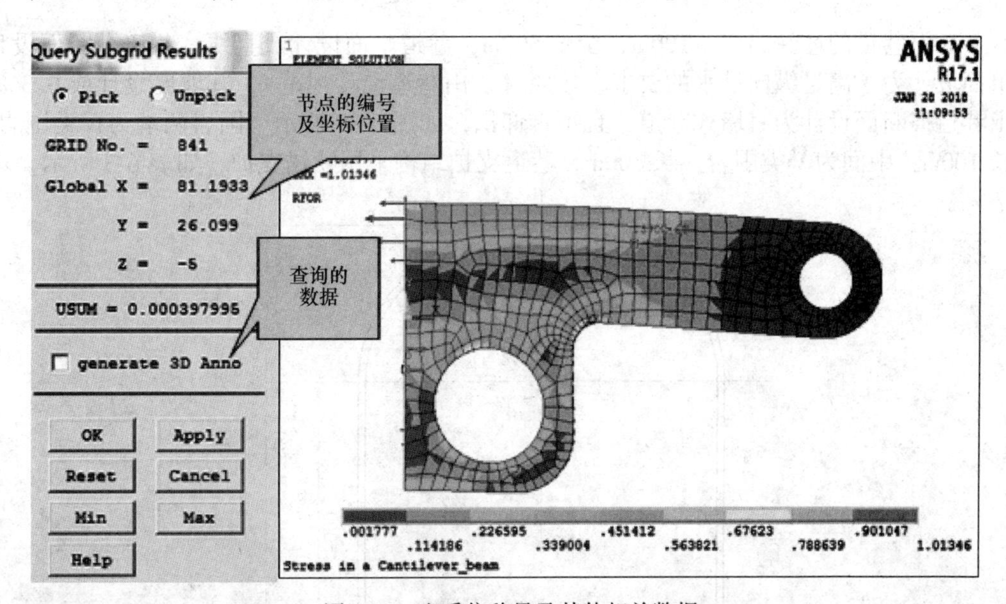

图 6-86　查看位移量及其他相关数据

6.4.10　检查分析的正确性

结构分析完成后，以下一些问题用户一定要思考：

(1) 反作用力和负载是否为力平衡？

(2) 最大的应力是否超过材料降伏强度，是否需要考虑材料的弹-塑性做非线性分析？开始即假设是一个线性分析，计算结果的最大应力尚未超过钢材的降伏强度才可以，否则假设为线性分析是不合理的。

(3) 最大应力发生的位置，是否发生在集中负载的地方，或模型上凹角的地方？一般来说这些地方的值都不具正确的物理意义，因为很有可能是奇异点造成的。

(4) 有限元素模型的网格是否适当？此问题需要一些方法来检验。

1) Error Estimation，利用 ANSYS 所附的命令来评估网格是否已足够，此处不做讨论。

2) 画出 Element Solution，注意是否有单一元素中应力梯度变化过大的情况，如果有，则表示这一区域的网格需要再密一些。

3) 比较 Element Solution 和 Nodal Solution 是否有太大的差异，如果有再把局部的网格加密一些。

4) 比较 Power Graphic 和 Full Graphic 所画出来的图，如果差异很大，把网格密度调高。

5) 调高网格密度两倍，重新求解，比较两次分析的答案，一直到前后两次分析出来的结果相差很小为止。此方式最直接且简单，但比较适用于简单的模型。太过复杂的模型，仅是重新建立有限元素模型就要花费相当多的时间，且计算时间也会增加很多。

6.5　矿山巷道开挖模拟

6.5.1　问题分析

某矿山巷道的埋深为 20~100m，全长 500m，巷道平面设计成直线，巷道纵断面设计成单面坡，为了满足纵向排水的要求，按照《矿山巷道设计规范》，其坡度设计成 0.3%，矿山巷道横断面设计为直墙式巷道，且不带仰拱，如图 6-87 所示。围岩两端为Ⅳ类围岩，各长 100m，中间为Ⅴ类围岩，长 400m，巷道支护结构采用喷锚支护，如表 6-3 所示。本

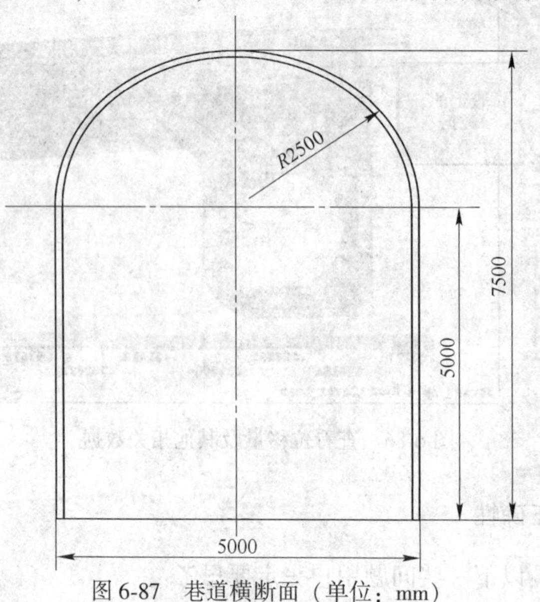

图 6-87　巷道横断面（单位：mm）

次主要是针对洞口段的三维开挖进行仿真分析，故以下所给的巷道断面和支护结构参数均为Ⅳ类围岩条件。

表 6-3　Ⅳ类围岩条件下巷道支护结构参数设计

初期支护							二次衬砌			
喷射混凝土		锚杆			钢筋网	钢拱架	模筑混凝土			
标号	厚度/cm	直径/mm	长度/m	间距/m			标号	拱厚度/cm	边墙厚度/cm	仰拱厚度/cm
200	10	20	2	1.2	无	无	300	30	30	铺底 10

6.5.2　问题描述

该矿山巷道洞体围岩综合判定为Ⅳ~Ⅴ类，围岩稳定性总体评价较好，宜进行全断面一次开挖，这样可以提高开挖进度。待拱顶初期喷锚支护完成而且稳定后才进行二次支护，其施工过程如图 6-88 所示，每次进尺长度 3m。在施工中可以不采用其他辅助工法，但是，如果在实际施工过程中，若遇到围岩软弱带，则可以采用超前小导管及隔栅支撑作为辅助施工措施，同时采用弱爆破、短开挖等施工原则，确保安全施工。

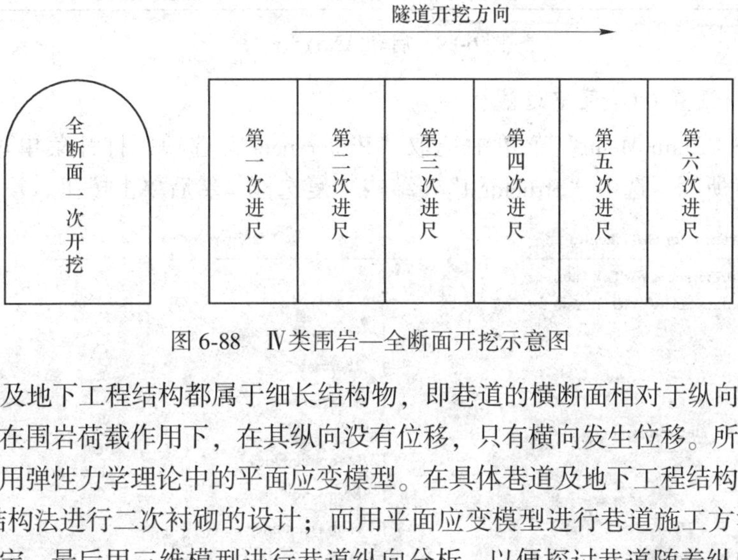

图 6-88　Ⅳ类围岩—全断面开挖示意图

由于巷道及地下工程结构都属于细长结构物，即巷道的横断面相对于纵向的长度来说很小，可以假定在围岩荷载作用下，在其纵向没有位移，只有横向发生位移。所以，巷道的力学分析可以采用弹性力学理论中的平面应变模型。在具体巷道及地下工程结构的设计中，通常采用荷载-结构法进行二次衬砌的设计；而用平面应变模型进行巷道施工方法选择和初期支护参数的确定；最后用三维模型进行巷道纵向分析，以便探讨巷道随着纵向的开挖与支护，其纵向围岩的变形与稳定性问题。本节只以Ⅳ类围岩为例进行了三维巷道开挖模拟的实例讲解，而对于Ⅴ类围岩，其分析过程跟Ⅳ类围岩开挖模拟是一样的，这里不讨论。

6.5.3　创建物理环境

6.5.3.1　启动 ANSYS 程序

在“开始”菜单中依次选取“所有程序”/“ANSYS17.1”/“Mechanical APDL Product Launcher”得到“17.1：ANSYS Mechanical APDL Product Launcher”对话框。选择

“File Management”，在“Simulation Environment”下拉框中选择 ANSYS，“License”下拉框中选择 ANSYS Multiphysics，在“Working Directory”栏中输入工作目录“D：/ansys/Support”，在“Job Name”栏中输入文件名“Support”。然后单击“RUN”进入 ANSYS17.1 的 GUI 操作界面，如图 6-89 所示。

17.1: ANSYS Mechanical APDL Product Launcher [Profile: *** Last ANSYS Run ***] Hostname: PC-201602041226
File
Profiles
Options
Tools
Links
Help
Simulation Environment:
ANSYS
License:
ANSYS Multiphysics
Add-on Modules
LS-DYNA (-DYN)
File Management
Customization/ Preferences
High Performance Computing Setup
Working Directory:
C:\Users\Administrator
Browse...
Job Name:
file
Browse...

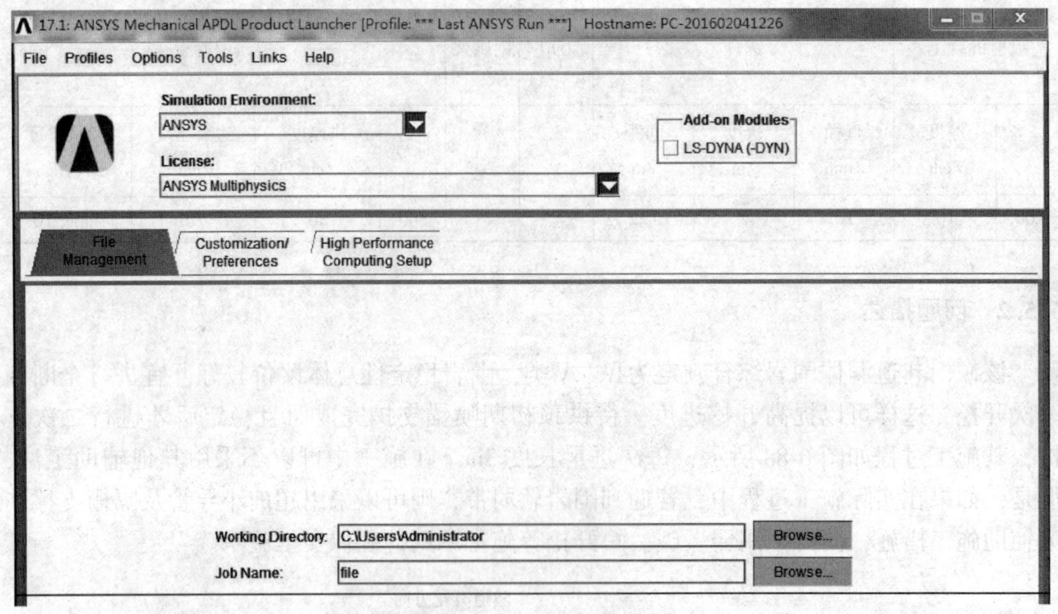

图 6-89 启动 ANSYS 程序

6.5.3.2 设置 GUI 菜单过滤

在 ANSYS“Main Menu”菜单中选取“Preferences”选项，打开菜单过滤设置对话框，如图 6-90 所示。选中“Structural”（结构）复选框，然后单击按钮。

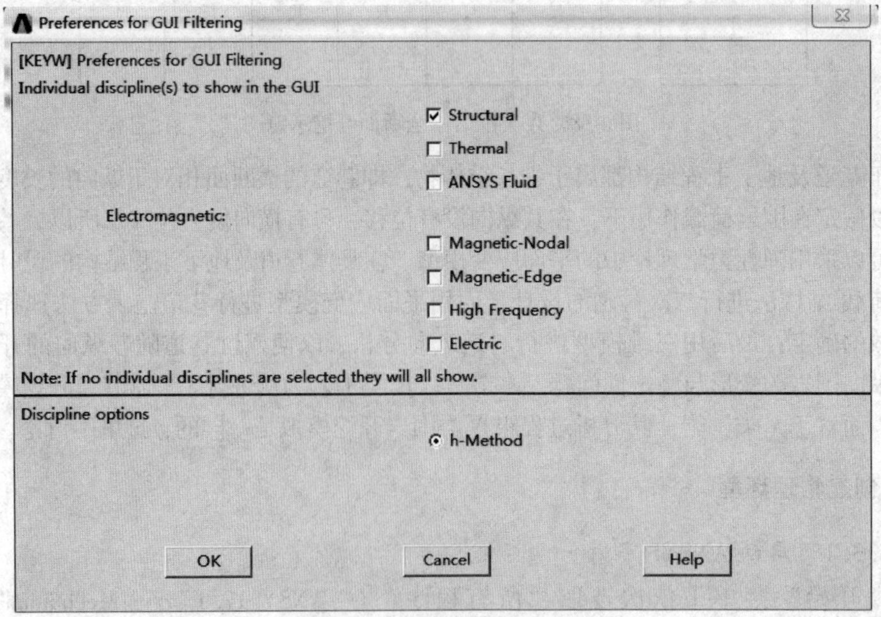

Preferences for GUI Filtering
[KEYW] Preferences for GUI Filtering
Individual discipline(s) to show in the GUI
Structural
Thermal
ANSYS Fluid
Electromagnetic:
Magnetic-Nodal
Magnetic-Edge
High Frequency
Electric
Note: If no individual disciplines are selected they will all show.
Discipline options
h-Method
OK
Cancel
Help

图 6-90 菜单过滤设置对话框

6.5.3.3 定义工作名和分析标题

A 定义工作名

Utility Menu：File > Change Jobname，在弹出图 6-91 所示的对话框中输入“Tunnel”，单击“OK”按钮。

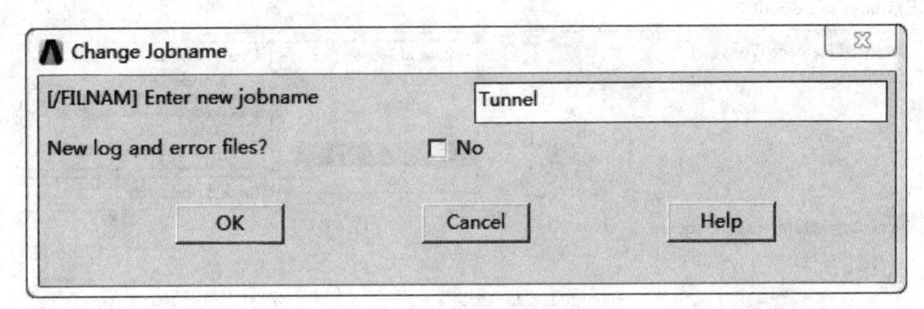

图 6-91 “Change Jobname”对话框

B 定义分析标题

Utility Menu：File > Change Title，在弹出图 6-92 所示的对话框中输入“Tunnel stimulate”，单击“OK”按钮。

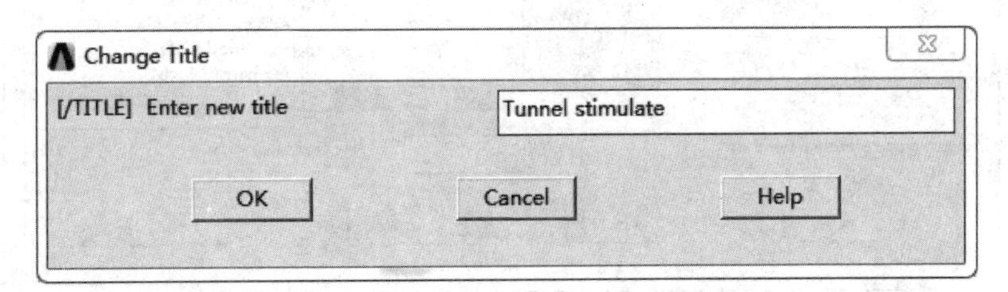

图 6-92 “Change Title”对话框

6.5.3.4 设置单元类型和选项

Main Menu：Preprocessor > Element Type > Add/Edit/Delete，弹出如图 6-93 所示的“Element Type”对话框。点击“Add”按钮，在弹出的“Library of Element Type”对话框

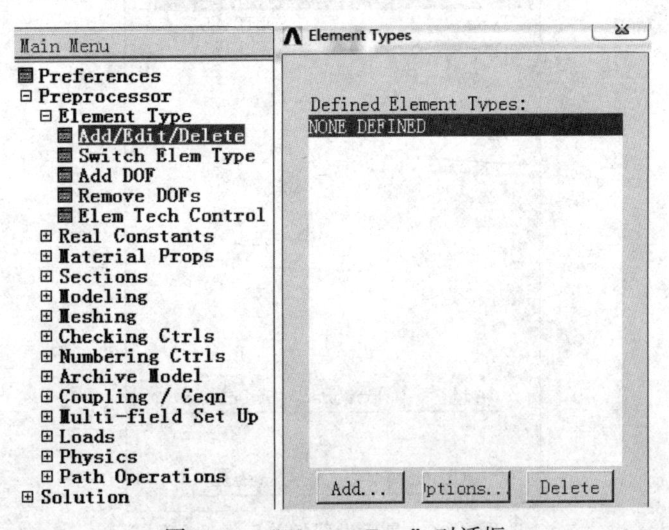

图 6-93 “Element Type”对话框

中分别选择“Solid”和“Brick 8 node 185”，单击“Apply”按钮，再一次选取“Solid”和“Brick 8 node 185”单元，然后单击“Apply”按钮，如图 6-94 所示。接着选取“Shell”和“3D 4 node 181”单元，如图 6-95 所示，单击“Element Type”对话框中的“Close”按钮。最后设置的单元类型结果如图 6-96 所示。

Library of Element Types
Library of Element Types
Structural Mass
Link
Beam
Pipe
Solid
Shell
Quad 4 node 182
8 node 183
Brick 8 node 185
20node 186
concret 65
Brick 8 node 185
Element type reference number
2
OK
Apply
Cancel
Help

图 6-94 单元类型库对话框

Library of Element Types
Library of Element Types
Structural Mass
Link
Beam
Pipe
Solid
Shell
3D 4node 181
8node 281
Axisym 2node 208
3node 209
Axi-harmonic 61
3D 4node 181
Element type reference number
3
OK
Apply
Cancel
Help

图 6-95 Shell 单元对话框

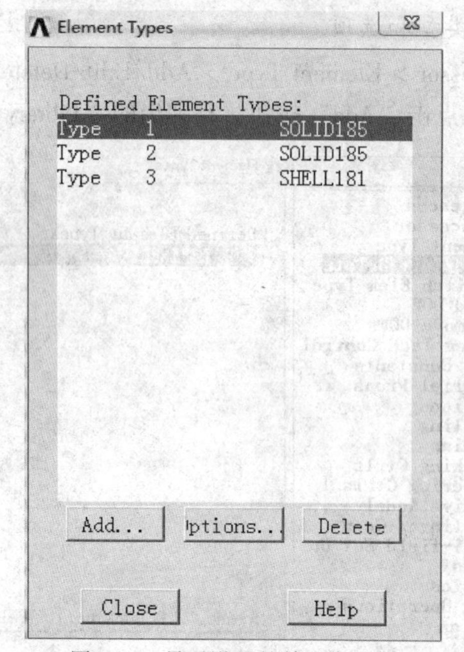

图 6-96 最后设置的单元类型数

说明：第一个“Brick 8 node 185”实体单元是用来模拟Ⅳ类围岩地层的，第二个“Brick 8 node 185”实体单元是用来模拟Ⅳ类围岩地层中被锚杆加固的，“3D 4 node 181”Shell单元是用来模拟巷道的初期支护衬砌的。在巷道拱顶范围内，巷道二次衬砌在此次分析中没有考虑，因此不用进行单元模拟。

6.5.3.5　定义材料属性

(1) 在ANSYS“Main Menu”菜单中选取“Preprocessor”/“Material Props”/“Material Models”菜单项，打开定义材料本构模型对话框，如图6-97所示。在“Material Models Available”分组框中选取“Structural”/“Linear”/“Elastic”/“Isotropic”选项，弹出线弹性材料模型对话框，如图6-98所示，按照提示输入弹性模量和泊松比。这里以Ⅳ类围岩为例，其弹性模量为15GPa，泊松比为0.3，密度为2400kg/m^3。再单击“Density”选项，打开密度输入对话框，如图6-99所示，输入密度后单击“OK”按钮。

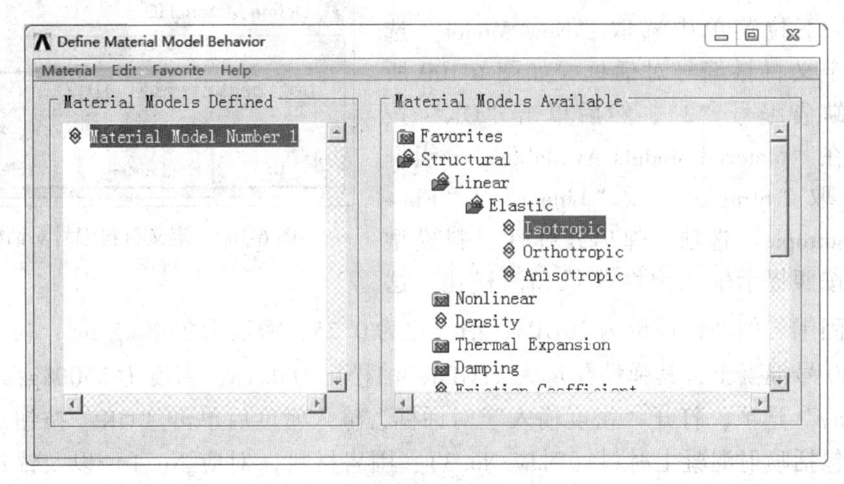

图6-97　定义材料本构模型对话框

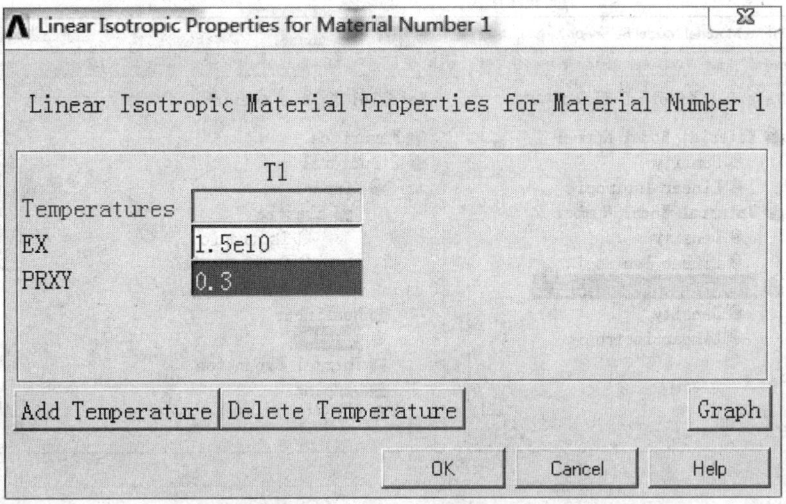

图6-98　200号喷射混凝土的弹性模量和泊松比输入对话框

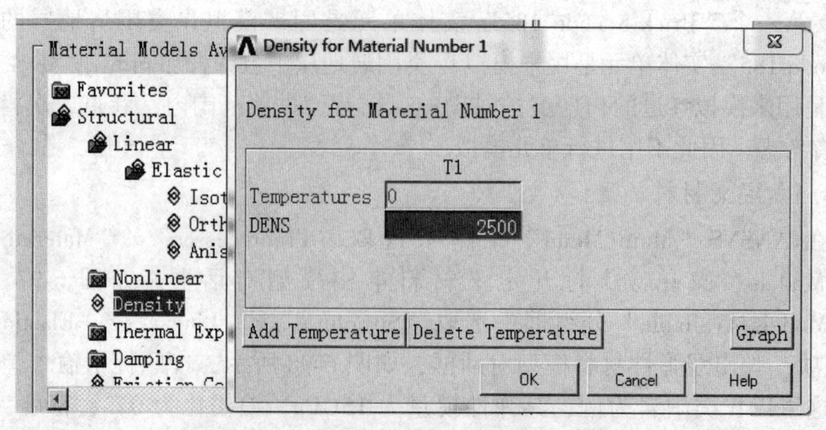

图 6-99 200 号喷射混凝土的密度输入对话框

（2）在“定义材料本构模型”对话框的“Material”下拉菜单中选取“New Model”选项，打开定义材料编号对话框，如图 6-100 所示，接受缺省编号“2”，然后单击“OK”按钮。继续在“Material Models Available”分组框中依次选取“Structural”/“Linear”/“Elastic”/“Isotropic”选项，弹出线弹性材料模型对话框，按照提示输入弹性模量和泊松比。这里锚杆加固围岩的弹性模量为 20GPa，泊松比为 0.25，密度为 2500kg/m^3；初期支护衬砌采用 200 号混凝土，其弹性模量为 21GPa，泊松比为 0.18，密度为 2500kg/m^3；再选取“Density”选项，打开“密度输入”对话框，输入密度后单击“OK”按钮。确定后的材料中包括喷射混凝土材料（对应 No. 3）、围岩材料（对应 No. 1）以及锚杆加固围岩部分材料（对应 No. 2）的密度和线弹性参数两项，最后关闭定义材料本构模型对话框，如图 6-101 所示。

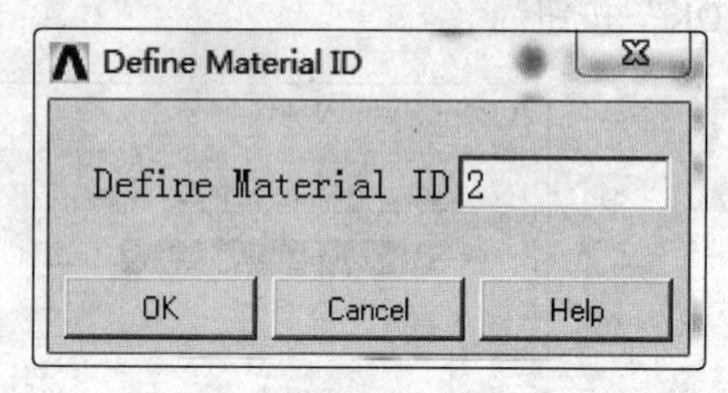

图 6-100 定义材料编号对话框

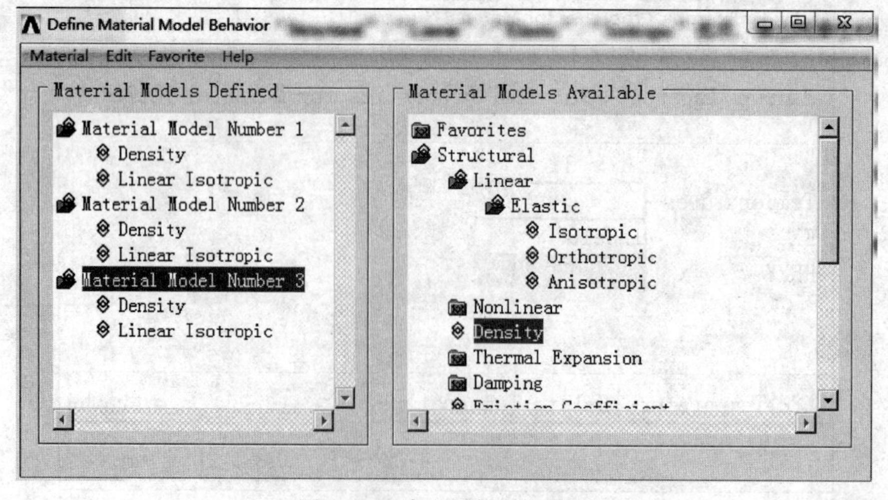

图 6-101 定义材料本构模型

6.5.3.6 设置元素的特性参数

在 ANSYS“Main Menu”菜单中依次选取“Preprocessor”/“Real Constants”/“Add/Edit/Delete”选项，打开“Real Constants”（实常数）对话框，单击“OK”按钮，打开选择单元类型对话框，如图 6-102 所示，选中“Type 1 SOLID185”选项，然后单击“OK”按钮，弹出如图 6-103 所示的对话框，由于实体 SOLID185 号单元没有实常数项，所以单击“Close”按钮，同样由于“Type 2 SOLID185”选项也没有实常数，直接单击“Close”按钮。由于随着 ANSYS 软件版本的提高，Shell 单元特性参数（这里是指厚度）的设置由原来在“Real Constants”设置转变成在“Section”中设置，如图 6-104 所示，Main Menu：Section > Shell > lay-up > Add/Edit，然后会弹出如图 6-105 所示的“create and modify shell section”对话框，设置 Shell 单元的厚度为 0.1，材料号设置为 3，然后单击“OK”按钮。

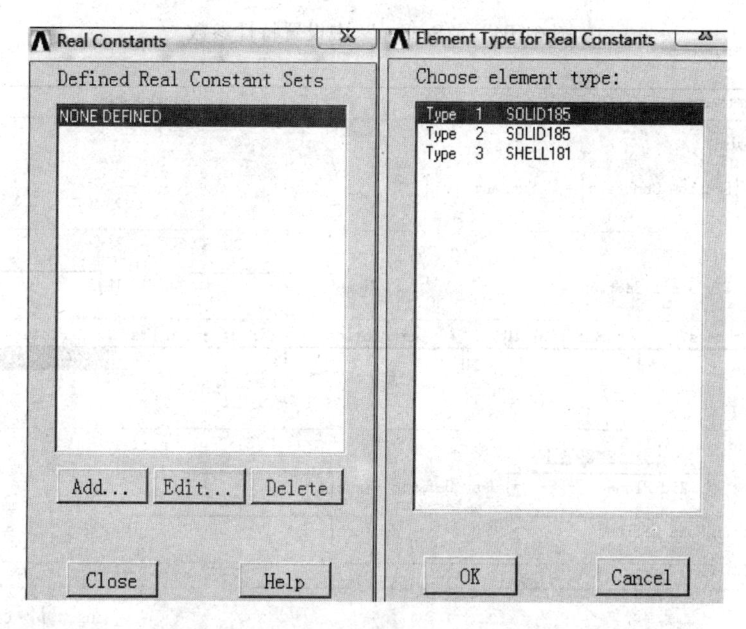

图 6-102 “Real Constants”对话框

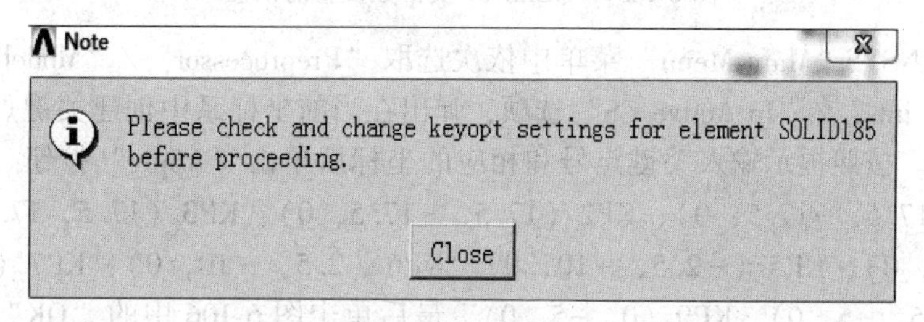

图 6-103 提示信息

6.5.4 建立模型

本实例中，模拟的地层范围为，横向两端除去 3 倍的洞径（5m）为 15m，总共宽为 35m；高度为埋深 20m、巷道底下 1 倍洞高（7.5m），总共地层高为 35m。

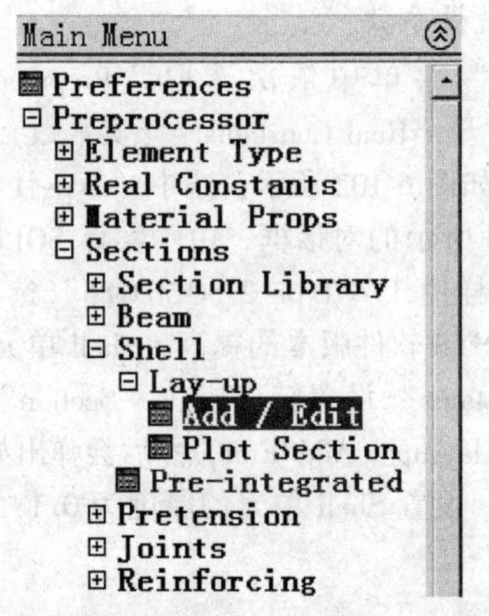

图 6-104　“Section” 中设置特性参数

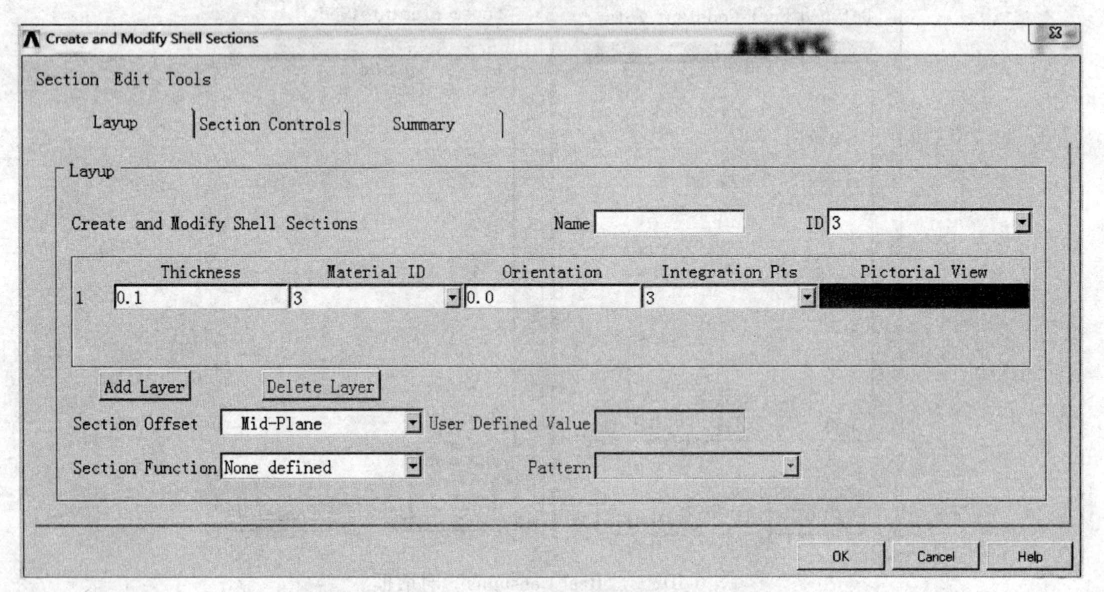

图 6-105　SHELL181 实常数设置对话框

（1）在 ANSYS “Main Menu” 菜单中依次选取 “Preprocessor” / “Modeling” / “Create” / “Keypoints” / “In Active CS” 选项，弹出在当前坐标系中创建关键点对话框，如图 6-106 所示。按照提示输入关键点号和相应的坐标后单击 “Apply” 按钮。其关键点分别为 KP1（-17.5，-17.5，0）、KP2（17.5，-17.5，0）、KP3（17.5，17.5，0）、KP4（-17.5,17.5，0）、KP5（-2.5，-10，0）、KP6（2.5，-10，0）、KP7（-2.5，-5，0）、KP8（2.5，-5，0）、KP9（0，-5，0）。最后单击图 6-106 中的 “OK” 按钮。关键点中 KP1~KP4 为地层范围，KP5~KP8 为巷道结构直墙部分，KP9 为巷道拱顶圆心。

（2）本次几何模型中有两个圆，第一个圆为拱顶部分，第二个圆为锚杆加固地层范围，其圆心和半径分别为 KP9 与 2.5、KP9 与 4.5。可以在命令行中输入命令：“circle，9，2.5，100”，然后按键盘上的回车键，画出一个以关键点 KP9 为圆心、半径为 2.5 的圆；同样依次输入：“circle，9，4.5，100”，画出另外一个圆。或者使用 GUI 方式来实

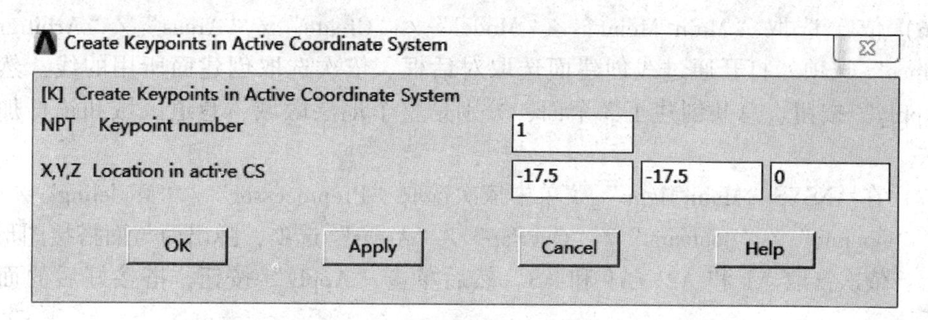

图 6-106 “在当前坐标系中创建关键点”对话框

现，这里有几种方法，可以先创建两个圆面然后使用“Delete”命令，删除面留下两个圆的线框；或者直接创建圆的线框。Main Menu：Model > Create > Line > Arcs > Full Circle，通过鼠标拾取到 KP9，分别输入半径为 2.5 和 4.5。这里使用命令相对来说更方便。

（3）在 ANSYS“Main Menu”菜单中依次选取“Preprocessor”/“Modeling”/“Create”/“Line”/“Line”/“StraightLine”选项，弹出画直线关键点图形选择对话框，依次选取要画直线的两个关键点，画完 8 条线，对应的关键点号为（KP1，KP2）、（KP2，KP3）、（KP3，KP4）、（KP1，KP4）、（KP5，KP6）、（KP6，KP8）、（KP8，KP7）、（KP7，KP5）。

（4）依次选取“Main Menu”/“Modeling”/“Delete”/“Lines And Below”选项，弹出删除线和线上关键点对话框。按照提示用鼠标在图形区域选取要删除的线（两个圆的下半部分和巷道中的直线），然后单击“Apply”按钮，最后单击“OK”按钮。

（5）在 ANSYS“Main Menu”菜单中依次选取“Preprocessor”/“Modeling”/“Create”/“Line”/“Line”/“StraightLine”选项，弹出画直线关键点图形选择对话框，依次选取（KP15，KP8）和（KP7，KP17）两个关键点，创建好的巷道轮廓线如图 6-107 所示（KP15 和 KP17 分别为外半圆弧的两个端点）。

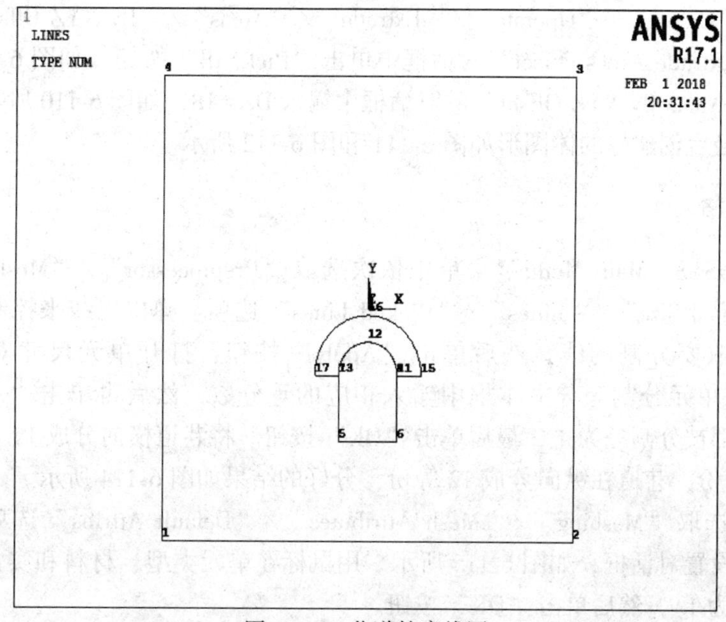

图 6-107 巷道轮廓线图

（6）依次选取“Main Menu”/“Model”/“Create”/“Areas”/“Arbitrary”/“By Lines”选项，打开通过线创建面选取对话框。依次选取创建面所用的线，然后单击“Apply”按钮。总共创建了 3 个面，分别是整个地层区域、巷道区域和锚杆加固地层区域。

（7）在 ANSYS“Main Menu”菜单中依次选取“Preprocessor”/“Modeling”/“Create”/“Operate”/“Booleans”/“Overlap”/“Areas”选项，弹出面与面搭接图形选取对话框，依次拾取 A1 和 A2、A1 和 A3，然后单击“Apply”按钮，搭接好后的面如图 6-108所示。

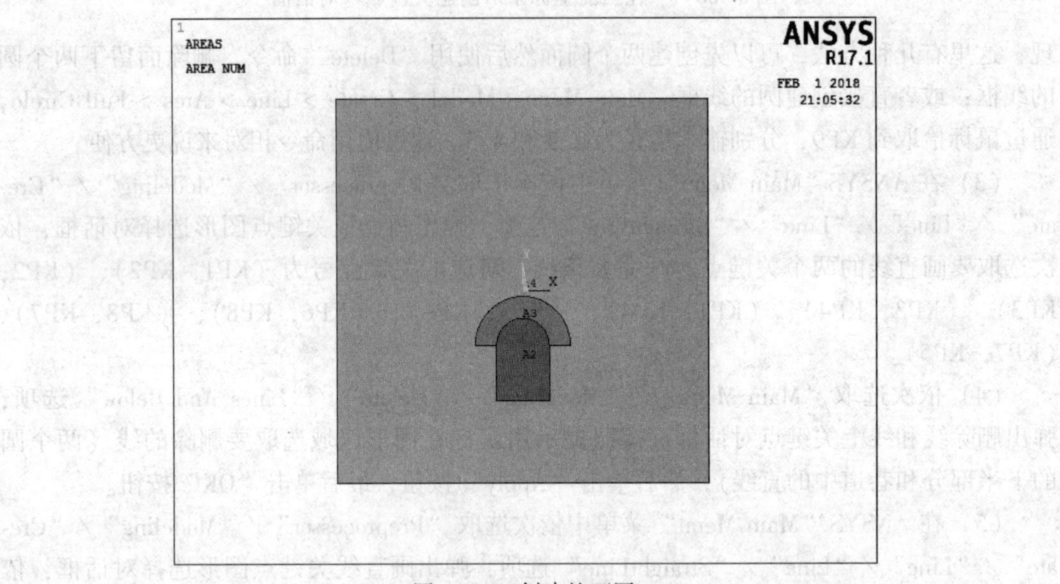

图 6-108 创建的面图

（8）将面拉伸成体，在 ANSYS“Main Menu”菜单中依次选取“Preprocessor”/“Modeling”/“Create”/“Operate”/“Extrude”/“Areas”/“By XYZ Offset”选项，然后在弹出的“Extrude Areas Offset”对话框中单击“Pick All”按钮，如图 6-109 所示，接着在“Extrude Areas By XYZ Offset”的对话框中输入 DZ=18，如图 6-110 所示，然后单击“OK”按钮。最后创建好的体图形如图 6-111 和图 6-112 所示。

6.5.5 划分网格

（1）在 ANSYS“Main Menu”菜单中依次选取“Preprocessor”/“Meshing”/“Size cntrls”/“Manual Size”/“Lines”/“Picked Lines”选项，弹出以线来控制单元尺寸选取对话框，选取要分割的线，然后单击“Apply”按钮，打开单元尺寸对话框，如图 6-113 所示。在单元分割等分文本框中输入相应的等分数，然后再单击“Apply”按钮。直到所有的线都被分割完为止，最后单击“OK”按钮。将巷道横向分成 15 等份，地层外边沿分成 48 等份，巷道在纵向分成 12 等份，分好的结果如图 6-114 所示。

（2）依次选取“Meshing”/“Mesh Attributes”/“Default Attribs”选项，弹出要划分的单元属性设置对话框，如图 6-115 所示。用鼠标在单元类型、材料和实常数中选取地层单元（编号为 1），然后单击“OK”按钮。

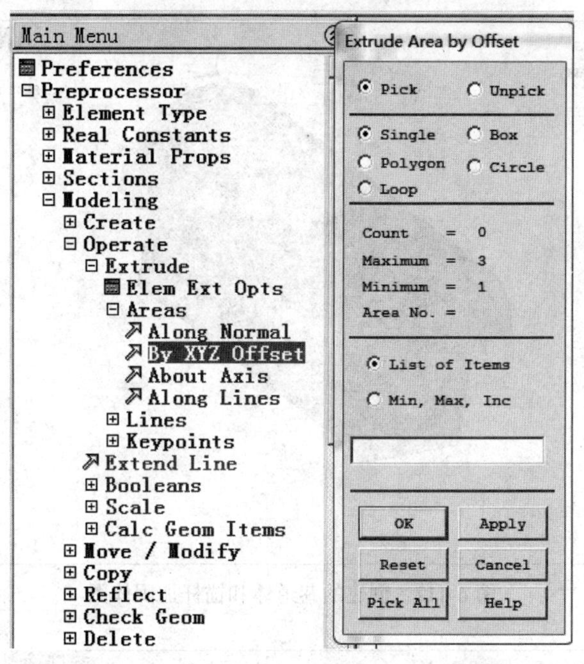

图 6-109 “Extrude Areas Offset”对话框

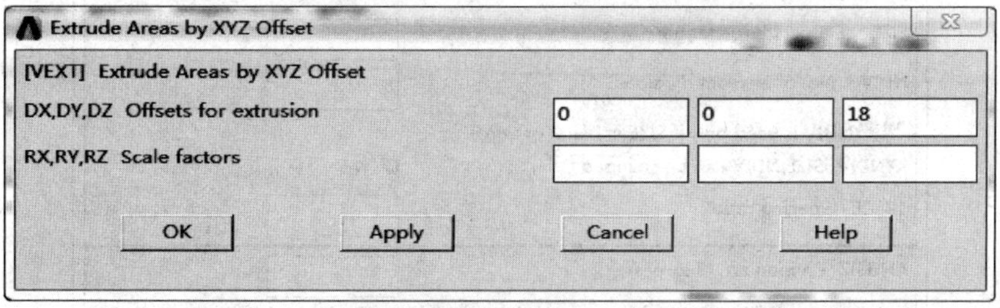

Extrude Areas by XYZ Offset

[VEXT] Extrude Areas by XYZ Offset

DX,DY,DZ Offsets for extrusion 0 0 18

RX,RY,RZ Scale factors

OK Apply Cancel Help

图 6-110 “Extrude Areas By XYZ Offset”的对话框

图 6-111 创建的体整体图

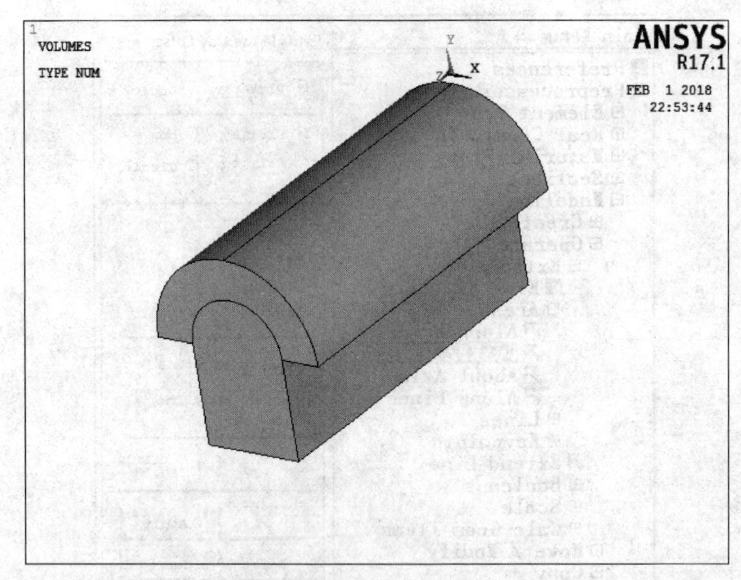

图 6-112 创建的巷道体和锚杆加固体图

Element Sizes on Picked Lines

[LESIZE] Element sizes on picked lines

SIZE Element edge length

NDIV No. of element divisions 8

(NDIV is used only if SIZE is blank or zero)

KYNDIV SIZE,NDIV can be changed ☑ Yes

SPACE Spacing ratio

ANGSIZ Division arc (degrees)

(use ANGSIZ only if number of divisions (NDIV) and element edge length (SIZE) are blank or zero)

Clear attached areas and volumes ☐ No

OK Apply Cancel Help

图 6-113 单元尺寸对话框

（3）依次选取“Meshing”/“Mesh”/“Volums”/“Volums Sweep”/“Sweep”选项，弹出划分单元选取对话框，用鼠标在图形区域里拾取除了锚杆加固地层体以外的两个体，然后单击“OK”按钮。

（4）依次选取“Meshing”/“Mesh Attributes”/“Default Attribs”选项，弹出要划分的单元属性设置对话框，如图 6-116 所示。用鼠标在单元类型、材料和实常数中选取锚杆加固地层范围单元（编号为 2），单击“OK”按钮。

（5）依次选取“Meshing”/“Mesh”/“Volums”/“Volums Sweep”/“Sweep”选项，弹出划分单元选取对话框，用鼠标在图形区域里选择锚杆加固地层体，单击“OK”按钮。

1
LINES
TYPE NUM
ANSYS
R17.1
FEB 1 2018
21:46:09
Y
X

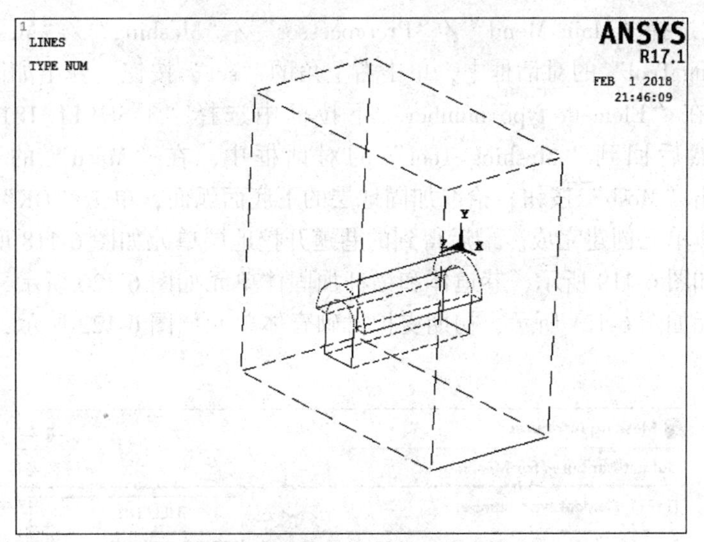

图 6-114 线分控制单元大小图

Meshing Attributes
Default Attributes for Meshing
[TYPE] Element type number
1 SOLID185
[MAT] Material number
1
[REAL] Real constant set number
None defined
[ESYS] Element coordinate sys
0
[SECNUM] Section number
No Section
OK
Cancel
Help

图 6-115 地层单元属性设置对话框

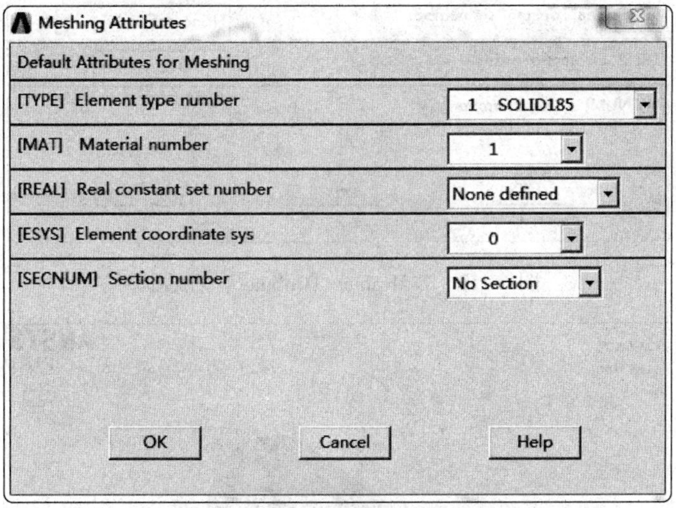

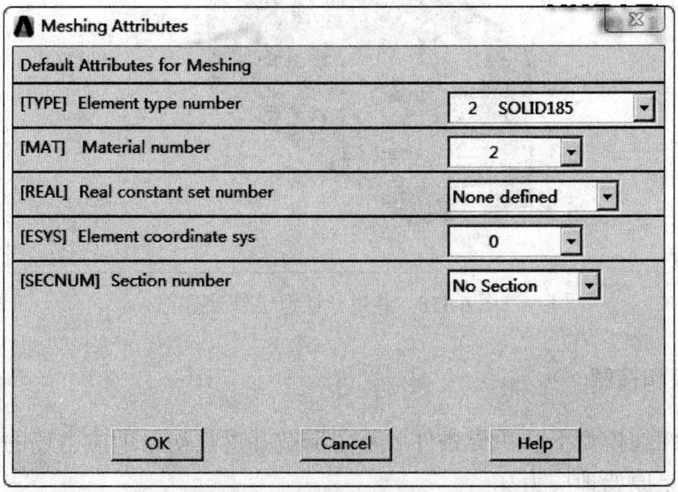

Meshing Attributes
Default Attributes for Meshing
[TYPE] Element type number
2 SOLID185
[MAT] Material number
2
[REAL] Real constant set number
None defined
[ESYS] Element coordinate sys
0
[SECNUM] Section number
No Section
OK
Cancel
Help

图 6-116 锚杆加固地层单元属性设置对话框

（6）依次选择“Main Menu”/“Preprocessor”/“Meshing”/“Meshing Tool”，在弹出的“Meshing Tool”的对话框中，单击右上角的“set”按钮，弹出如图 6-117 所示的对话框，然后在“Element type number”下拉框中选择“3 SHELL 181”单元，单击“OK”按钮，然后回到“Meshing Tool”的对话框中，在“Mesh”的下拉框中选择“Area”，再单击“Mesh”按钮，拾取加固地层的下底面弧面，单击“OK”按钮，这样初期支护衬砌壳体单元创建完成。最后得到的巷道开挖地层单元如图 6-118 所示，巷道拱顶加固地层单元如图 6-119 所示，巷道体和锚杆加固体单元如图 6-120 所示，巷道周围围岩和加固地层单元如图 6-121 所示，初期支护衬砌壳体单元如图 6-122 所示，整个单元如图 6-123 所示。

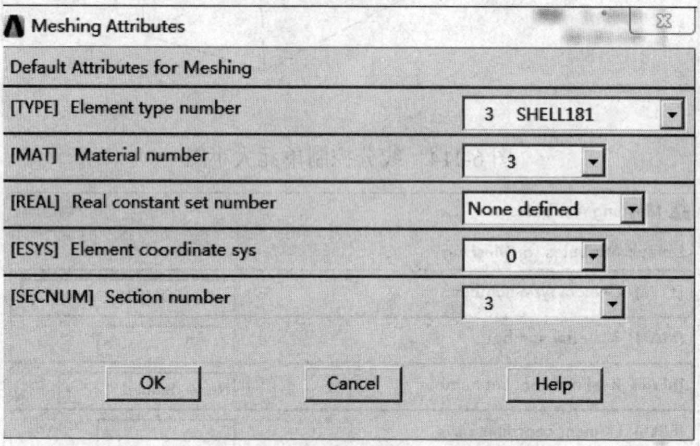

图 6-117 “Meshing Attributes”对话框

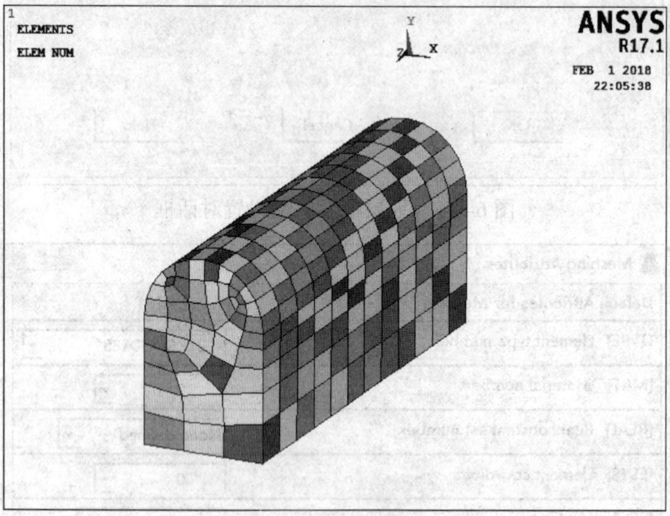

图 6-118 巷道开挖地层单元图

6.5.6 施加约束和荷载

以下主要介绍在模型上加边界条件、重力荷载并进行初始地应力场的模拟计算，初始地应力场其实就是原始地应力场。

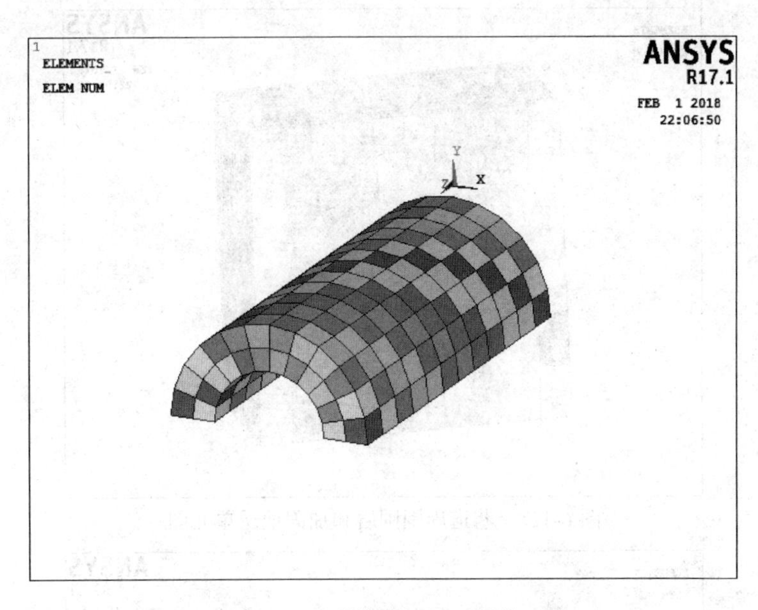

图 6-119 巷道拱顶加固地层单元图

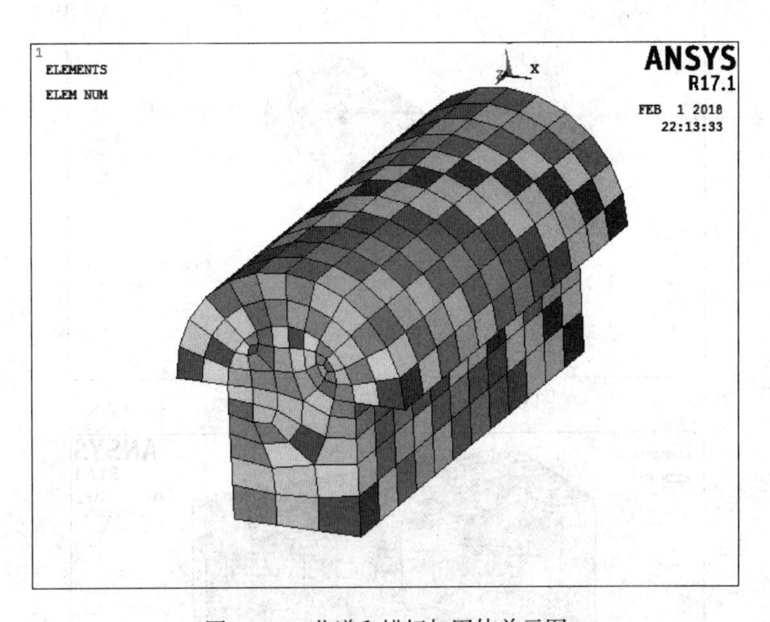

图 6-120 巷道和锚杆加固体单元图

(1) 在 ANSYS “Main Menu” 菜单中依次选取 “Solution” / “Define Loads” / “Apply” / “Structural” / “Displacement” / “On Nodes” 选项，弹出在节点上应用位移图形选取对话框，用鼠标选取两侧边界上的节点，然后单击按钮，打开在节点上应用位移对话框，如图 6-124 所示。选取 “UX” 和 “UZ” 两项，并在 “位移值” 文本框中输入 “0”，然后单击按钮。同理，在底下边界的节点上选取 “UY” 和 “UZ” 两项，并设置位移值为 “0”，如图 6-125 所示。在后面节点上选取 “UZ” 并设置位移值为 “0”。位移为 “0” 表示模型在该方向被约束，如图 6-126 所示。

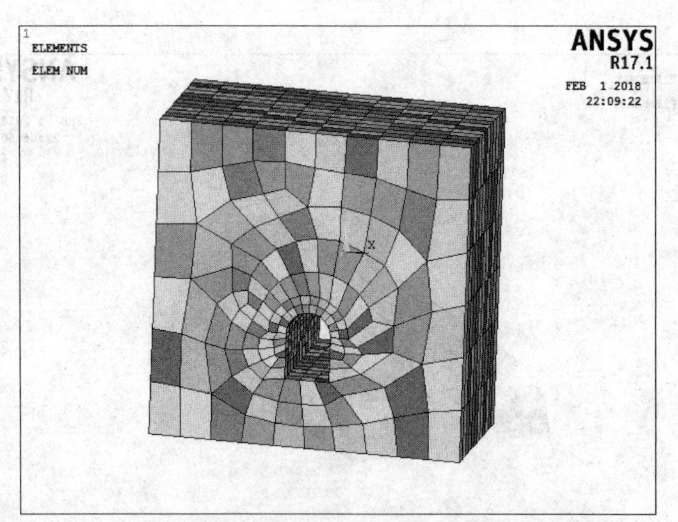

图 6-121 巷道周围围岩和加固地层单元图

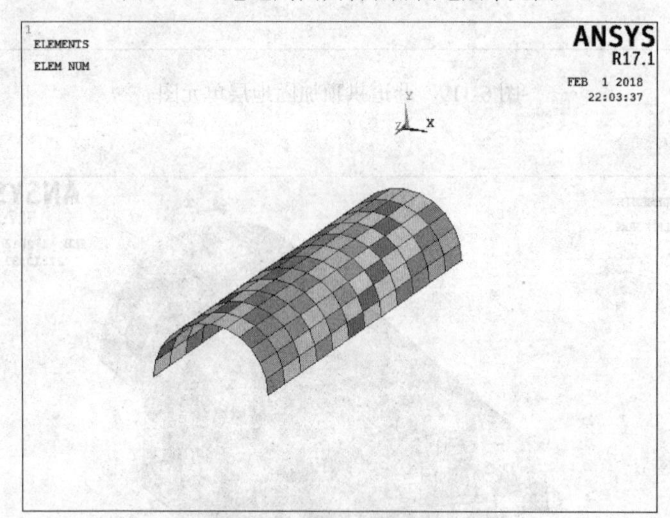

图 6-122 初期支护衬砌壳体单元

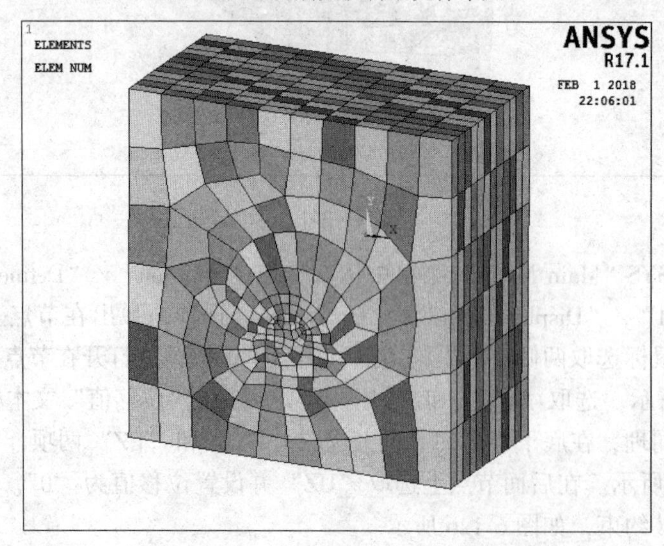

图 6-123 整个单元图

Apply U,ROT on Nodes
[D] Apply Displacements (U,ROT) on Nodes
Lab2 DOFs to be constrained
All DOF
UX
UY
UZ
ROTX
Apply as
Constant value
If Constant value then:
VALUE Displacement value
0
OK
Cancel
Help

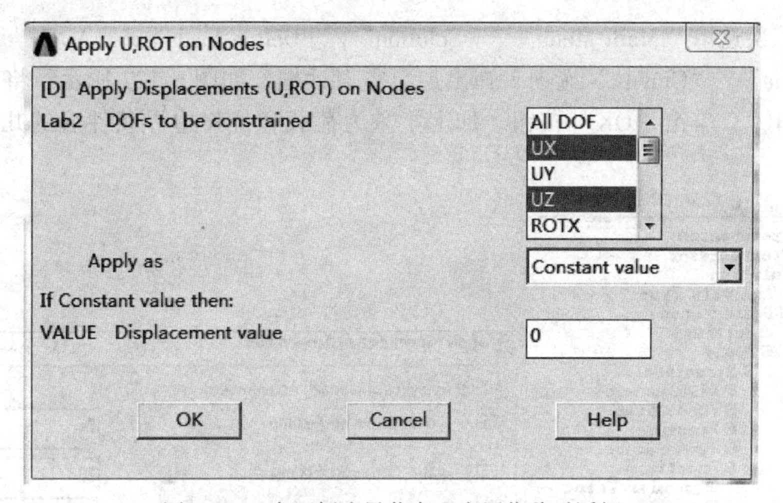

图 6-124 在两侧边界节点上应用位移对话框

Apply U,ROT on Nodes
[D] Apply Displacements (U,ROT) on Nodes
Lab2 DOFs to be constrained
All DOF
UX
UY
UZ
ROTX
Apply as
Constant value
If Constant value then:
VALUE Displacement value
0
OK
Cancel
Help

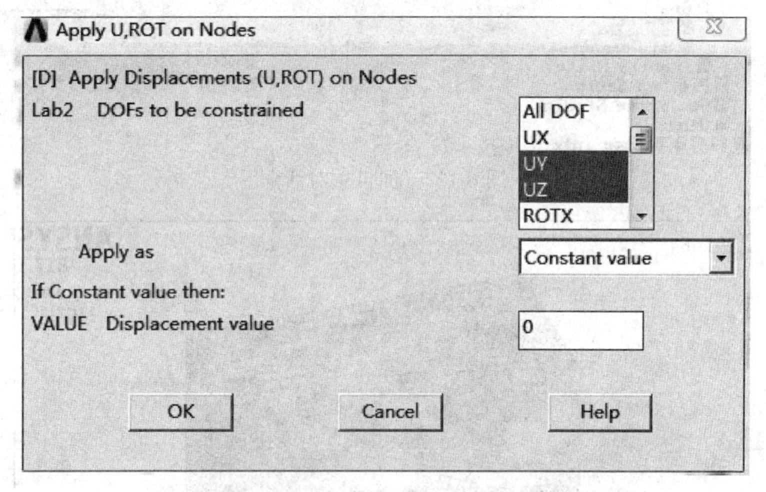

图 6-125 在底下边界节点上应用位移对话框

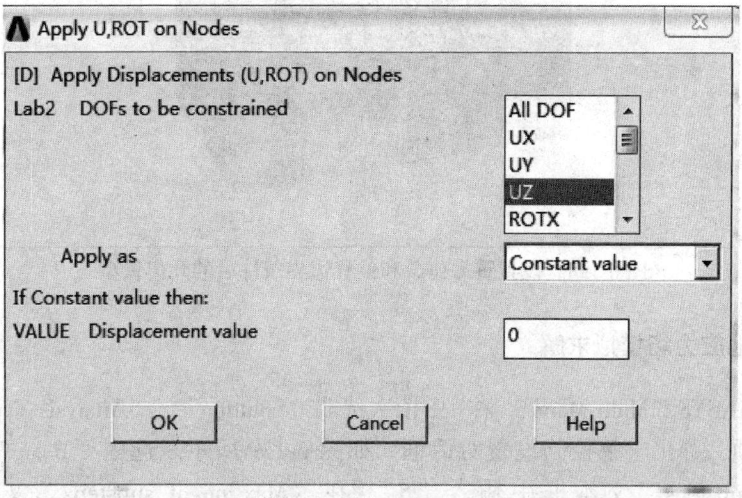

Apply U,ROT on Nodes
[D] Apply Displacements (U,ROT) on Nodes
Lab2 DOFs to be constrained
All DOF
UX
UY
UZ
ROTX
Apply as
Constant value
If Constant value then:
VALUE Displacement value
0
OK
Cancel
Help

图 6-126 在后面边界节点上应用位移对话框

（2）依次选取“Main Menu”/“Solution”/“Define loads”/“Apply”/“Structural”/“Inertia”/“Gravity”选项，弹出加自重对话框，如图 6-127 所示。将 Y 方向的加速度设为“10”，单击“OK”按钮。加上了重力荷载和位移边界条件后的几何模型如图 6-128 所示。

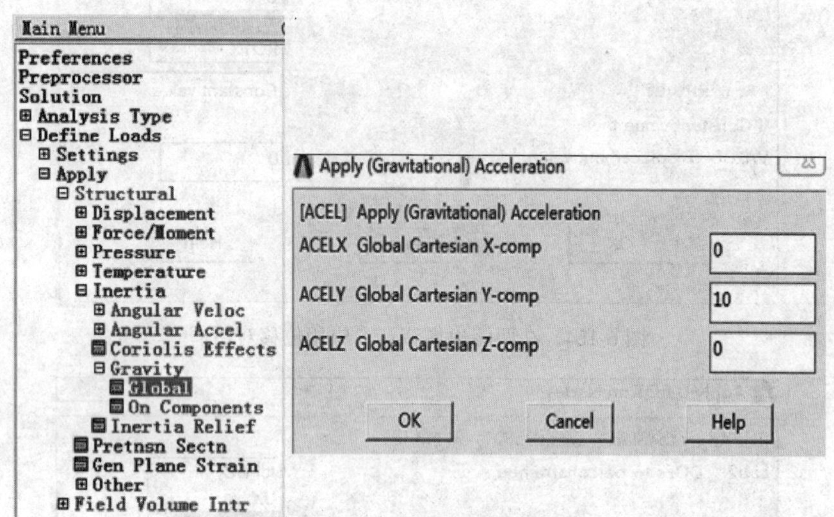

图 6-127 加自重对话框

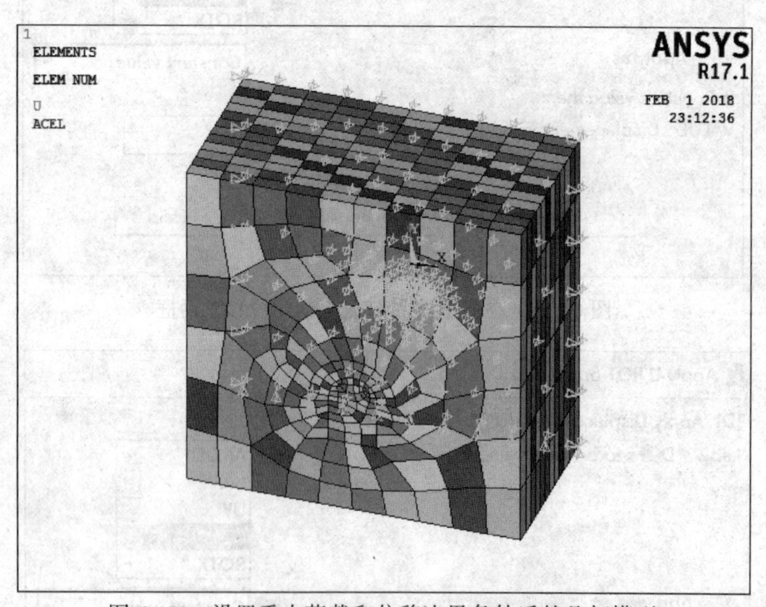

图 6-128 设置重力荷载和位移边界条件后的几何模型

6.5.7 初始地应力场模拟求解

（1）在 ANSYS“Main Menu”菜单中依次选取“Solution”/“Analysis Type”/“Sol'n Controls”选项，弹出求解控制设置对话框，如图 6-129 所示。选中“Basic”选项卡，在“Number of substeps”文本框中输入“5”，在“Max no. of substeps”文本框中输入“100”，在“Min no. of substeps”文本框中输入“1”，最后单击“OK”按钮。

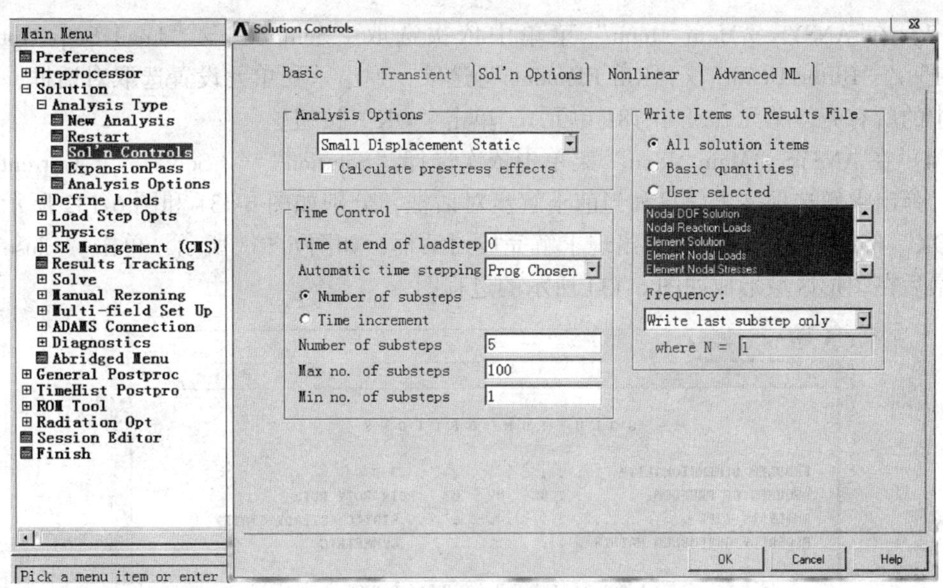

图 6-129 求解控制设置对话框

（2）在 ANSYS “Main Menu” 菜单中依次选取 “Solution” / “Analysis Type” / “Analysis Options” 选项，弹出分析选项设置对话框，如图 6-130 所示。在 “NROPT” 下拉列表中选取 “Full N-R” 选项，最后单击 “OK” 按钮。

Static or Steady-State Analysis
Nonlinear Options
[NLGEOM] Large deform effects — Off
[NROPT] Newton-Raphson option — Full N-R
Adaptive descent — ON if necessary
Linear Options
[LUMPM] Use lumped mass approx? — No
[EQSLV] Equation solver — Program Chosen
Tolerance/Level -
- valid for all except Sparse Solver
Multiplier - 0
- valid only for Precondition CG
Matrix files - Delete upon FINISH
- valid only for Sparse
[MSAVE] Memory Save - Off
- valid only for Precondition CG
[PCGOPT] Level of Difficulty - Program Chosen
- valid only for Precondition CG
[PCGOPT] Reduced I/O - Program Chosen
- valid only for Precondition CG
[PCGOPT] Memory Mode - Program Chosen
- valid only for Precondition CG
OK Cancel Help

图 6-130 分析选项设置对话框

（3）在 ANSYS“Main Menu”菜单中依次选取“Solution”/“Load Step Opts”/“Other”/“Birth&Death”/“Kill Elements”选项，弹出杀死单元设置选取对话框，选择图形中的所有壳体单元（Shell 181 单元），单击“OK”按钮。

（4）在 ANSYS“Main Menu”菜单中依次选择“Solution”/“Solve”/“Current LS”选项，弹出求解选项文本信息和当前求解步对话框，分别如图 6-131 和图 6-132 所示。单击“OK”按钮开始求解，直到出现求解完成对话框，如图 6-133 所示，单击“Close”按钮。最后在图形区域形成如图 6-134 所示的过程图。

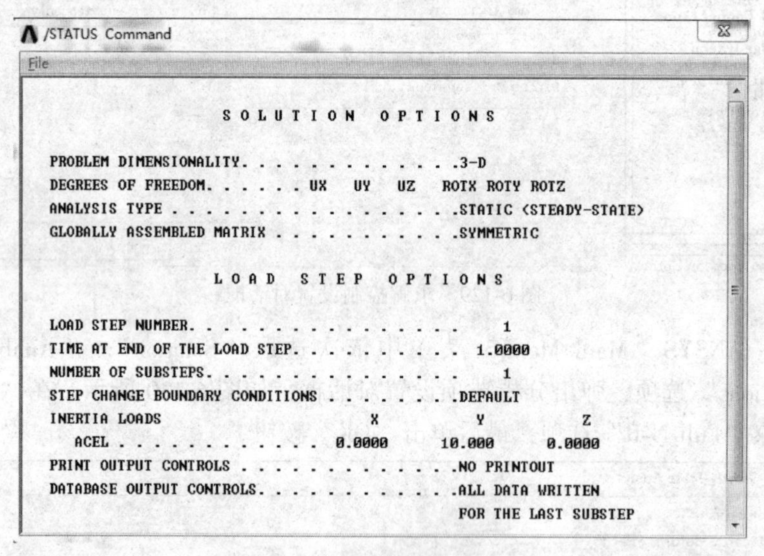

图 6-131　求解选项文本信息

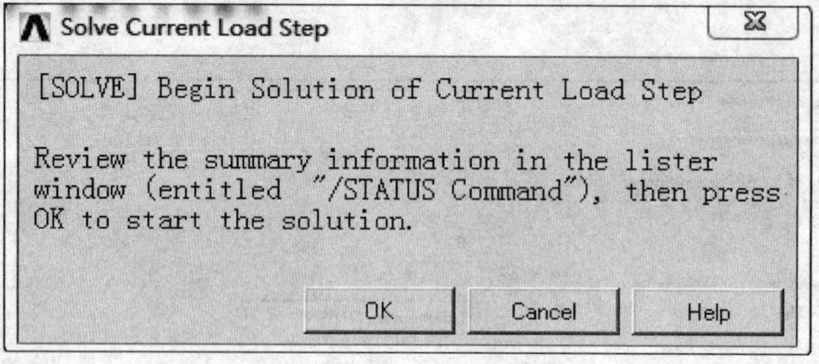

图 6-132　当前求解步对话框

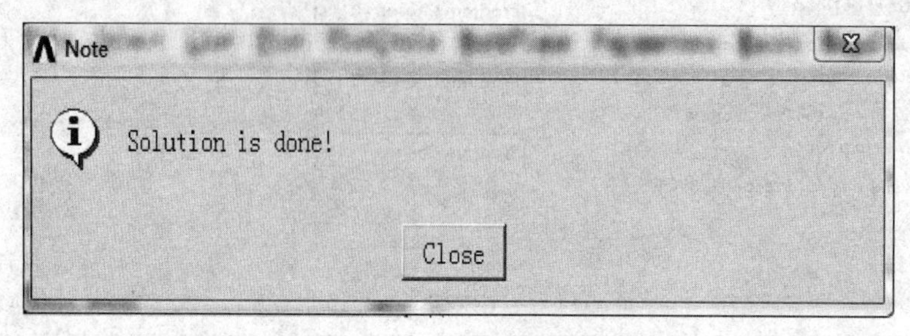

图 6-133　求解完成对话框

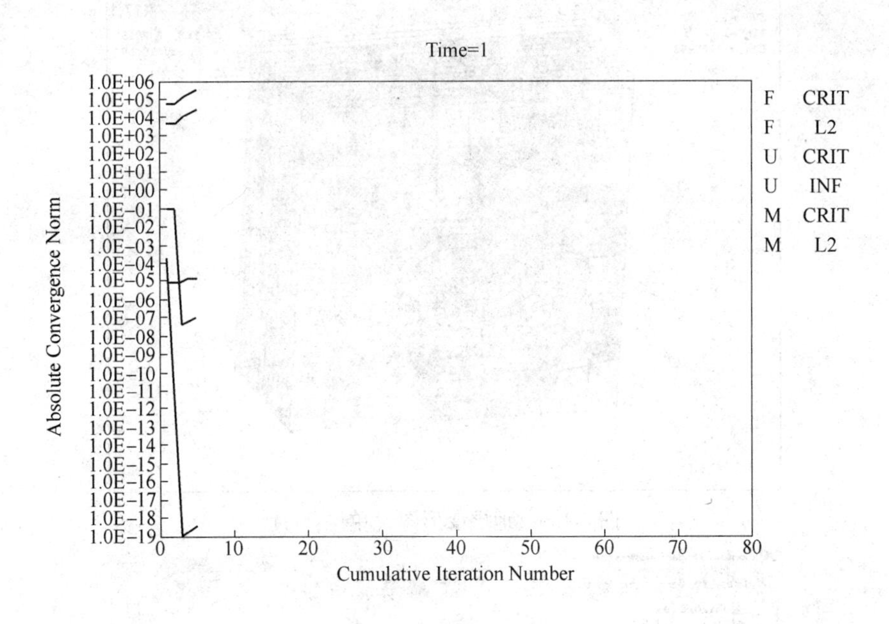

图 6-134 求解过程图

（5）在 ANSYS“Main Menu”菜单中依次选取“General Postproc”/“Plot Results”/“Deformed Shape”选项，弹出画变形图对话框，如图 6-135 所示，选中“Def + undeformed”单选按钮，单击“OK”按钮，在图形区域显示地层变形图，如图 6-136 所示。在自重应力场作用下，围岩最大下沉量为 0.828mm。

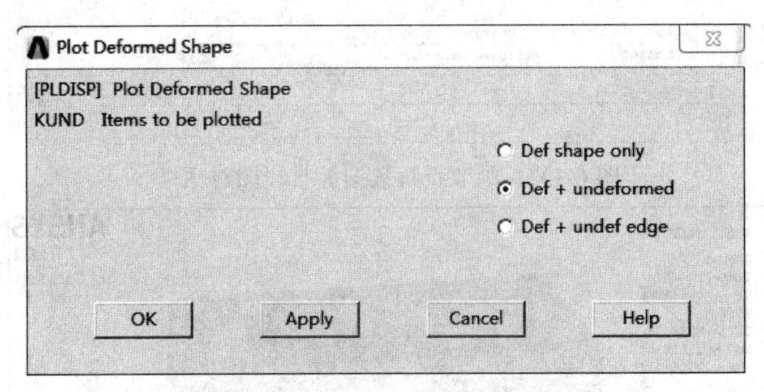

图 6-135 画变形图对话框

（6）在 ANSYS“Main Menu”菜单中依次选取“General Postproc”/“Plot Results”/“Contour Plot”/“Nodal Solution”选项，弹出画节点解数据等直线图对话框，如图 6-137 所示。分别选取“DOF solution”和“X-Component of displacement”选项、“DOF solution”和“Y-Component of displacement”选项、“Stress”和“X-Component of stress”选项、“Stress”和“Y-Component of stress”选项、“Stress”和“Z-Component of stress”选项、“Stress”和“1st principal stress”选项、“Stress”和“2st principal stress”选项、“Stress”和“3st principal stress”选项，每选取一组选项单击一次“Apply”按钮以查看位移和应力，相应的结果分别如图 6-138～图 6-145 所示，图中位移的单位为 m，应力的单位为 Pa。

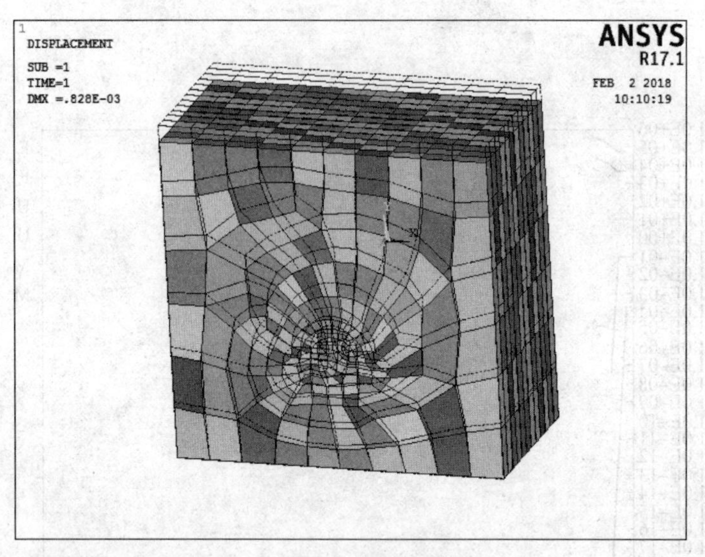

图 6-136 地层变形图（单位：m）

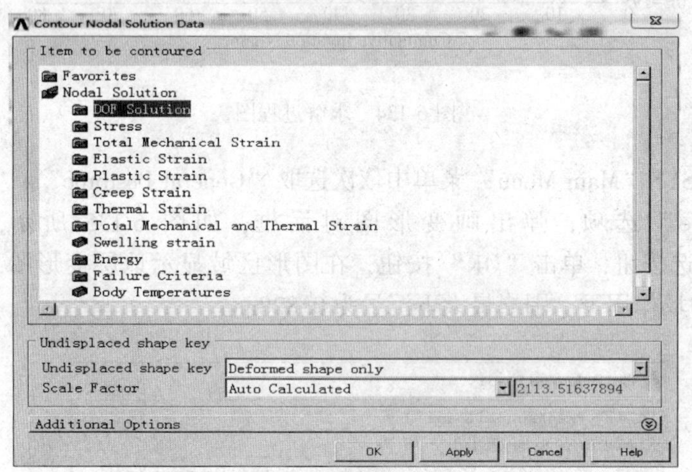

图 6-137 画节点解数据等直线图对话框

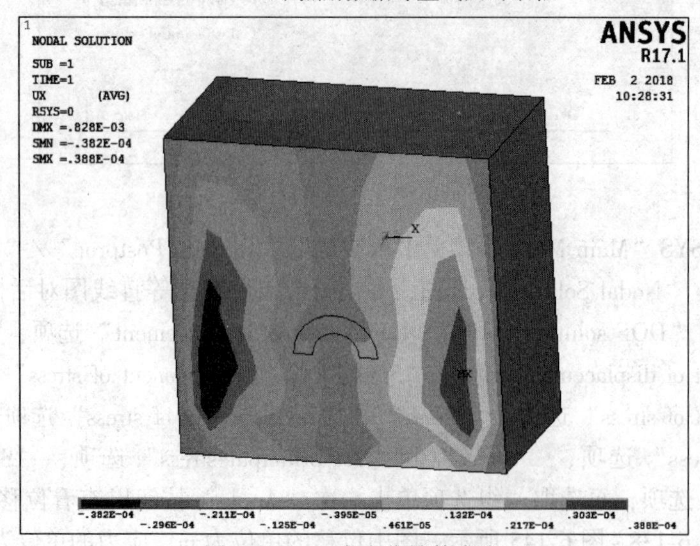

图 6-138 *X* 方向位移等直线

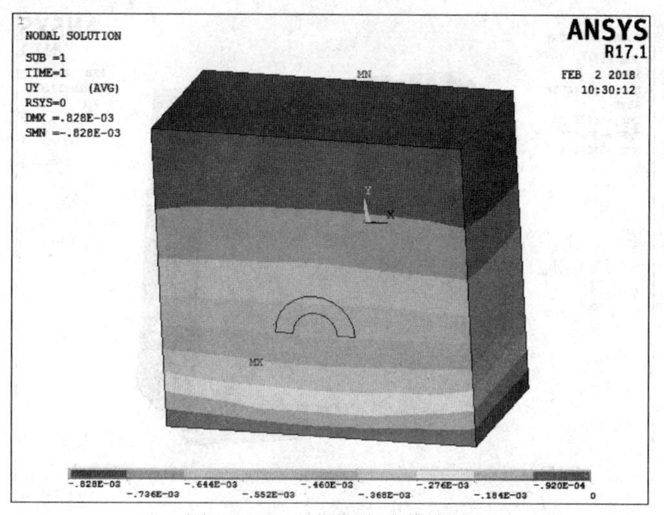

图 6-139 *Y* 方向位移等直线

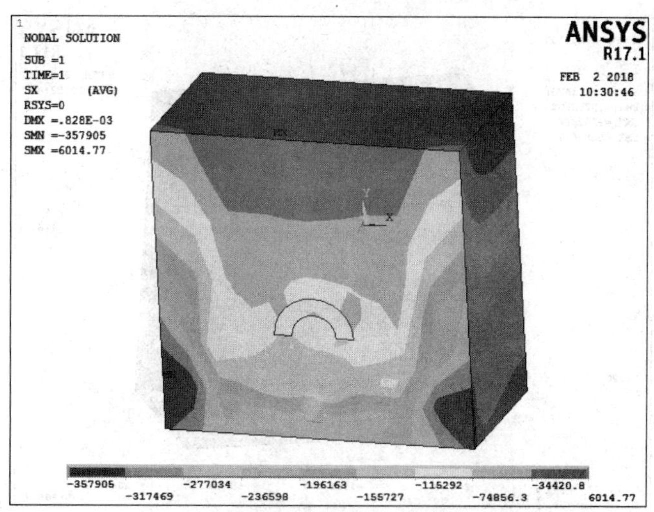

图 6-140 *X* 方向的应力图

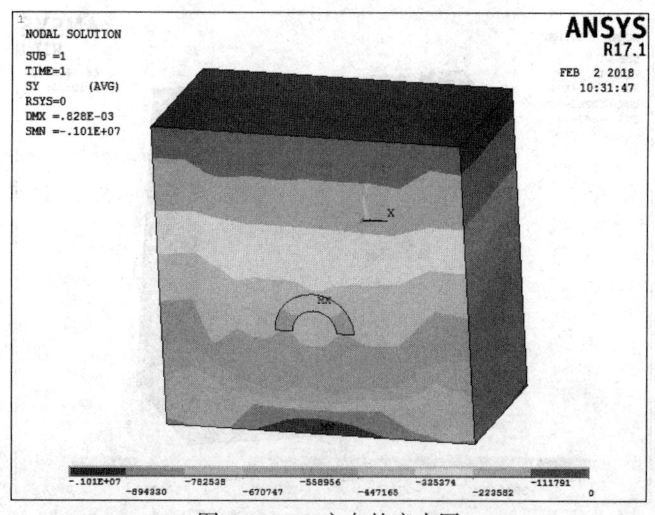

图 6-141 *Y* 方向的应力图

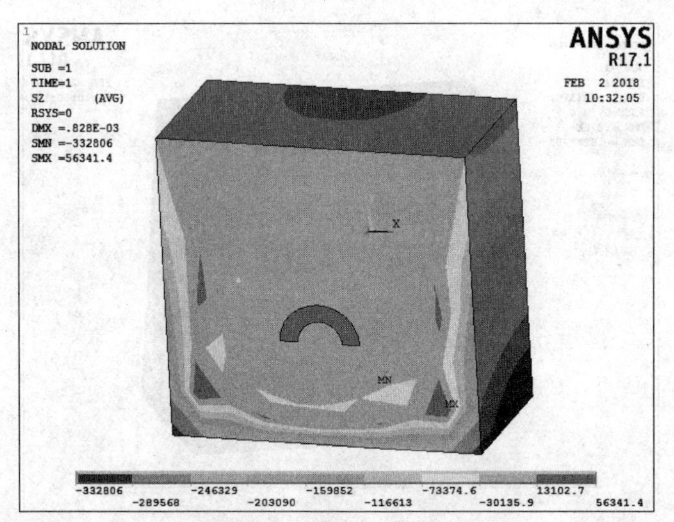

图 6-142 *Z* 方向的应力图

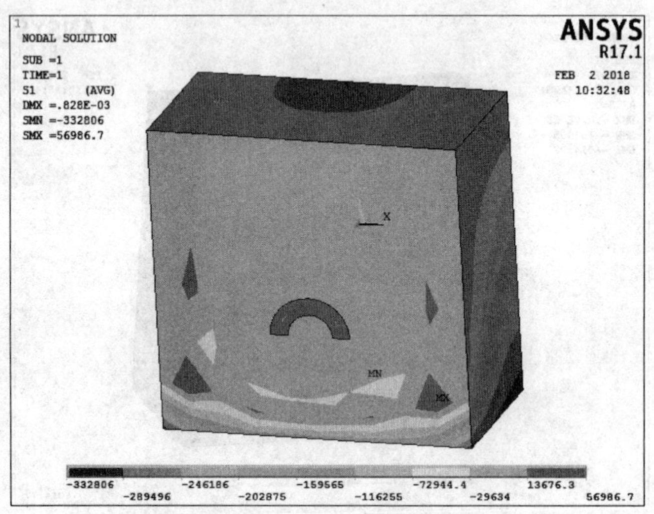

图 6-143 第一主应力（1st）等直线

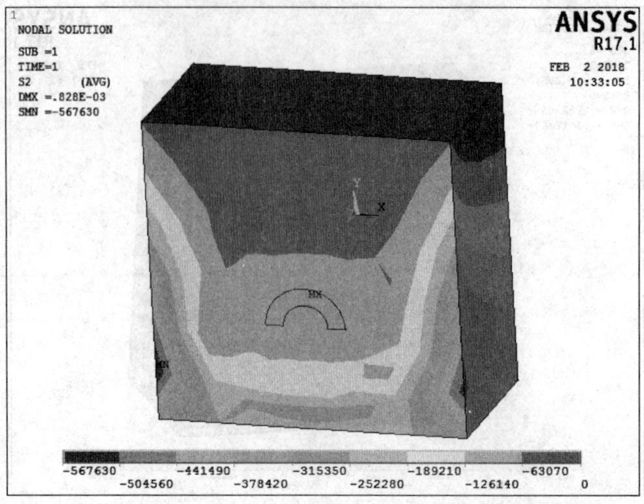

图 6-144 第二主应力（2st）等直线

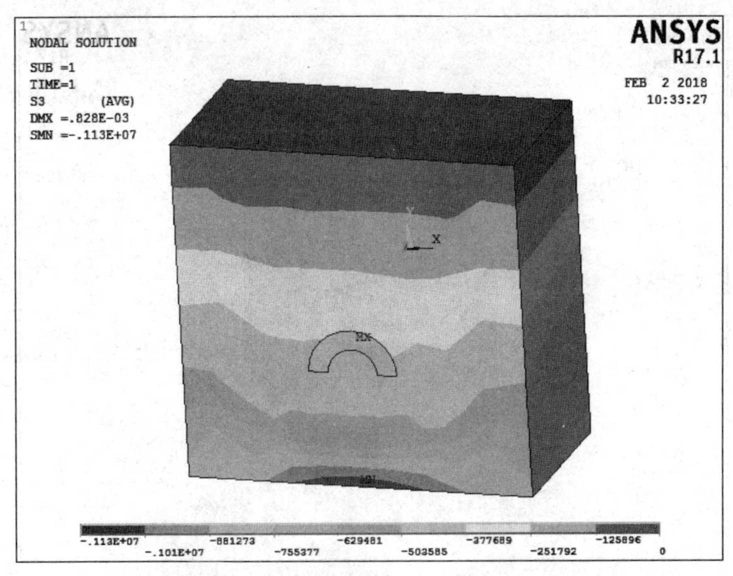

图 6-145 第三主应力（3st）等直线

(7) 依次选取下拉主菜单中的“Select”/“Entities”选项，弹出图元选取对话框，如图 6-146 所示。在下拉列表中依次选取“Elements”和“By Num/Pick”选项，并选中“From Full”单选按钮，然后单击“Apply”按钮，弹出单元选取对话框。依次选取第一次进尺开挖土体范围内的单元，然后单击“OK”按钮，选取后的单元如图 6-147 所示。

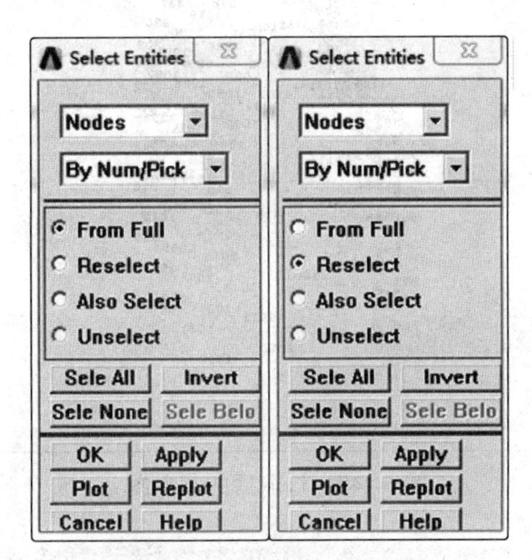

图 6-146 图元选取对话框

(8) 在图 6-146 所示的两个下拉列表中分别选取“Nodes”和“By Num/Pick”选项，并选中“Reselect”单选按钮，然后单击“Apply”按钮，弹出单元选取对话框。依次选取第一次进尺开挖巷道周围节点，然后单击“OK”按钮，选取后的节点如图 6-148 所示。

(9) 在 ANSYS“Main Menu”菜单中依次选取“General Postproc”/“Nodal Calcs”/“Sum@ Each Node”选项，弹出计算节点力对话框，如图 6-149 所示。单击“OK”按钮，打开所选取单元上节点力数据文件。（说明：由于数据较多，篇幅有限，所以这里不列出。最后另存为一个“txt”文件就可以了。）

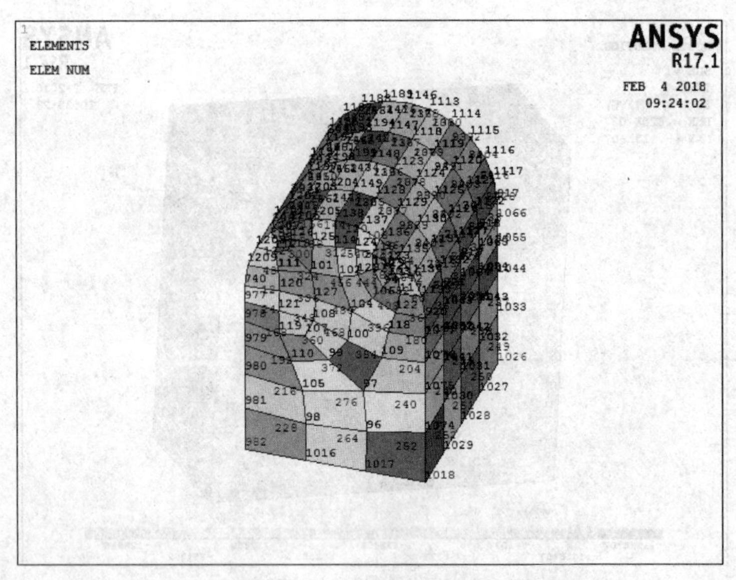

1
ELEMENTS
ELEM NUM
ANSYS
R17.1
FEB 4 2018
09:24:02

图 6-147 选取后的单元图

1
NODES
NODE NUM
Y
X
ANSYS
R17.1
FEB 4 2018
09:16:20

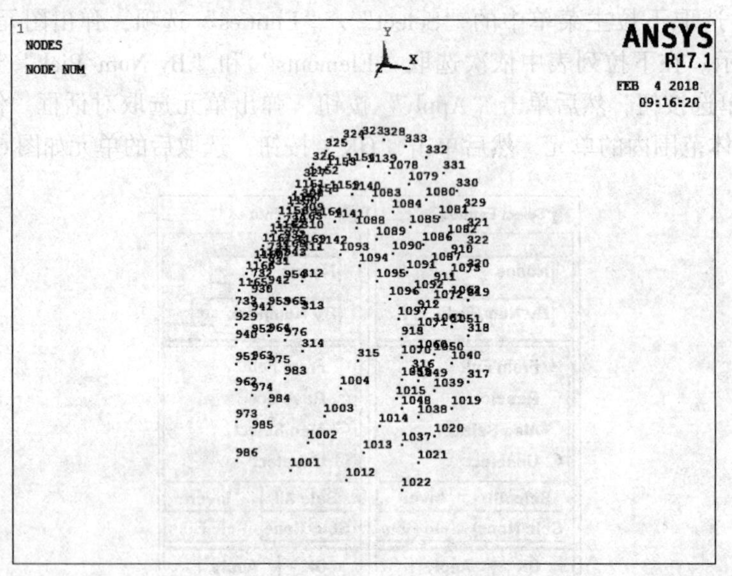

图 6-148 选取后的节点图

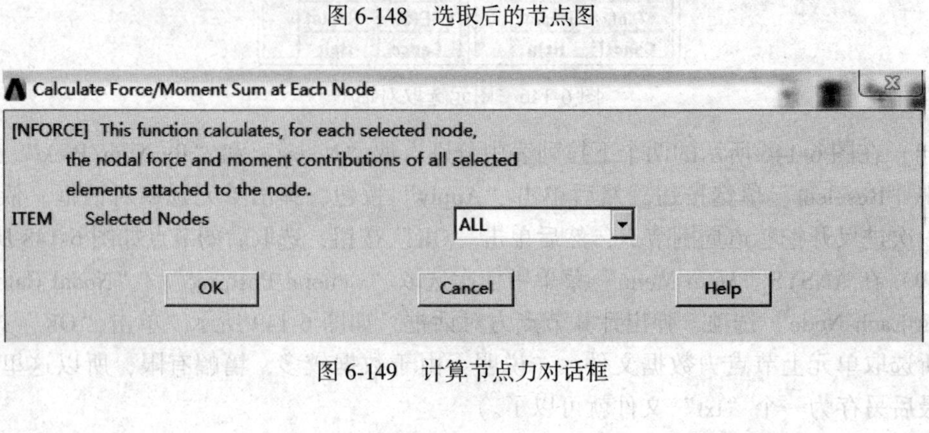

Calculate Force/Moment Sum at Each Node
[NFORCE] This function calculates, for each selected node,
the nodal force and moment contributions of all selected
elements attached to the node.
ITEM Selected Nodes
ALL
OK
Cancel
Help

图 6-149 计算节点力对话框

6.5.8 开挖进尺模拟分析

由前面已知条件可知，隧道开挖每次进尺3m，而所建立的模型纵向是18m，所以分6次开挖，本节内容只介绍第一次进尺开挖模拟分析的基本过程，接下来的每次开挖都跟第一次的操作步骤相同。

（1）依次选取下拉主菜单中的“File”／“Save as”选项，弹出另存数据对话框，如图6-150所示。在“Save Database to”文本框中输入“TTkaiwa1.db”，单击“OK”按钮。

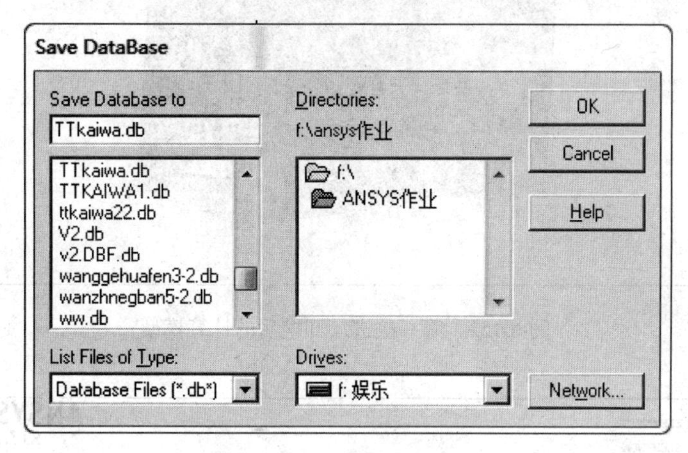

图6-150 另存数据对话框

（2）在ANSYS“Main Menu”菜单中依次选取“Solution”／“Analysis Type”／“Restart”选项，弹出重新启动对话框，如图6-151所示。在“Load Step Number”文本框中输入“1”，在“Sub Step Number”文本框中输入“4”，单击“OK”按钮重新启动数据。

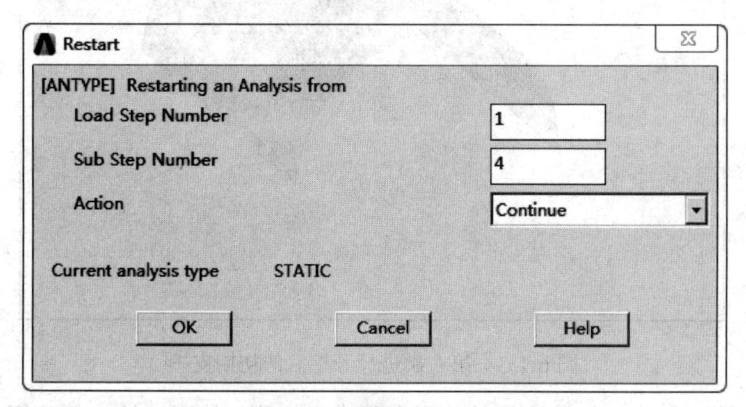

图6-151 重新启动对话框

（3）在ANSYS“Main Menu”菜单中依次选取“Solution”／“Load Step Opts”／“Other”／“Birth & Death”／“Kill Elements”选项，弹出杀死单元设置选取对话框，选择图形中第一次进尺开挖部分的地层单元（Solid185），单击“OK”按钮。然后再选择“Birth & Death”／“Activate Elements”选项，弹出激活单元设置选取对话框，选择图形中第一次进尺开挖区域周围的壳单元（Shell 181），再单击“OK”按钮。完成后的单元如图6-152和图6-153所示。

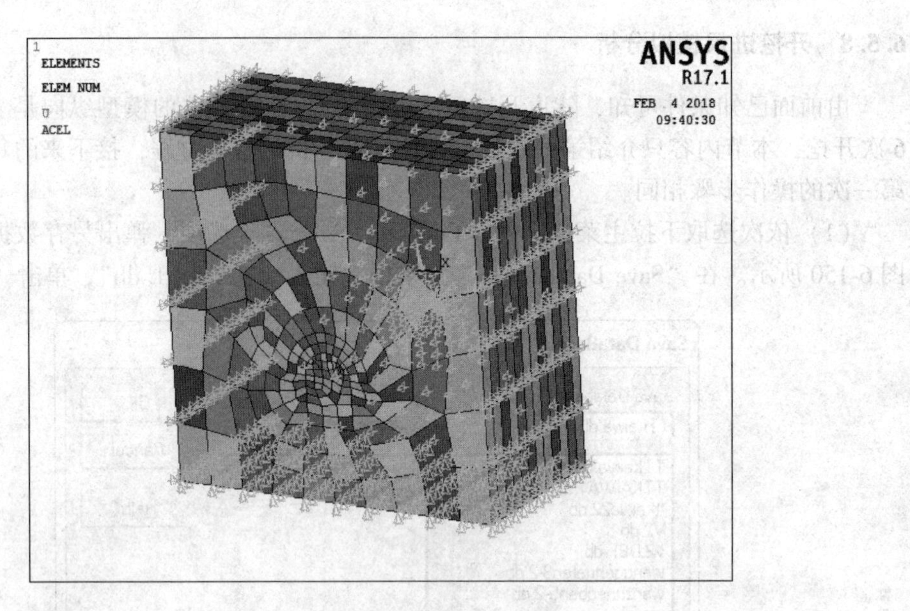

图 6-152 第一次进尺开挖后的计算模型

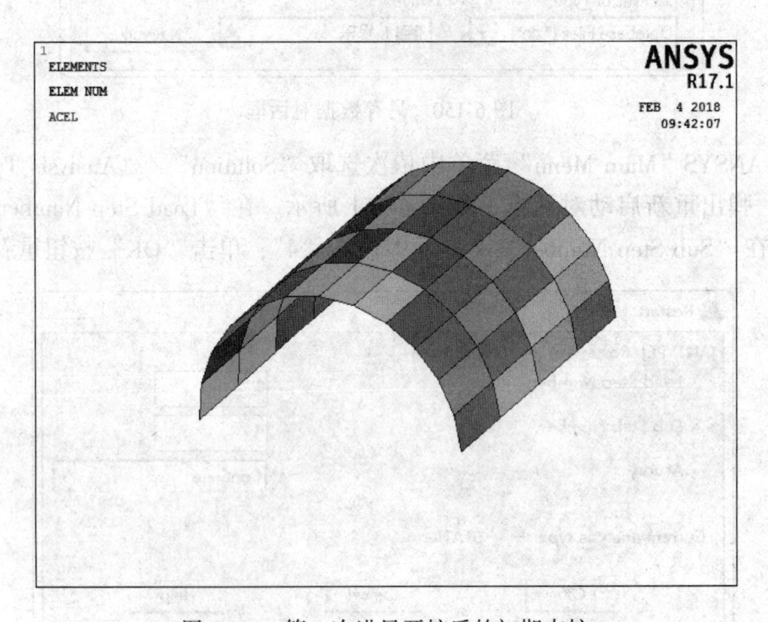

图 6-153 第一次进尺开挖后的初期支护

说明：将第一开挖部分土体单元杀死表示将这部分土体开挖掉，但是要在周围节点上加上节点力来平衡土体间的相互作用关系，同时在拱顶部分进行初期支护，则用激活壳体单元的方法来表示。

（4）所输出的第一次进尺开挖周围节点力的基础上进行数据整理，荷载释放 100%，本次所计算的节点力共 130 组，且都进行了反号处理（这里给出了部分数据）。同时，按照 ANSYS 软件加节点力的命令格式进行了编辑，如图 6-154 所示。

（5）在 ANSYS“Main Menu” 菜单中依次选取 “Solution” / “Define Loads” / “Ap-

文件(F) 编辑(E) 格式(O) 查看(V)	文件(F) 编辑(E) 格式(O) 查看(V)	文件(F) 编辑(E) 格式(O) 查看(V)
NODE FX	NODE FY	NODE FZ
f, 737, fx, 4.29E-10	f, 737, fy, -2.62E-10	f, 737, fz, -1.63E-10
f, 738, fx, 2.91E-10	f, 738, fy, -5.53E-10	f, 738, fz, 1.81E-11
f, 739, fx, 2.84E-10	f, 739, fy, -8.15E-10	f, 739, fz, 6.87E-10
f, 740, fx, -5.82E-11	f, 740, fy, -2.91E-10	f, 740, fz, -9.10E-11
f, 741, fx, -3.97E-10	f, 741, fy, -4.95E-10	f, 741, fz, 4.71E-10
f, 917, fx, 3.67E-10	f, 917, fy, -7.57E-10	f, 917, fz, 5.19E-10
f, 918, fx, 2.69E-10	f, 918, fy, 2.33E-10	f, 918, fz, -3.99E-10
f, 919, fx, -3.20E-10	f, 919, fy, -9.02E-10	f, 919, fz, -2.37E-10
f, 920, fx, 8.73E-11	f, 920, fy, -3.78E-10	f, 920, fz, 4.73E-11
f, 921, fx, -3.06E-10	f, 921, fy, -4.66E-10	f, 921, fz, 1.51E-10
f, 922, fx, 9.64E-11	f, 922, fy, -9.60E-10	f, 922, fz, -1.35E-10
f, 923, fx, -4.00E-11	f, 923, fy, -1.40E-09	f, 923, fz, -2.83E-10
f, 924, fx, 2.18E-10	f, 924, fy, -6.40E-10	f, 924, fz, 3.21E-10
f, 925, fx, 7.28E-11	f, 925, fy, 1.75E-10	f, 925, fz, -4.18E-11
f, 933, fx, 6.91E-11	f, 933, fy, 1.28E-09	f, 933, fz, 1.17E-10
f, 934, fx, 2.53E-10	f, 934, fy, 1.57E-09	f, 934, fz, 2.21E-10
f, 935, fx, -1.98E-10	f, 935, fy, 9.02E-10	f, 935, fz, -2.19E-10

图 6-154　第一次进尺开挖周围所加的部分节点力

ply”选项，然后依次在命令输入行中按照图 6-154 所示的格式输入节点力（可以整理好了格式直接复制到命令行中），最后得出的第一次进尺开挖周围节点力如图 6-155 所示。

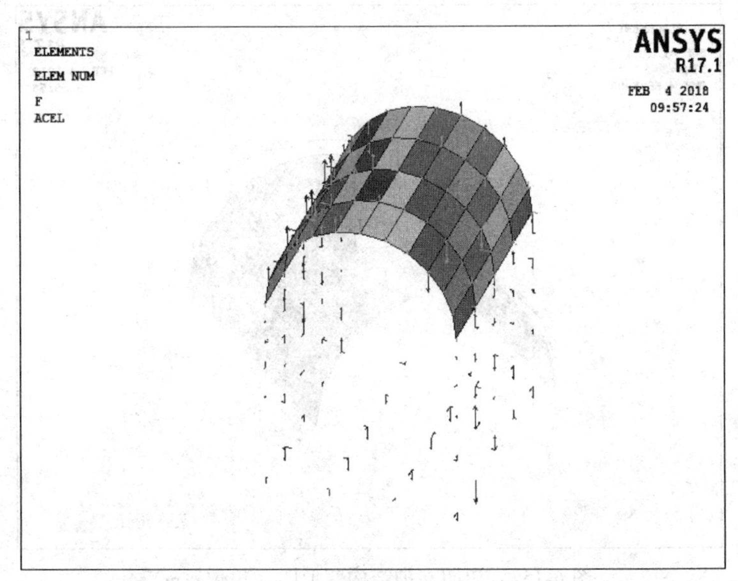

图 6-155　第一次进尺开挖周围节点力

（6）在 ANSYS“Main Menu”菜单中依次选取“Solution”/“Solve”/“Current LS”选项，弹出求解选项文本信息和当前求解步对话框。单击“OK”按钮开始求解，直到出现求解完成对话框，单击“Close”按钮。提示：根据多次计算经验，最好在进行求解分析前把数据库保存，并换名字重新保存，这样以防在计算过程中出现错误，还可以重新启动程序进入分析求解模型。

（7）在 ANSYS“Main Menu”菜单中依次选取“General Postproc”/“Plot Results”/“Deformed Shape”选项，弹出画变形图对话框，选中“Def+undeformed”单选按钮，然后单击“OK”按钮，在图形区域显示地层变形图，如图 6-156 和图 6-157 所示。

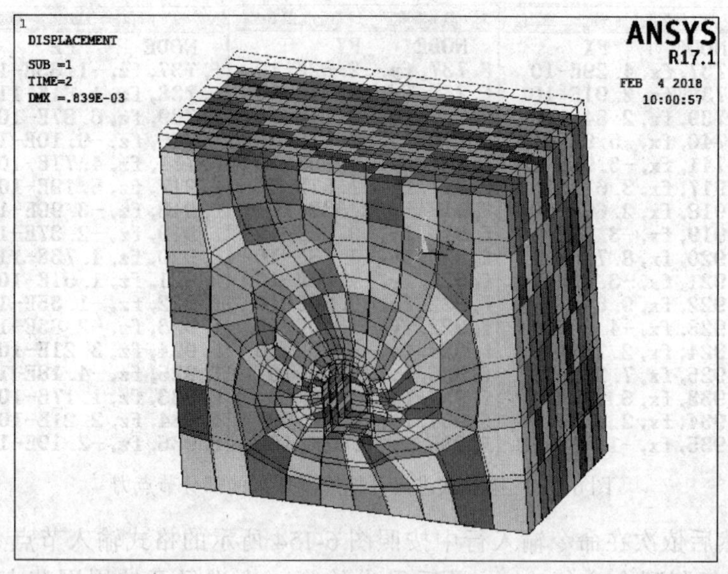

图 6-156 地层变形图（单位：m）

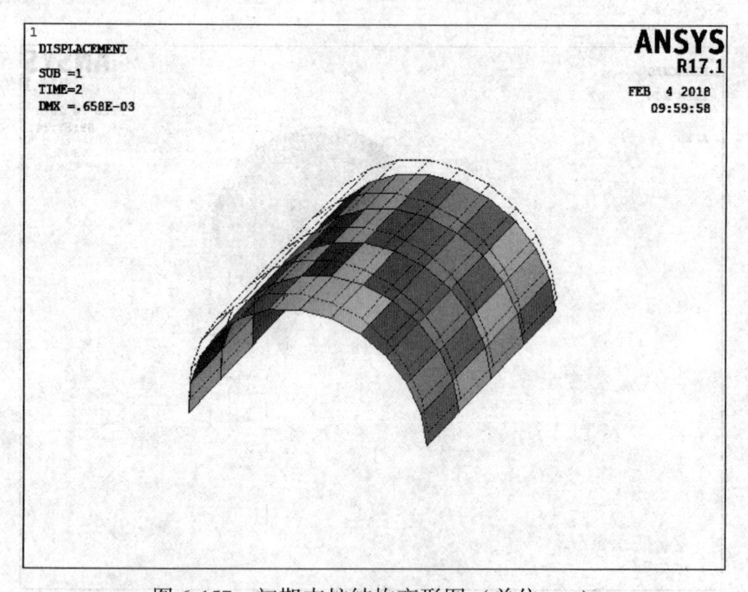

图 6-157 初期支护结构变形图（单位：m）

（8）在 ANSYS“Main Menu”菜单中依次选取“General Postproc”/“Plot Results”/“Contour Plot”/“Nodal Solution”选项，弹出画节点解数据等直线图对话框，如图 6-137 所示。分别选取“DOF solution”和“X-Component of displacement”选项、“DOF solution”和“Y-Component of displacement”选项、“Stress”和“X-Component of stress”选项、“Stress”和“Y-Component of stress”选项、“Stress”和“Z-Component of stress”选项、“Stress”和“1st principal stress”选项、“Stress”和“2st principal stress”选项、“Stress”和“3st principal stress”选项，每选取一组选项单击一次“Apply”按钮以查看位移和应力，相应的结果分别如图 6-158～图 6-165 所示，图中位移的单位为 m，应力的单位为 Pa。

（9）重复上述类似操作，便可分别进行巷道的 6 次开挖计算分析。

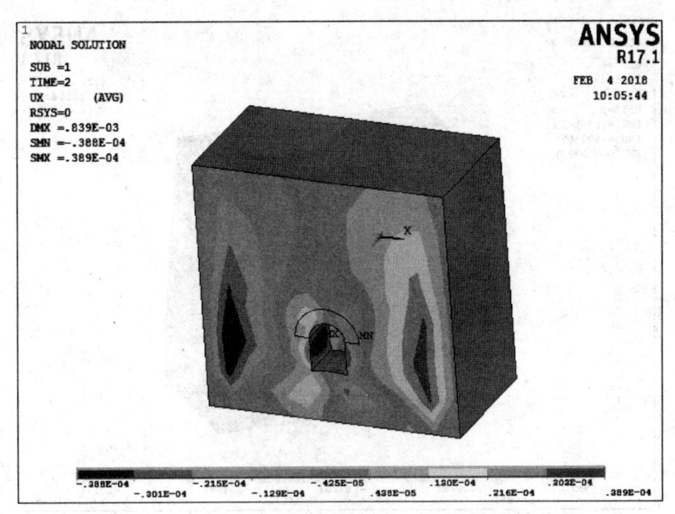

图 6-158 第一次进尺开挖后 *X* 方向位移等直线

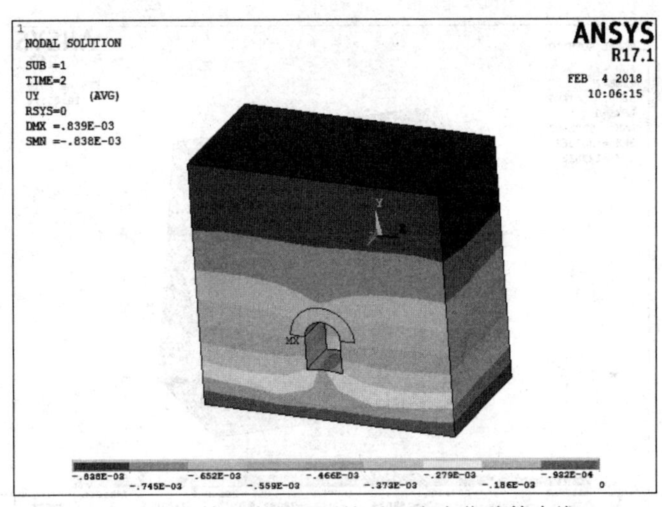

图 6-159 第一次进尺开挖后 *Y* 方向位移等直线

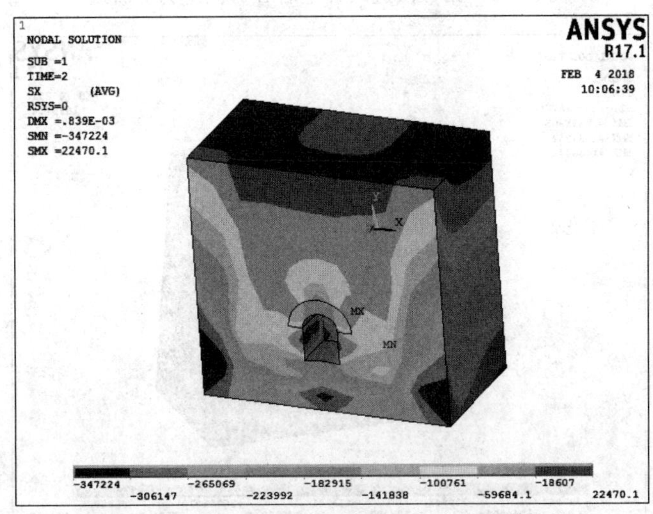

图 6-160 第一次进尺开挖后 *X* 方向应力等直线

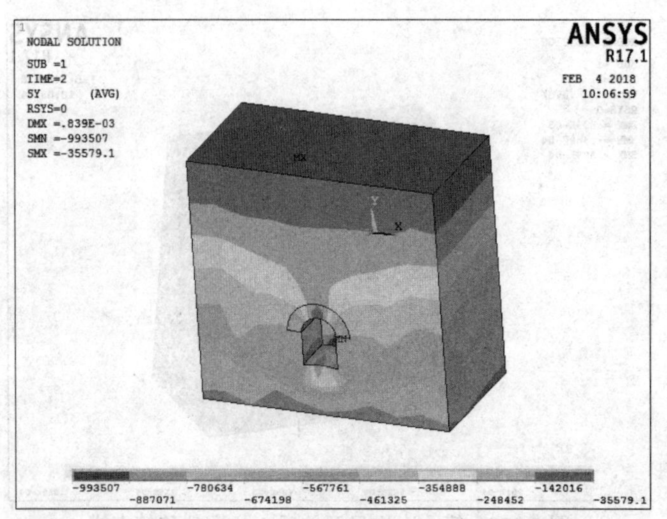

图 6-161 第一次进尺开挖后 *Y* 方向应力等直线

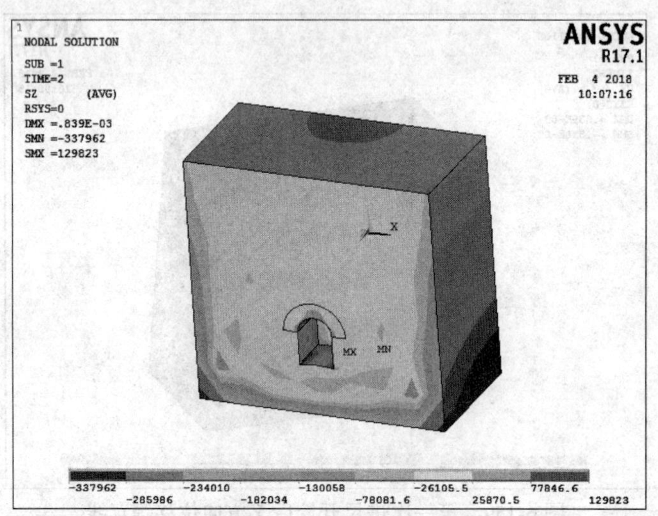

图 6-162 第一次进尺开挖后 *Z* 方向应力等直线

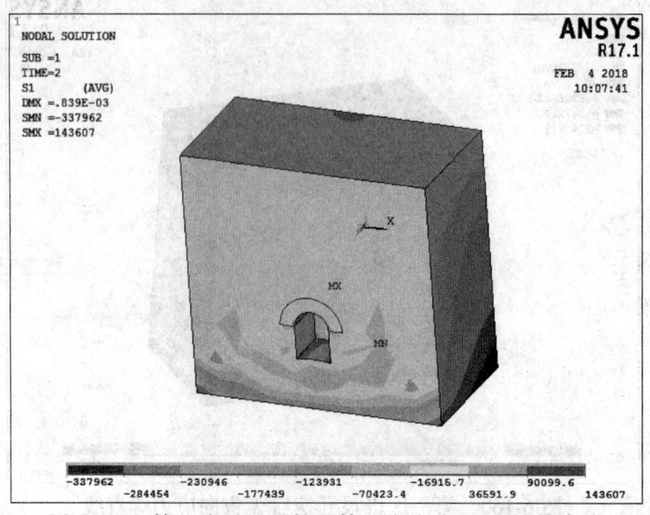

图 6-163 第一次进尺开挖后第一主应力（1st）等直线

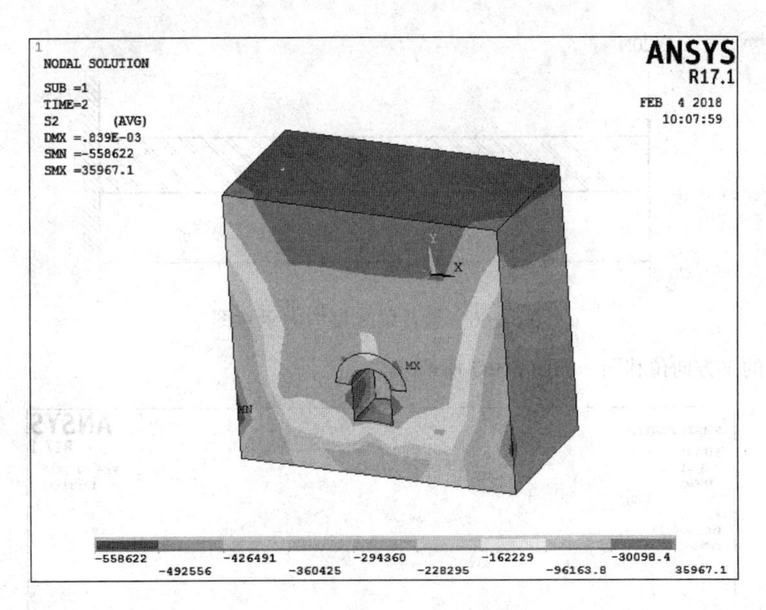

图 6-164　第一次进尺开挖后第二主应力（2st）等直线

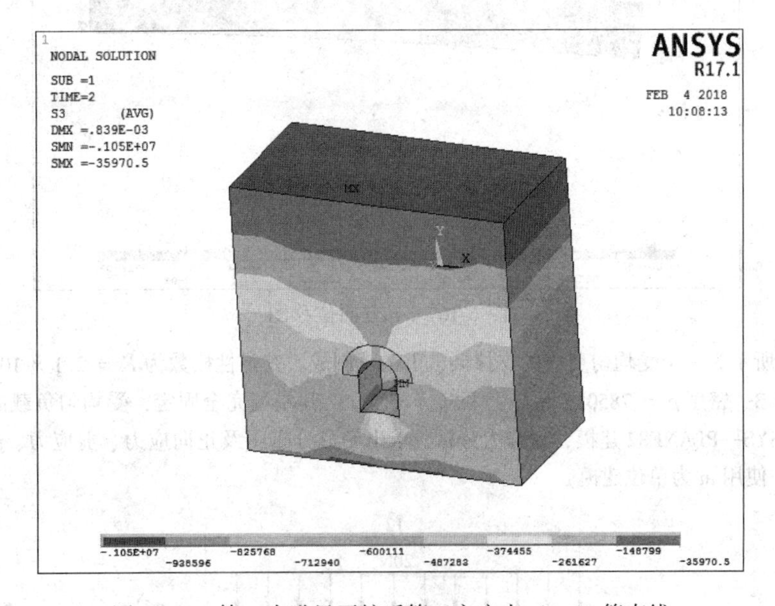

图 6-165　第一次进尺开挖后第三主应力（3st）等直线

习　题

6-1　如图 6-166 所示，一根悬臂梁一端受到集中力 $F = 20\text{N}$ 的作用，悬臂梁的横截面为矩形，长度 1m，厚度 0.1m，高度 0.1m。材料的弹性模量 $E = 200\text{GPa}$ 、泊松比 $\nu = 0.3$。用平面四结点实体 182 单元离散，取长度单位 mm，集中力负载为 20N，应力的单位 MPa（统一使用 mm 为单位建模）。

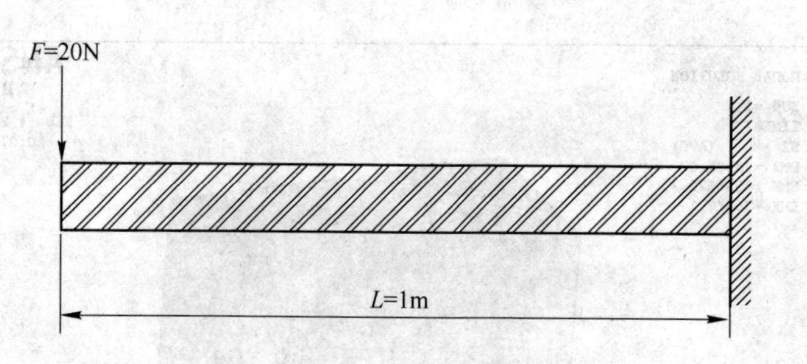

图 6-166 悬臂梁受集中力示意图

最终得到的 Y 方向位移图，如图 6-167 所示。

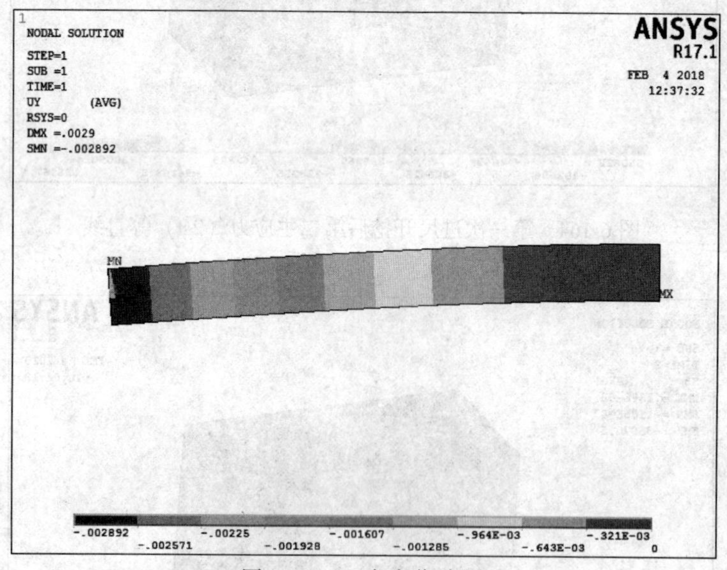

图 6-167 Y 方向位移图

6-2 图 6-168 所示为一个受均匀负载的支撑架，由铸钢制成，其弹性模数为 $E = 2.1 \times 10^{11}\mathrm{N/m^2}$、泊松比 $\nu = 0.3$、密度 $\rho = 7850\mathrm{kg/m^3}$、厚度 $h = 0.5\mathrm{m}$，其左端完全固定，受均匀负载的合力为 20N，利用 ANSYS—PLANE82 建模，做静力分析，求出变形分布图及正向应力、剪应力、von Mises 应力图（统一使用 m 为单位建模）。

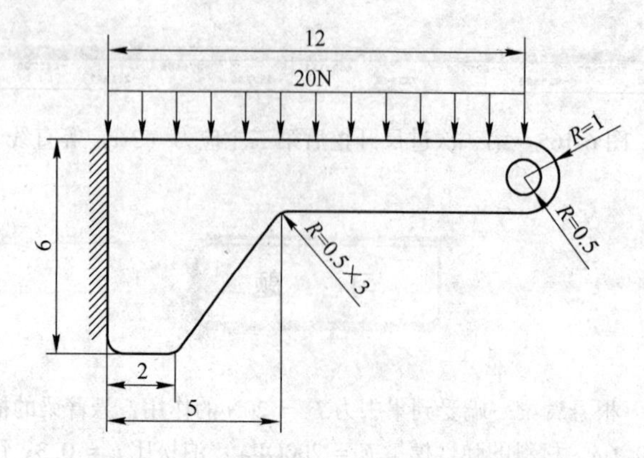

图 6-168 受均匀负载的支撑架（单位：m）

变形分布图如图 6-169 所示。

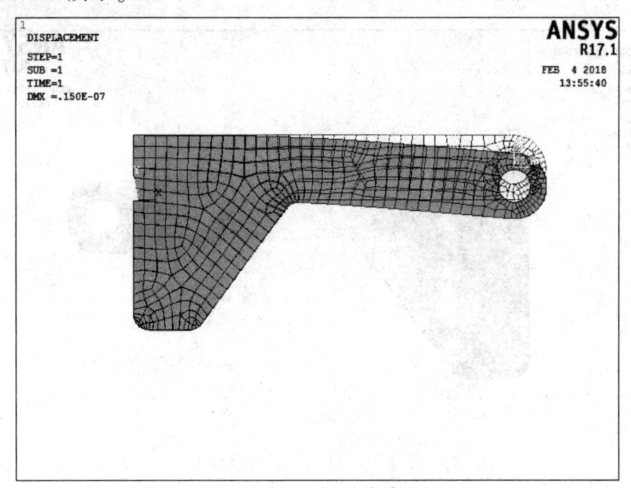

图 6-169　变形分布图

第一主应力如图 6-170 所示。

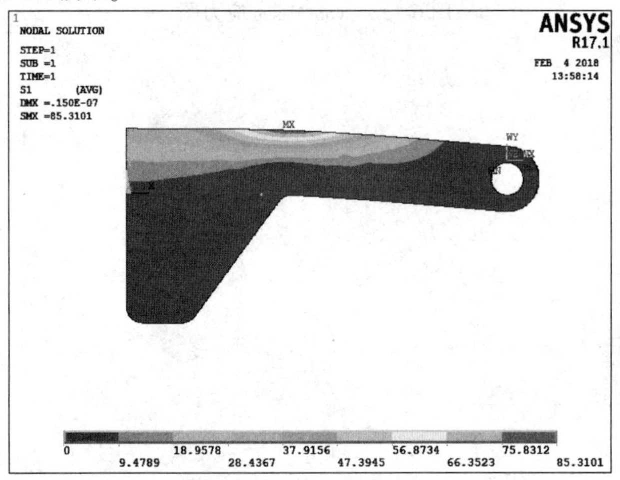

图 6-170　第一主应力图

XY 方向剪应力如图 6-171 所示。

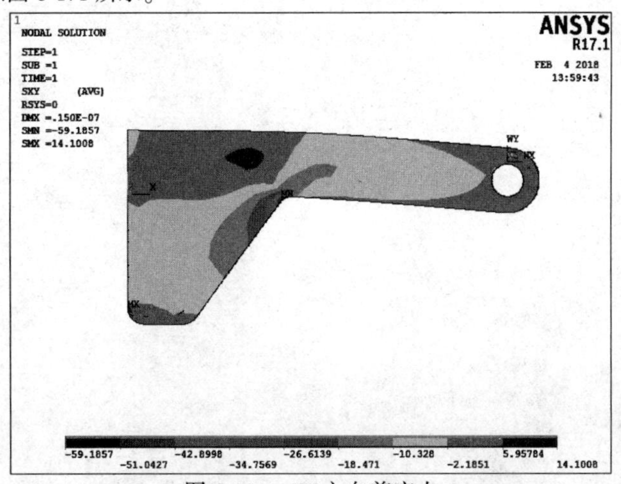

图 6-171　*XY* 方向剪应力

von Mises 应力图如图 6-172 所示。

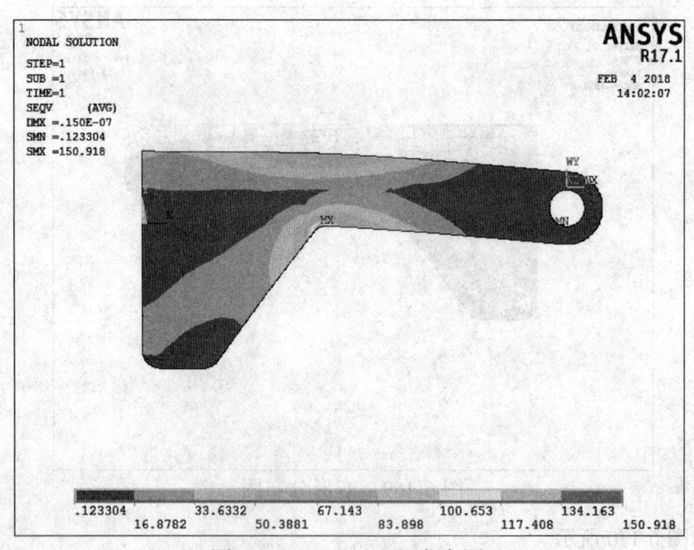

图 6-172 von Mises 应力图

参考文献

[1] 徐芝纶．弹性力学［M］. 5 版．北京：高等教育出版社，2016.

[2] 王光钦，丁桂保，杨杰．弹性力学［M］. 3 版．北京：清华大学出版社，2015.

[3] 王敏中，王炜，武际可．弹性力学教程（修订版）［M］. 北京：北京大学出版社，2002.

[4] 杨桂通．弹性力学简明教程［M］. 2 版．北京：清华大学出版社，2013.

[5] 王敏中．高等弹性力学［M］. 北京：北京大学出版社，2002.

[6] 蔡美峰，何满潮，刘冬燕．岩石力学与工程［M］. 北京：科学出版社，2002.

[7] 李俊平．矿山岩石力学［M］. 北京：冶金工业出版社，2011.

[8] 陈章华，宁晓钧．工程中的有限元分析方法［M］. 北京：冶金工业出版社，2013.

[9] 贾雪艳，刘平安．ANSYS18. 0 有限元分析学习宝典［M］. 北京：机械工业出版社，2013.

[10] 胡仁喜，康士廷．ANSYS14. 5 土木工程有限元分析从入门到精通［M］. 北京：机械工业出版社，2013.

[11] 李围．ANSYS 土木工程应用实例［M］. 2 版．北京：水利水电出版社，2007.

[12] 李立峰，王连华．ANSYS 土木工程实例详解［M］. 北京：人民邮电出版社，2015.